“十三五”江苏省高等学校重点教材(本书编号:2020-1-041)

高 等 院 校 信 息 技 术 课 程 精 选 系 列 教 材

大学计算机任务型实践教程

(第3版)

主　编　王留洋　周　蕾　俞扬信

副主编　李　翔　朱好杰　化　莉

主　审　范洪辉

南京大学出版社

内容简介

本书力求涵盖教育部高等学校教学指导委员会对大学计算机基础教学的基本要求，以 Windows 7 操作系统与 MS Office 2016 办公套装软件的应用为主线，设计了五个实验单元，分别是 Windows 7 操作系统及因特网应用、文字处理软件 Word 2016、电子表格软件 Excel 2016、演示文稿软件 PowerPoint 2016、计算机编程语言 Python。本书采用"任务驱动"的设计思想，所有实验项目均从工作生活中遇到的各种实际任务问题出发，巧妙地将全国计算机等级考试一级和二级 MS Office 的考点内容穿插在各个应用案例中，以情境驱动来引导学生思考问题、分析问题，最终学会解决问题的方法。

本书可作为高等学校大学计算机基础课程的配套实验教材，也可作为参加全国计算机等级考试一级和二级 MS Office 或学习办公自动化软件参考书使用。

图书在版编目(CIP)数据

大学计算机任务型实践教程 / 王留洋，周蕾，俞扬信主编. — 3 版. — 南京 ：南京大学出版社，2021.8(2023.7 重印)
高等院校信息技术课程精选系列教材
ISBN 978 - 7 - 305 - 24516 - 9

Ⅰ. ①大… Ⅱ. ①王… ②周… ③俞… Ⅲ. ①电子计算机—高等学校—教材 Ⅳ. ①TP3

中国版本图书馆 CIP 数据核字(2021)第 103698 号

出版发行 南京大学出版社
社　　址 南京市汉口路 22 号　　邮　　编 210093
出 版 人 王文军

书　　名 **大学计算机任务型实践教程(第 3 版)**
主　　编 王留洋 周 蕾 俞扬信
责任编辑 苗庆松　　编辑热线 025 - 83592123

照　　排 南京开卷文化传媒有限公司
印　　刷 常州市武进第三印刷有限公司
开　　本 787×1092 1/16 印张 11.5 字数 300 千
版　　次 2021 年 8 月第 3 版 2023 年 7 月第 3 次印刷
ISBN 978 - 7 - 305 - 24516 - 9
定　　价 34.80 元

网　　址：http://www.njupco.com
官方微博：http://weibo.com/njupco
官方微信：njupress
销售咨询热线：025 - 83594756

前　言

随着计算机技术与新一代网络技术的不断发展，计算机在各个领域的应用不断深入，高等学校中各个专业对学生的计算机应用能力要求越来越高。能力的培养需要实践来验证和深化，作为大学计算机基础教学必不可少的环节，大学计算机基础的实验教学非常重要。如何规划实验内容及设计实验案例，培养学生良好的信息素养和终身学习能力，应用计算思维的思想解决学习和工作中遇到的实际问题，是大学计算机基础实验教学的重点，也是课程不断追求的目标。

2016 年 1 月，教育部高等学校大学计算机课程教学指导委员会在《大学计算机基础课程教学基本要求》一书中明确提出：大学计算机基础课程是面向全体大学生提供计算机知识、能力、素质方面教育的公共基础课程。计算机基础实践教学要不断强调面向应用和重视实践的功能，培养学生应用计算机技术分析问题解决问题的能力，提高学生正确获取、评价与使用信息的素养。

本书的编写就是在这样的背景下进行的。任务型教学法以任务组织教学，在任务的完成过程中，以参与、体验、互动、交流、合作的学习方式，充分发挥学习者自身的认知能力，体现了较为先进的教学理念。在日常的学习和工作中，有很多不同应用场景的典型计算机应用案例，比如设计一份电子板报、完成数据处理与分析、产品展示等。编者精心遴选了十多个常用案例作为本书的任务素材，以情境驱动学生思考和分析问题，最终学会解决问题的方法。

本书以 Windows 7 操作系统及 MS Office 2016 办公套装软件的应用为主线，设计了五个实验单元，分别是 Windows 7 操作系统及因特网应用、文字处理软件 Word 2016、电子表格软件 Excel 2016、演示文稿软件 PowerPoint 2016、计算机编程语言 Python，共分为 14 个实验项目，遵循由浅到深，由简单到复杂的设计原则，按照基础实验到提高实验，再到高级应用实验的顺序，创设了阶梯式的实验内容和应用情境，不仅有助于基础较薄弱学生循序渐进地学习，提高其计算机应用能力，也可满足较高层次学生的学习需求。书中每个案例均从提出任务展开，基础较好的学生可按照任务要求独立思考解决方案，直接完成实验任务，而对于基础较弱的学生，则可以参考书中给出的相应完整操作步骤来完成。

本书可作为高等学校大学计算机基础课程的实验教材。为方便教学，本书配有实验素材及教学资源包，可满足24～32学时的实验教学及课外练习的需要，任课教师可根据需要自行选择教学内容。本书还可作为参加全国计算机等级考试或学习办公自动化软件人员参考书使用。

本书是江苏省精品在线开放课程"大学计算机信息技术"的配套教材，该课程在中国大学MOOC上的网址是https://www.icourse163.org/course/HYIT-1001752175?%20appId=null。网站上提供了每个实验的导引视频，详细的操作步骤及所需要的实验素材，读者可自行下载并按照视频的指导去完成实验任务。

本书由王留洋、周蕾、俞扬信担任主编并统稿，江苏理工学院范洪辉教授担任主审，李翔、朱好杰、化莉担任副主编。编者全部是长期从事计算机教育教学的一线老师，有着丰富的教学经验。

由于作者学识有限，疏漏和不当之处在所难免，敬请同行与读者批评指正。

编者联系邮箱：wangly@hyit.edu.cn。

编　者

2021年6月

目　录

单元一

Windows 7 操作系统及因特网应用

微软(Microsoft)公司于2009年10月22日在美国正式发布了Windows 7(以下简称Win 7)操作系统。为了满足各方面不同的需要,Win 7推出了多个版本,包括家庭普通版(Home Basic)、家庭高级版(Home Premium)、专业版(Professional)和旗舰版(Utimate)等,其中旗舰版功能最完备,用户可以根据需要进行选择。和早期的Windows XP操作系统相比,Win 7在软硬件兼容性、运行速度、用户的操作体验等方面都有了大幅提升。目前比较流行的操作系统版本还有Windows 10。

因特网,英文名Internet,又称为国际互联网,简称互联网,指的是把广域网、局域网及单机使用相应通信设备互联而成并按照一定的通讯协议进行通信的超大计算机网络。Internet的重要性对于现代社会来说是毫无疑问的,Internet上的资源非常丰富,我们可以通过Internet方便快捷地获取感兴趣的资料和信息。

本单元涵盖的内容主要包括Win 7操作系统和因特网两部分。

Win 7操作系统部分需要掌握的概念如下:

1) 桌面

登录到Windows系统之后看到的主屏幕区域称为桌面,如图1.1所示。

图1.1 Windows 7桌面

Windows桌面主要由桌面图标和任务栏组成。桌面上每个图标代表着一个程序，用鼠标双击图标可以运行相应的程序；任务栏（taskbar）是指位于桌面最下方的小长条，主要由开始菜单、应用程序区、语言选项带（可解锁）和托盘区组成，Windows 7任务栏右侧有“显示桌面”功能。

2）资源管理器

资源管理器是Win 7提供的管理本机所有软件资源的工具软件。

在计算机中所有信息都被保存为指定格式的文件，每个文件有唯一的文件名与之对应。Windows规定文件名由主文件名和扩展名两部分组成，中间由“.”分隔，其中扩展名决定了文件的类型，比如“.txt”是文本文件，“.docx”是Word文档文件，“.xlsx”是Excel工作簿文件。Windows采用树形结构对计算机中的文件资源进行管理，将文件组织在文件夹中，每个文件夹下还可以再创建多个子文件夹用来存放不同用途的文件组，以此类推，通过创建文件夹树来实现文件的分层管理功能。比如“E:\F1\F11\a1.txt”表示一个名称为“a1.txt”的文本文件，保存位置在E盘根目录下F1文件夹下的F11子文件夹下。

利用资源管理器，用户可以方便地完成文件或文件夹的创建、复制、移动、删除以及查找等操作。

3）回收站

回收站是硬盘中一个特殊的文件夹，用于保存硬盘上被删除的文件或文件夹。通过回收站，用户可以恢复硬盘误删除的文件或文件夹。

4）控制面板

控制面板是一组工具软件的集合，通过它可以进行各种软硬件的配置，如设置鼠标、打印机、系统时间和日期以及账户信息等。

因特网应用部分需要掌握的概念如下：

1）主页

我们在Internet上浏览的所有资源都存储在Web服务器中，用户使用浏览器软件来访问网站的各个网页，通常将网站的第一个网页称为主页。

2）超文本与超链接

通过浏览器查看网页时，有些带有下划线的文字或图形、图片等，当鼠标指针指向这一部分时，鼠标指针变成手形，这部分称为超链接。当鼠标单击超链接时，浏览器就会显示出与该超链接相关的目标内容。这个目标可以是另一个网页，也可以是同一网页的不同位置，还可以是图片、声音、动画、影片等其他类型的网络资源。

具有超链接的文本就称为超文本。超文本文档不同于普通文档，其最重要的特色是文档之间的链接，这些互相链接的文档可以在同一个主机上，也可以分布在网络上的不同主机上。

3）超文本传输协议HTTP

用户浏览网页时，由浏览器向Web服务器发出访问请求，Web服务器响应浏览器提交的访问请求并向客户端传送网页信息，用于实现这种服务的协议称为超文本传输协议HTTP。

4）超文本标记语言HTML

超文本标记语言（Hyper Text Markup Language，HTML）是为服务器制作信息资源

(超文本文档)和客户浏览器显示这些信息而约定的格式化语言。所有的网页都是基于超文本标记语言 HTML 编写出来的,使用这种语言,可以对网页中的文字、图形等元素的各种属性进行设定,如大小、位置、颜色、背景等,还可以将它们设置成超链接,用于连向其他的相关网站。

5) 统一资源定位器

利用 WWW 获取信息时要标明资源所在地。在 WWW 中用 URL(Uniform Resource Locator)定义资源所在地。URL 的地址格式为

应用协议类型://信息资源所在主机名(域名或 IP 地址)/路径名/…/文件名。

在 URL 中,常用的应用协议有 HTTP、FTP、TELNET 等。

例如,地址 http://www.edu.cn/ 表示用 HTTP 协议访问主机名为 www.edu.cn 的 Web 服务器的主页。

本单元从实际需要的角度,设计了 2 个实验项目,涵盖 Win 7 操作系统的基本操作和因特网的常见应用。

实验一 Windows 7 基本操作

实验目标

1. 掌握 Win 7 桌面个性化设置和任务栏的基本操作；
2. 掌握文件和文件夹的创建、复制、移动、删除等操作；
3. 掌握回收站的管理；
4. 掌握控制面板的常用操作。

场景和任务描述

王刚是一名即将入学的大学生，暑假他爸爸给他买了一台笔记本电脑，希望他能利用假期好好熟悉一下计算机的常规操作，为即将到来的大学生活做好充分的准备。作为计算机最重要和必不可少的系统软件，操作系统提供了计算机所有软硬件资源的管理功能，所有软件都是在操作系统的环境中运行。为帮助王刚快速熟悉操作系统的基本操作，爸爸给他布置了以下的任务，请你和他一起完成吧。

【提示】本次实验所需的所有素材放在 EX1 文件夹中。

具体任务

1. 为系统新建一个用户账户，命名为 User，设置密码为“a654321”。
2. 设置桌面显示“计算机”“回收站”“网络”和“控制面板”4 个图标，以方便平时操作。
3. 设置系统日期格式，其中短日期样式设置为“yyyy - MM - dd”；长日期样式设置为“yyyy‘年’M‘月’d‘日’”。
4. 将“中国”和“场景”两个 Aero 主题中的所有图片创建成一个幻灯片作为桌面背景，设置图片显示效果为“拉伸”，每隔 5 分钟切换一张图片，并设置为“无序播放”。
5. 将窗口的颜色设置为“黄昏”，启用透明效果。
6. 设置屏幕保护程序为“气泡”，等待时间为 2 分钟，并在恢复时显示登录屏幕。
7. 设置桌面显示“CPU 仪表盘”和“日历”两个小工具，删除其他显示的小工具。
8. 移动任务栏到屏幕右侧，并设置为自动隐藏。
9. 利用“开始”菜单打开“画图”“计算器”和“记事本”三个应用程序，在任务管理器中查看程序运行状态，并结束三个程序的运行。
10. 设置资源管理器窗口中只显示菜单窗格、导航窗格和细节窗格。
11. 在资源管理器中打开 EX1 文件夹，该文件夹结构如图 1.2 所示，每个文件夹中又包含若干个文件，下面的所有操作均在 EX1 文件夹中完成。

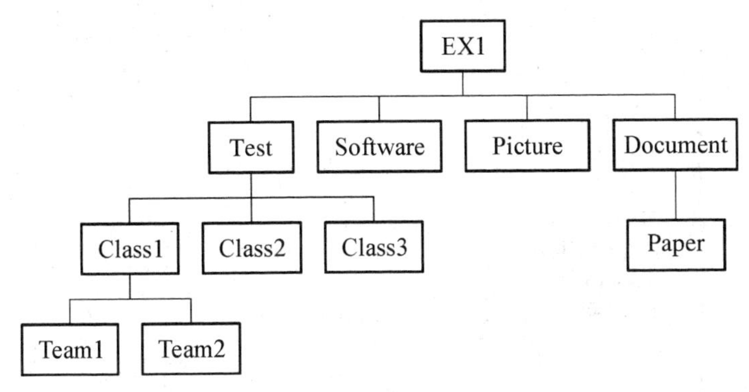

图 1.2　EX1 文件夹结构图

12. 在 Document 文件夹下新建一个子文件夹，命名为“Temp”。

13. 在 Document\Temp 文件夹下新建一个文本文件，命名为“Test.txt”，输入内容“欢迎使用 Windows 7 操作系统”。利用资源管理器，可以完成文件和文件夹的许多操作，如复制、移动、删除、重命名……。

14. 将 Paper 文件夹中“f1.jpg”文件复制到 Picture 文件夹中。

15. 将 Class3 文件夹中文件名包含 ex 的所有文件移到 Team2 文件夹中。

16. 删除 Software 文件夹中“ab.zip”文件。

17. 在 EX1 文件夹中搜索所有首字母为 a，扩展名为 jpg 的图片文件，复制前三个文件到 Picture 文件夹中，分别重命名为“p1.jpg”“p2.jpg”和“p3.jpg”。

18. 设置 Paper 文件夹下“system.docx”文件属性为只读。

19. 设置 Test 文件夹及其子文件夹属性为隐藏。

20. 为 Software 文件夹下“calc.exe”文件创建名为“计算器”的快捷方式，保存在 EX1 文件夹下。

21. 在资源管理器中设置可以显示文件的扩展名和隐藏的文件。

22. Software 文件夹中存放了 32 位和 64 位两个版本的 Python3.7 安装文件，请查看计算机操作系统的类型，选择合适的安装文件，完成 Python 程序设计语言的安装，要求安装路径选择在“c:\python3”中，并给安装好的 Python 自带的 IDLE 开发环境添加一个桌面快捷方式，取名为“Python3”。

23. 清空回收站。

操作步骤

1. 在“开始”菜单中选择“控制面板”，打开控制面板窗口，单击“用户账户和家庭安全”，在工作区中单击“用户账户”命令，弹出如图 1.3 所示的窗口。

单击“管理其他账户”命令，在打开的窗口中单击“创建一个新账户”命令，打开如图 1.4 所示的窗口。

在文本框中输入账户名称 User，选择账户类型为“标准用户”，单击“创建账户”按钮，可以新建一个用户账户 User，打开如图 1.5 所示的窗口。

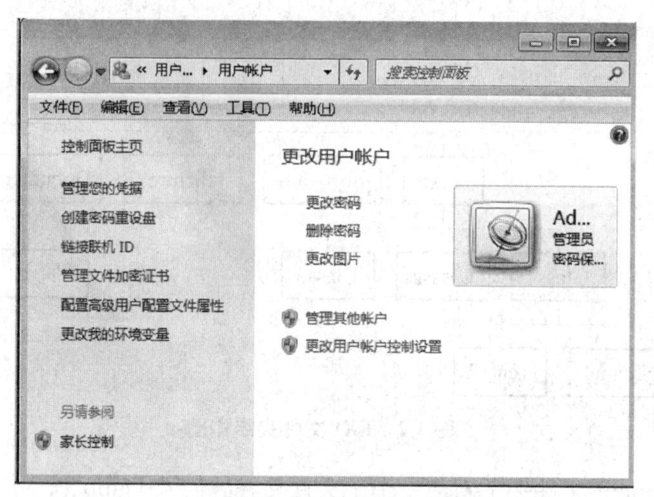

图 1.3 更改用户账户窗口

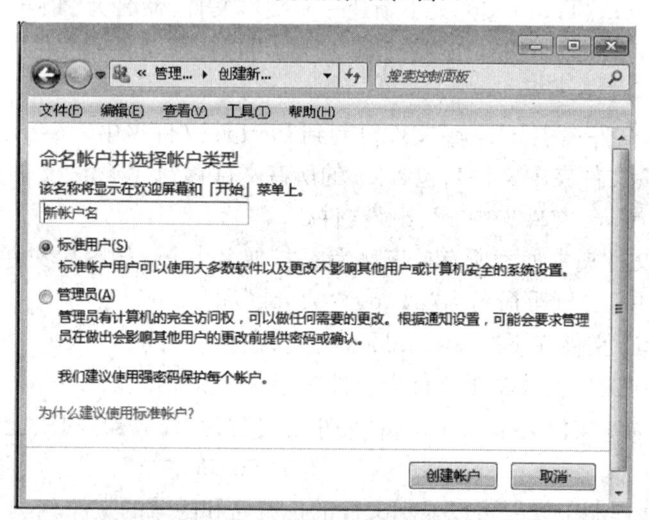

图 1.4 创建新账户窗口

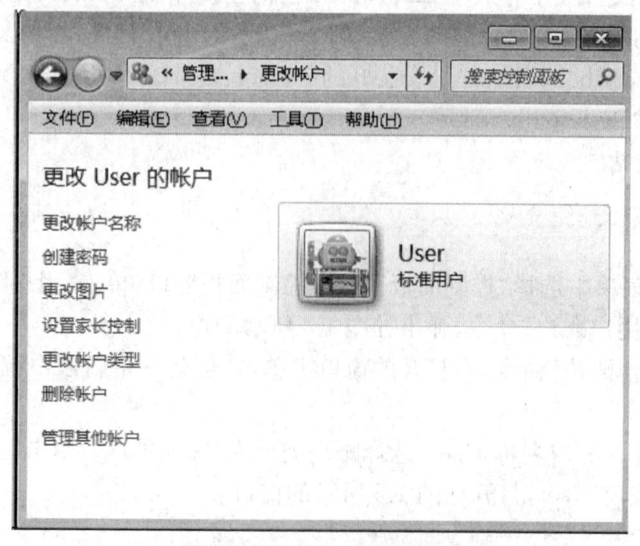

图 1.5 更改 User 账户窗口

双击 User 账户图标，打开“更改账户”窗口。单击“创建密码”命令，打开如图 1.6 所示的窗口。

分别在“新密码”和“确认新密码”对应的文本框中输入密码“a654321”，确保两个密码完全相同，单击“创建密码”按钮，可以完成 User 账户的密码设置。

图 1.6　为 User 账户创建密码窗口

【提示】 安装操作系统后，默认只有一个超级管理员账户 Administrator 和来宾账户 Guest。为安全起见，并方便多个用户使用电脑，可为系统添加多个用户账户。本操作将为系统添加一个名为 User 的账户，以后启动系统时，在系统欢迎屏幕上将显示 User 账户供用户选择，只有输入正确的密码才可以进入系统。

2. 在桌面的空白位置单击鼠标右键，在弹出的快捷菜单中选择“个性化”命令，可以进入个性化桌面设置窗口，如图 1.7 所示。

图 1.7　个性化设置窗口

单击左边的“更改桌面图标”，打开如图 1.8 所示的对话框。

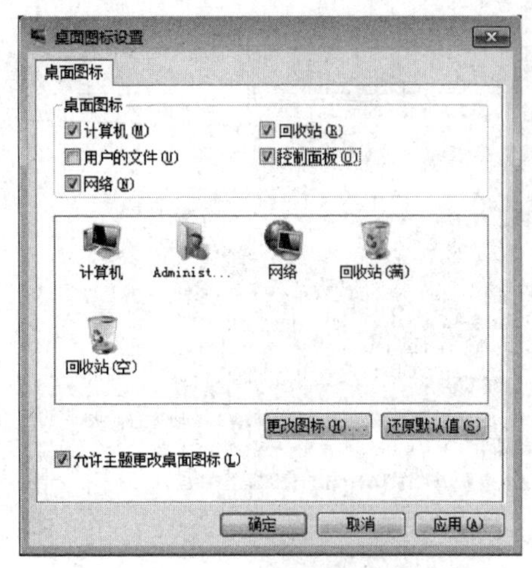

图 1.8 “桌面图标设置”对话框

勾选“计算机”“回收站”“控制面板”和“网络”桌面图标,取消其他复选框的选中状态,单击“确定”按钮。

【提示】用户可将自己常用的程序、文件和文件夹创建为桌面图标,以便快速访问。除了用户自己设置的图标外,Win 7 桌面默认包含的图标有“计算机”“网络”“回收站”“用户的文件”等。

3. 单击“开始”→“控制面板”命令,打开控制面板窗口。单击“时钟、语言和区域”图标,打开如图 1.9 所示的窗口。

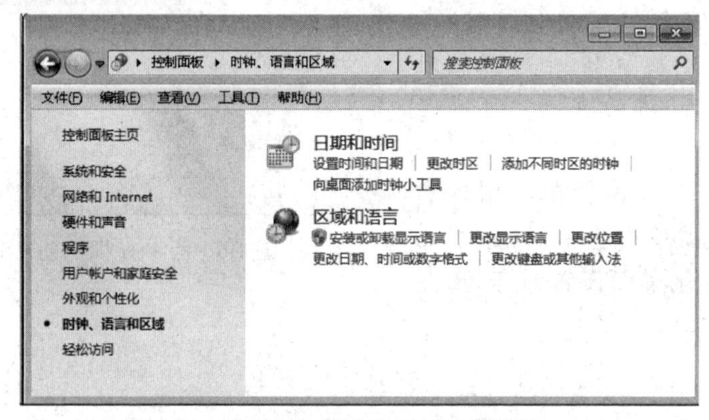

图 1.9 时钟、语言和区域设置窗口

单击“设置时间和日期”,弹出“日期和时间”对话框,如图 1.10 所示。

单击“更改日期和时间”按钮,打开“日期和时间设置”对话框,如图 1.11 所示。

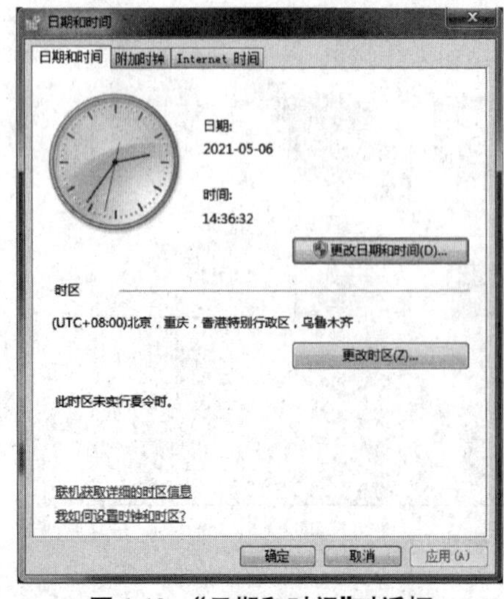

图 1.10 “日期和时间”对话框

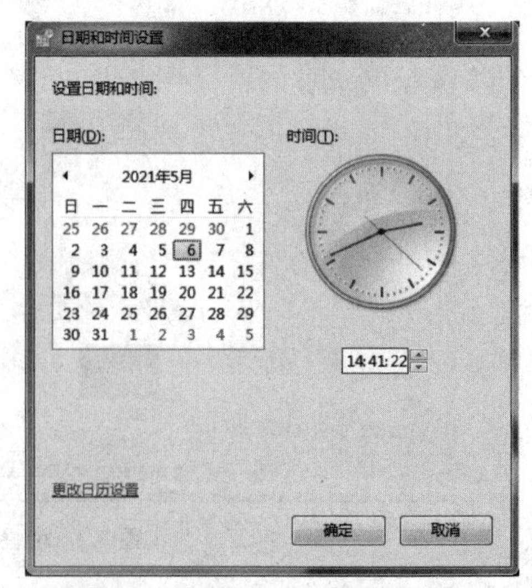

图 1.11 “日期和时间设置”对话框

单击“更改日历设置”，打开“区域和语言”对话框，在“日期和时间格式”框中，选择短日期样式为“yyyy - MM - dd”，长日期样式为“yyyy‘年’M‘月’d‘日’”，如图 1.12 所示。

单击“确定”按钮，可完成系统日期格式的设置操作。

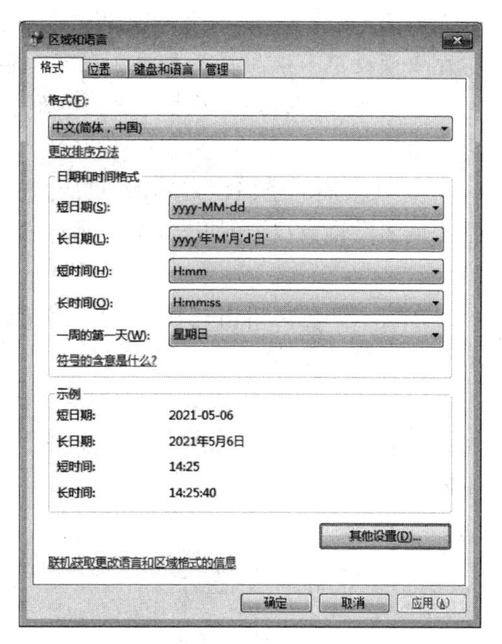

图 1.12 “区域和语言”设置对话框

【提示】控制面板是 Windows 系统中重要的设置工具，允许用户查看并操作基本的系统设置和控制，比如添加硬件，添加/删除软件，控制用户账户等。

控制面板将计算机的设置分成“系统和安全”“用户账户和家庭安全”“网络和 Internet”“外观和个性化”“硬件和声音”“时钟、语言和区域”“程序”以及“轻松访问”等 8 个类别，可以实现不同方面的设置功能。

4. 在桌面的空白位置单击鼠标右键，在弹出的快捷菜单中选择“个性化”命令，进入个性化桌面设置窗口，在如图 1.7 所示界面中，单击下方的“桌面背景”，打开如图 1.13 所示的窗口。

图 1.13 桌面背景设置窗口

依次单击选中主题“中国”和“场景”中包含的所有图片，在“图片位置”处单击向下的箭头，选择“拉伸”效果；在“更改图片时间间隔”下拉列表框中选择图片切换的时间间隔为“5 分钟”，勾选“无序播放”复选框，最后单击“保存修改”按钮完成设置。

【提示】Windows 是图形用户界面的操作系统，所有资源均被图形化为图标显示，双击图标会自动启动或打开它所代表的项目。默认桌面上显示多个图标，用户可以根据需要增加或删除，桌面下方是任务栏。Win 7 默认提供了多个 Aero 桌面主题可供用户选择，每个主题中预设了多张图片。在图 1.7 所示界面中，选择某个主题，比如“中国”，可以快速设置桌面背景图片；在图 1.13 背景设置界面中，用户也可以单击“浏览”按钮，选择自己的图片作为桌面背景。

5. 在桌面的空白位置单击鼠标右键，在弹出的快捷菜单中选择“个性化”命令，进入个性化桌面设置窗口，在如图 1.7 所示界面中，单击下方的“窗口颜色”，打开如图 1.14 所示的窗口。

在窗口颜色区单击选择“黄昏”，勾选“启用透明效果”复选框，单击“保存修改”按钮，完成窗口颜色的设置。

6. 在桌面的空白位置单击鼠标右键，在弹出的快捷菜单中选择“个性化”命令，进入个性化桌面设置窗口，在如图 1.7 所示界面中，单击下方的“屏幕保护程序”，打开如图 1.15 所示的对话框。

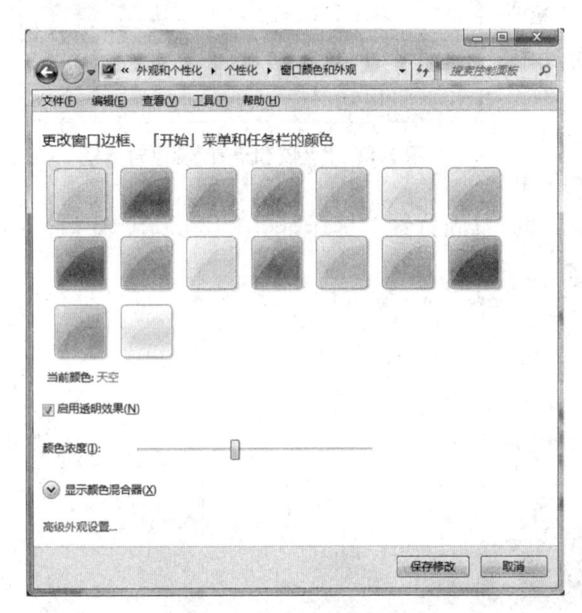

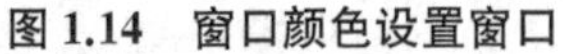
图 1.14　窗口颜色设置窗口

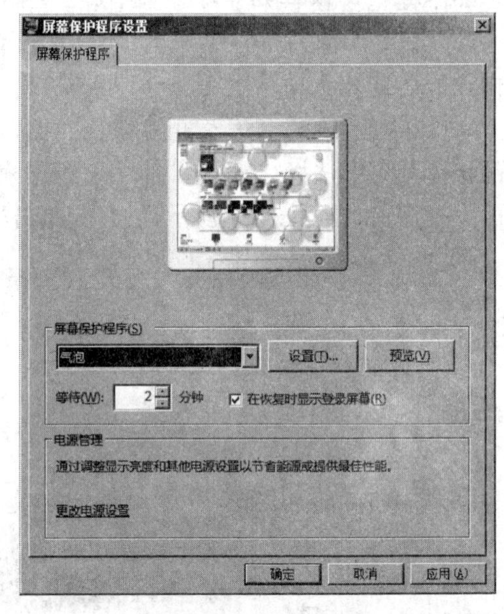

图 1.15　“屏幕保护程序设置”对话框

在“屏幕保护程序”下拉列表框中选择“气泡”，将等待时间设置为 2，勾选“在恢复时显示登录屏幕”，单击“确定”按钮。

【提示】对于早期 CRT 显示器，为提高显示器的使用寿命，建议设置屏幕保护程序，如果用户在指定时间内不操作鼠标或键盘，系统会自动启动屏幕保护程序。现在计算机都采用 LED 液晶显示器，设置屏幕保护程序，并选中“在恢复时显示登录屏幕”，主要出于安全考虑，适用于短时间离开电脑时，防止他人非法使用电脑。

7. 在桌面空白位置单击鼠标右键，在弹出的快捷菜单中选择“小工具”，打开如图 1.16 所示的窗口。

鼠标分别双击“CPU 仪表盘”和“日历”两个小工具，将其添加到桌面上。

若桌面上还有其他小工具，移动鼠标到该工具上，比如时钟小工具，单击弹出的“关闭”按钮可将其删除，如图 1.17 所示。

图 1.16　小工具设置窗口

图 1.17　删除小工具

【提示】 Win 7 桌面提供了小工具以方便用户查看时间、日历、天气等信息，某些小工具必须联网才可以使用(如天气等)。

8. 用鼠标左键按住任务栏的空白区域不放，拖动鼠标到屏幕右侧释放，此时任务栏显示在屏幕的右侧位置。右击任务栏空白处，在弹出的快捷菜单中单击“属性”，打开如图 1.18 所示的对话框。

在其中勾选“自动隐藏任务栏”选项，任务栏将被隐藏。此时只有将鼠标移到屏幕最右侧时，任务栏才会出现，移走鼠标，任务栏重新被隐藏。

【提示】 任务栏由“开始”菜单、任务区域、通知区域和显示桌面区域组成，如图 1.19 所示。

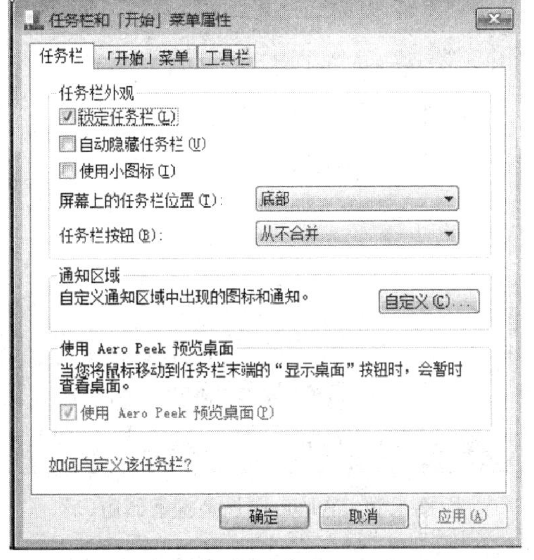

图 1.18　任务栏设置对话框

图 1.19　任务栏组成

系统的很多操作都可以通过打开“开始”菜单选择命令完成；所有正在使用的文件或程序都在“任务区域”上以缩略图表示，用户可以方便地在不同任务间进行切换；“通知区域”又称“系统托盘区域”，提供系统时钟、音量、网络等程序状态的图标；“显示桌面区域”是位于任务栏最右侧的一块半透明区域，单击可快速回到桌面状态。

任务栏可以放置在屏幕的四个位置：顶部、底部、左侧和右侧，默认显示在屏幕底部。如果任务栏被锁定，鼠标就无法移动任务栏改变其显示位置。若希望任务栏只能显示在屏幕底部，可右击任务栏空白处，在弹出的快捷菜单中单击“锁定任务栏”，则可将任务栏固定在屏幕底部。

9. 单击“开始”菜单按钮，在弹出的菜单中依次选择“所有程序”→“附件”→“画图”，打开画图应用程序；按照同样步骤，分别打开“计算器”和“记事本”两个应用程序。

右键单击任务栏空白位置，在弹出的快捷菜单中选择“启动任务管理器”或按下Ctrl+Shift+Esc组合键，打开“Windows任务管理器”窗口，如图1.20所示。

在“应用程序”选项卡中显示目前正在运行的程序，在任务列表中选中“计算器”应用程序，点击“结束任务”按钮，可结束计算器程序的运行。按照同样步骤，可结束画图和记事本应用程序的运行。

【提示】运行应用程序时可能由于种种原因出现死机现象，无法正常结束程序的运行，利用任务管理器窗口可以方便地结束程序运行。通常一些在后台运行的程序不会出现在任务管理器窗口的任务列表中，此时可在任务管理器窗口中单击“进程”选项卡，打开系统运行的进程列表界面，如图1.21所示。

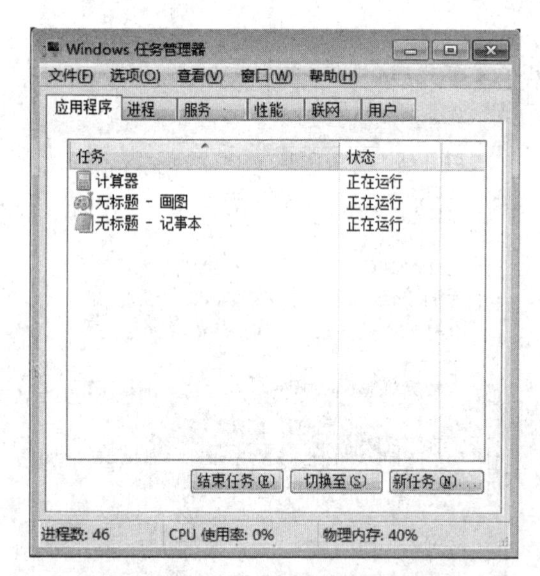

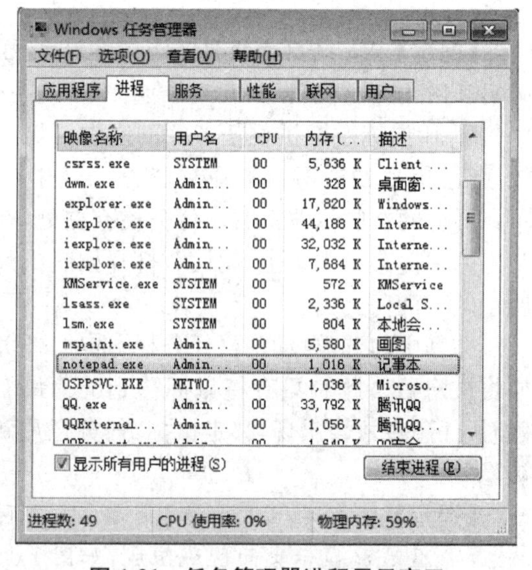

图1.20 Windows任务管理器窗口

图1.21 任务管理器进程显示窗口

在进程列表中找到应用程序对应的进程，比如“notepad.exe”是记事本应用程序进程，选中并单击“结束进程”按钮，可以结束应用程序的运行。

10. 双击桌面上的“计算机”图标，或右键单击“开始”菜单按钮，在弹出的快捷菜单中选择“打开Windows资源管理器”，均可打开资源管理器窗口，如图1.22所示。

【提示】在资源管理器窗口中，地址栏用来显示当前处理资源的路径，搜索框用来查找指定的文件或文件夹，导航窗格中将显示的资源分为收藏夹、库、计算机和网络四部分，采用层次结构对本机的资源进行导航显示，单击导航窗格中每个项目左侧的三角按钮可展开或收缩其子项目，选择某个项目则在右边工作区中显示该项目包含的子文件夹和文件的具体信息。

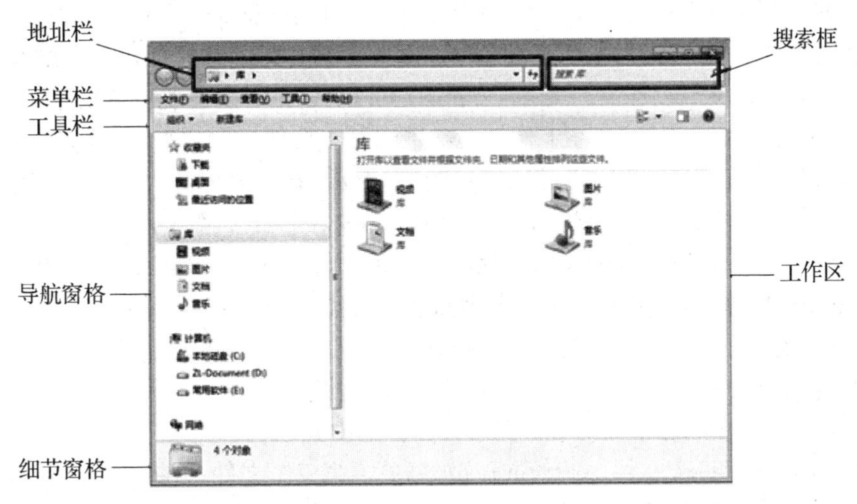

图 1.22 资源管理器窗口

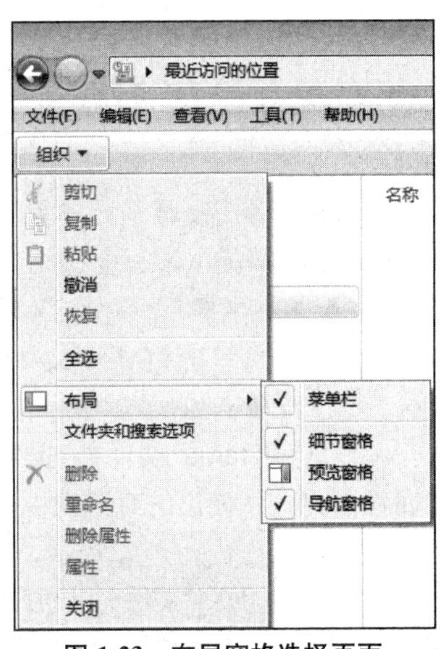

图 1.23 布局窗格选择页面

在资源管理器窗口中，单击工具栏“组织”按钮旁向下的箭头，在弹出的下拉菜单中选择“布局”菜单，在下一级菜单中分别选中菜单窗格、导航窗格和细节窗格，如图 1.23 所示。

11. 浏览导航窗格，找到“EX1”文件夹单击打开。

12. 在导航窗格中单击选择“Document”文件夹，单击工具栏“新建文件夹”按钮，或在工作区的空白位置单击鼠标右键，在弹出的快捷菜单中选择“新建文件夹”，系统会在该文件夹下新建一个文件夹，将文件夹命名为“Temp”。

13. 在工作区双击打开“Temp”文件夹，在空白位置单击鼠标右键，在弹出的快捷菜单中选择“新建”→“文本文件”，将其命名为“Test.txt”。

双击“Test.txt”文件，打开记事本应用程序窗口，在工作区输入要求的文本内容，单击“文件”→“保存”命令，最后单击窗口右上角的“关闭”按钮，退出记事本窗口。

14. 打开 Paper 文件夹，右键单击 f1.jpg 文件，在弹出的快捷菜单中选择“复制”命令。打开 Picture 文件夹，在工作区的空白位置单击鼠标右键，在弹出的快捷菜单中选择“粘贴”命令，完成文件的复制操作。

15. 打开 Class3 文件夹，单击选中第一个文件名包含 ex 的文件，按下 Ctrl 键，再逐个单击选中其他文件名包含 ex 的文件，单击工具栏的“组织”按钮，在下拉菜单中选择“剪切”命令。

打开 Team2 文件夹，单击“组织”按钮，在下拉菜单中选择“粘贴”命令，完成文件的移动操作。

【提示】除了利用组织按钮完成复制和移动操作外，还可以选择“编辑”菜单中的“复制”

“剪切”和“粘贴”命令，或利用键盘快捷键 Ctrl＋C、Ctrl＋X 和 Ctrl＋V 完成。另外，Win 7 新增“复制到文件夹”和“移动到文件夹”命令，选中需要复制或移动的文件，在“编辑”菜单中选择“复制到文件夹”或“移动到文件夹”命令，可以快速完成复制或移动操作。

16. 打开 Software 文件夹，在工作区中选中 ab.zip 文件，单击“组织”按钮，在下拉菜单中选择“删除”命令，系统弹出“删除文件”对话框，提示“确实要把此文件放入回收站吗?”，单击“是”按钮，完成文件的删除操作。

【提示】 为了防止误删除，硬盘上被删除的文件或文件夹会被保存到回收站中，如果希望实现真正的删除操作，则在选中删除文件或文件夹后，同时按下 Shift 和 Delete 键，在弹出的对话框中单击“是”按钮，可将其直接删除。

17. 在导航窗格中选择 EX1 文件夹，在窗口右上角的搜索框中输入“a＊.jpg”，系统自动将在 EX1 文件夹中满足条件的文件显示在工作区中。

鼠标单击选中第一个文件，按下 Shift 键，再单击第三个文件，可将前三个文件选中，选择“编辑”→“复制到文件夹”命令，在弹出的对话框中选择目标路径为 Picture 文件夹，单击“复制”按钮。

打开 Picture 文件夹，选中复制的第一个文件，单击“组织”按钮，在下拉菜单中选择“重命名”，将其改名为“p1.jpg”；按此操作，依次将第二个和第三个复制的文件改名为“p2.jpg”和“p3.jpg”。

【提示】 搜索文件或文件夹时，如果不能确定名称，可以只输入部分名称，或利用通配符完成搜索。Windows 搜索通配符主要有“?”和“＊”两种，其中“?”表示任意一个字符，“＊”表示任意多个字符，比如“＊.＊”表示所有文件，“a＊.doc”表示以字母 a 开头，扩展名为 doc 的所有文件，“a? b.＊”表示文件名以字母 a 开头，b 结尾，只有三个字母的文件，比如 a2b.doc、acb.exe 等。

18. 打开 Paper 文件夹，选中 system.docx 文件，单击“组织”按钮，在下拉菜单中选择“属性”命令，在弹出的对话框中选中“只读”属性复选框，单击“确定”按钮，可以设置该文件属性为只读。

19. 浏览 EX1 文件夹，选中 Test 文件夹，单击“组织”按钮，在下拉菜单中选择“属性”命令，在弹出的对话框中选中“隐藏”属性复选框，单击“确定”按钮，弹出如图 1.24 所示的对话框。

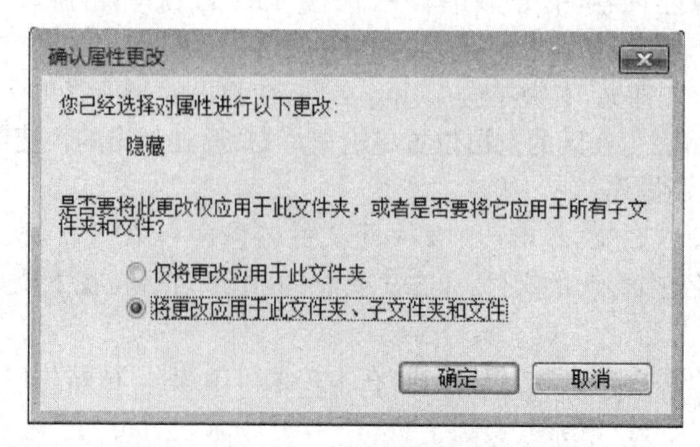

图 1.24　子文件夹隐藏属性设置对话框

选中“将更改应用于此文件夹、子文件夹和文件”，单击“确定”按钮，可以设置 Test 文件夹及其子文件夹属性为隐藏。

20. 在 Software 文件夹下右键单击 calc.exe 文件，在弹出菜单中选择“复制”命令。打开 EX1 文件夹，在工作区的空白位置单击鼠标右键，在弹出的快捷菜单中选择“粘贴快捷方式”，可创建一个名为“calc.exe”的快捷方式。右键单击该快捷方式图标，在弹出的快捷菜单中选择“重命名”命令，将其重命名为“计算器”。

21. 在资源管理器中，单击“工具”→“文件夹选项”命令，打开“文件夹选项”对话框，单击“查看”选项卡，在“高级设置”中选中“显示隐藏的文件、文件夹和驱动器”，取消“隐藏已知文件类型的扩展名”，如图 1.25 所示。

单击“确定”按钮，则可以看到设置为隐藏的文件和文件夹，所有文件的扩展名也正常显示出来。

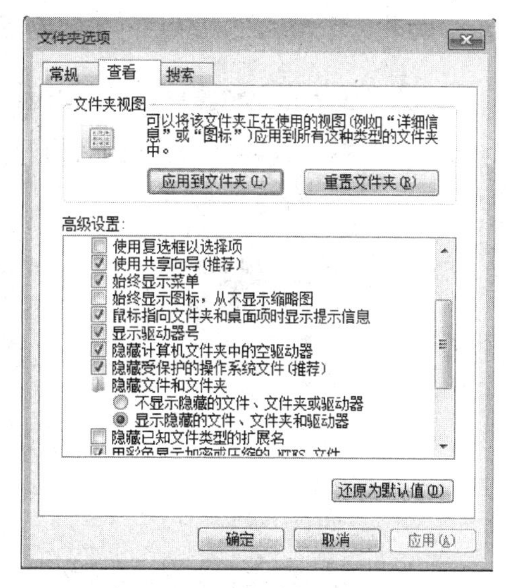

图 1.25 “文件夹选项”设置对话框

【提示】将文件夹设置为隐藏属性后，浏览和搜索文件夹时，该文件夹均为不可见状态，若希望还可以搜索或看到文件夹，可以开启显示隐藏文件或文件夹功能。

22. 打开资源管理器窗口，在导航窗口选择“本地磁盘(C:)”，单击右侧工作区的空白位置，在弹出的快捷菜单中选择“新建文件夹”，将文件夹命名为“python3”。

右键单击桌面“计算机”图标，在弹出的快捷菜单中选择“属性”，在打开的窗口中查看计算机的基本信息，在系统类型中查看操作系统的位数，如图 1.26 所示。

图 1.26 计算机基本信息显示窗口

如果显示“32位操作系统”，则选择“python-3.7.3(32位系统).exe”文件作为安装文件，否则选择“python-3.7.3(64位系统).exe”文件作为安装文件。

双击安装文件，进入软件的安装界面，如图1.27所示。

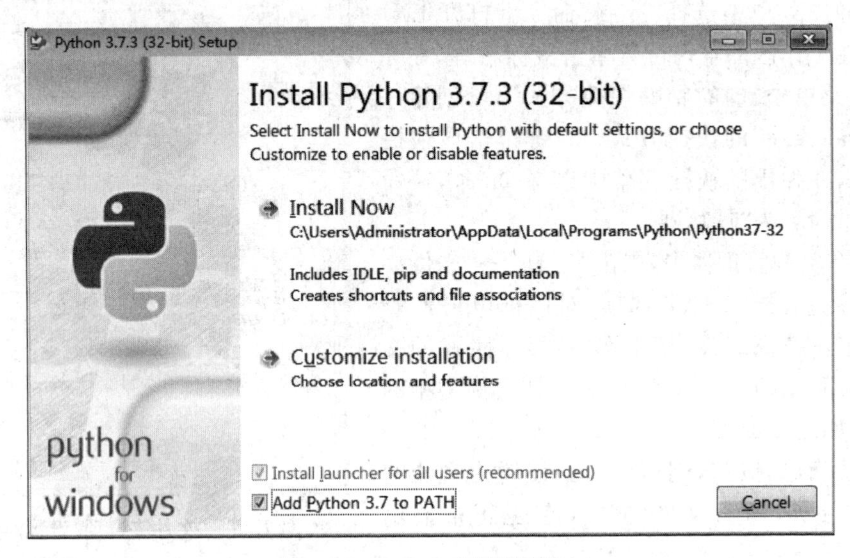

图1.27　Python安装界面(1)

选中“Add Python 3.7 to PATH”复选框，单击“Customize installation”按钮，弹出如图1.28所示的窗口。

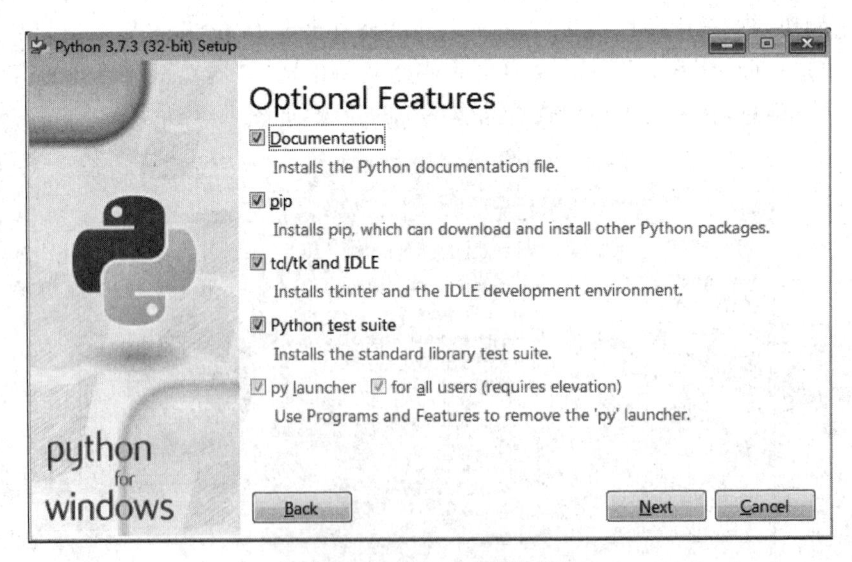

图1.28　Python安装界面(2)

单击“Next”按钮，进入下一个安装界面，单击“Browse”按钮，在弹出的对话框中选择“C:\python3”文件夹，如图1.29所示。

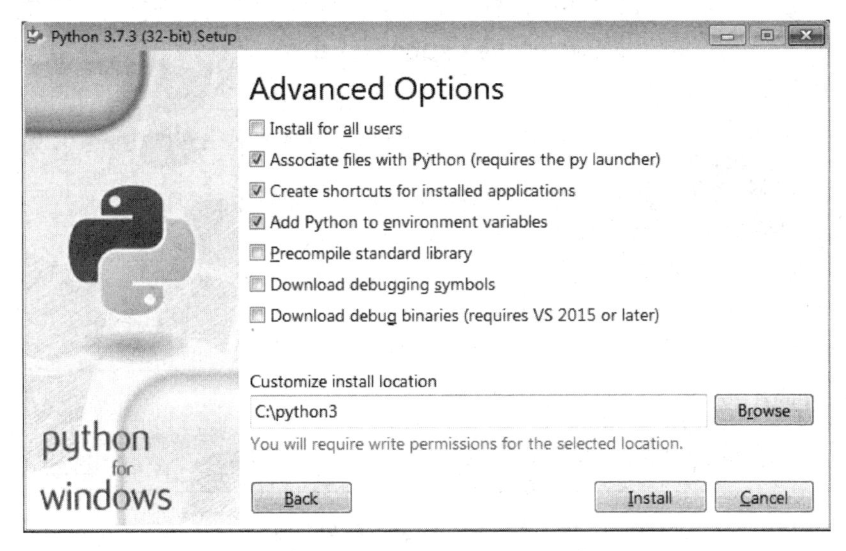

图 1.29 Python 安装界面(3)

单击“Install”按钮，进入 Python 安装进程界面，如图 1.30 所示。

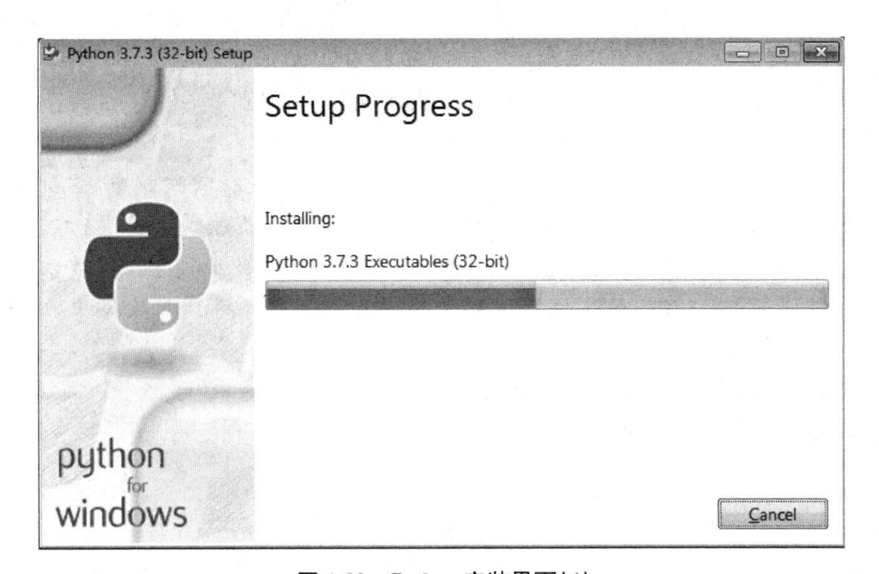

图 1.30 Python 安装界面(4)

等待一段时间，系统安装成功后，会显示如图 1.31 所示的界面。

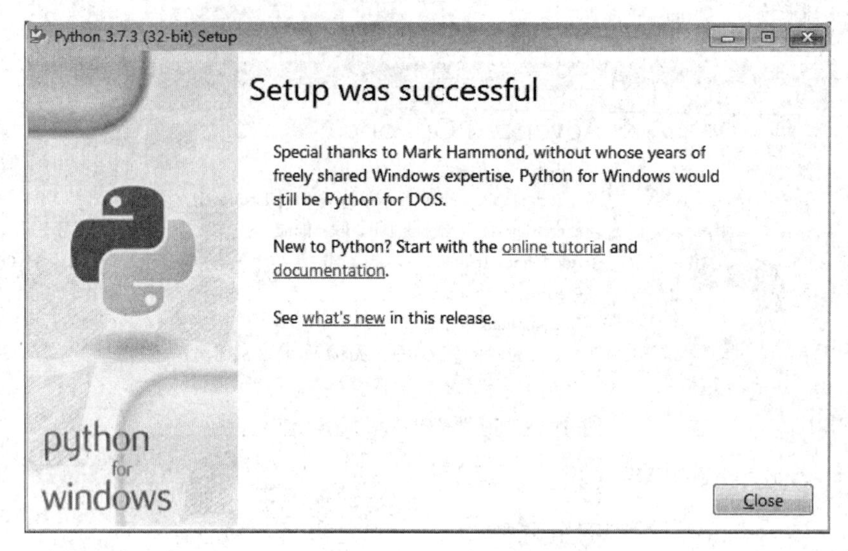

图 1.31 Python 安装成功界面

单击“Close”按钮完成 Python 的安装。

单击“开始”菜单→“所有程序”，打开“Python 3.7”文件夹，右键单击“IDLE (Python 3.7 32-bit)”，在弹出的快捷菜单中选择“发送到”→“桌面快捷方式”，右键单击生成的桌面快捷方式，在弹出的快捷菜单中选择“重命名”，将其命名为“Python3”。

23. 双击桌面上的“回收站”图标，打开回收站文件夹，选择“文件”→“清空回收站”命令，可将回收站中所有文件和文件夹全部删除。

【提示】回收站的作用可以防止用户误删文件和文件夹。在回收站中，右键单击文件，在弹出的快捷菜单中选择“还原”命令，可将该文件从回收站还原到原位置；右键单击要删除的文件，在弹出的快捷菜单中选择“删除”命令，可将该文件真正删除。需要注意的是，从可移动媒体（比如 U 盘）以及网络位置上删除的项目不会被保存到回收站中，而是直接被删除。

如果打开的回收站文件夹窗口上方没有显示菜单，可以选中“组织”→“布局”→“菜单栏”，设置在窗口上方显示菜单栏。

实验二 网络资源浏览与搜索

实验目标

1. 学会使用 IE 浏览器上网浏览资源，掌握 IE 浏览器的基本设置；
2. 掌握搜索引擎的使用方法；
3. 掌握软件下载的方法；
4. 掌握电子邮件的发送和管理等操作。

场景和任务描述

王刚进入大学的第一次计算机课，任课老师陈老师就告诉大家，大学的学习与中学不同，更多知识的获取不是来自课堂，而是课前课后学生的自学，要求每个同学学会充分利用网络上的优质教学资源，学会如何在网络上搜索需要的资源。关于课程学习视频资源，老师推荐了中国大学 MOOC 平台。MOOC 上汇聚了全国各大名校名师的优质教学资源，不管你在哪里，都可以进入 MOOC 的名校课堂，和来自全国各地的优秀学生们一起讨论和学习。特别是 MOOC 上每一个课程视频的时长基本控制在 15 分钟以内，利用平时刷手机的时间就可以完成学习。最后陈老师给大家布置了几个网络浏览和搜索的任务，另外，作为班级的宣传委员，王刚还需要上网搜索一些素材，宣传大学生文明上网规范，以及如何预防网络诈骗活动，请你帮助王刚一起完成以下任务。

【提示】本实验所使用的 IE 浏览器版本是 IE11，实际操作时若使用其他版本或其他浏览器产品，操作界面可能不相同。

具体任务

1. 设置 IE 浏览器默认主页为“www.baidu.com”，并设置浏览器只保存 7 天以内浏览的历史记录信息，退出时删除浏览历史记录。

2. 打开百度搜索引擎，搜索中国大学 MOOC 网址，并进入中国大学 MOOC 首页。

3. 新建“学习资源”收藏夹，将中国大学 MOOC 首页添加到该收藏夹中，标记为“中国大学 MOOC”。

4. 在中国大学 MOOC 上注册一个账号，昵称以自己班级＋姓名命名，用于后续课程的学习。

5. 在 MOOC 网站上搜索“大学计算机”课程，并选择其中的两门课程加入学习。

6. 利用学校提供的 FTP 服务器(如某校 FTP 地址为 ftp://172.20.1.188)，将 Office 2016 安装软件压缩包下载到本地计算机中。

7. 解压下载下来的 Office 2016 安装软件压缩包，在自己电脑上完成 Office 2016 软件的安装，以便后续可以使用其 Word、Excel、PowerPoint、Access 等组件实现文档、表格、幻灯片和数据库的处理操作。

8. 打开百度搜索引擎，搜索关于文明上网规范和网络防诈骗相关页面内容，要求页面内容不包括网络通信技术相关知识，新建一个名为“素材”的文件夹，将所有搜索到的满足要求的网页以“单个文件(*.mht)”格式保存在该文件夹中。

9. 将“素材”文件夹压缩保存到文件“素材.rar”中，并将该文件作为附件，发送到自己的邮箱保存起来。

操作步骤

1. 在 Windows 桌面或快速启动栏中，单击图标，启动 IE 浏览器。在 IE 浏览器中，单击“工具”→“Internet 选项”命令，在打开的“Internet 选项”对话框中，单击“常规”选项卡，在“主页”的地址栏中，输入 http://www.baidu.com，选中“退出时删除浏览历史记录”，如图 2.1 所示。

在图 2.1 所示对话框中，单击“设置”按钮，打开“网站数据设置”对话框，选择“历史记录”选项卡，设置“在历史记录中保存网页的天数”为 7，如图 2.2 所示。

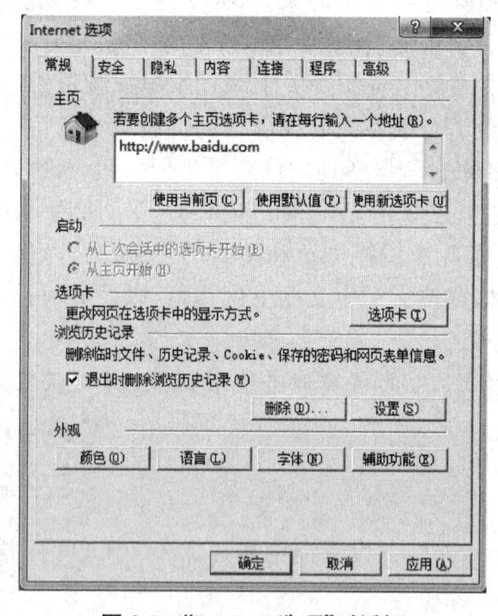

图 2.1 “Internet 选项”对话框

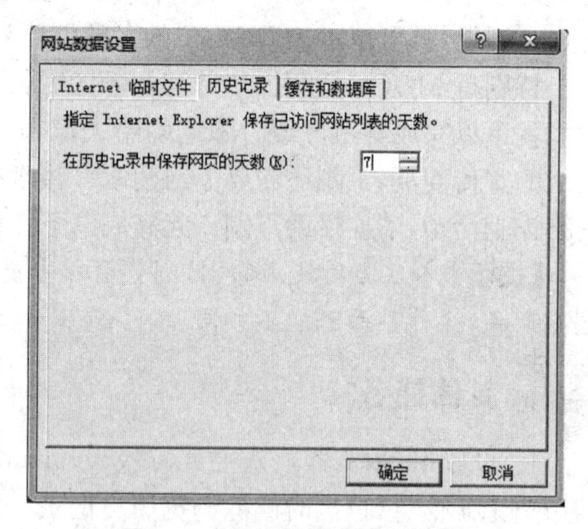

图 2.2 “网站数据设置”对话框

单击“确定”按钮返回。

【提示】在 IE 浏览器主页设置中，单击“使用当前页”按钮，可将 IE 浏览器当前打开的页面作为主页；单击“使用默认值”按钮，则将“http://www.microsoft.com/”作为系统默认的主页；单击“使用新选项卡”按钮，则不给 IE 浏览器设置任何 URL 作为主页。

2. 打开 IE 浏览器，进入百度搜索引擎的首页，在搜索框中输入“中国大学 MOOC”，单击“百度一下”按钮，在列出的搜索结果中找到中国大学 MOOC 官方网站链接，单击进入中国大学 MOOC 官网(官网网址为 https://www.icourse163.org/)。

3. 在 IE 浏览器中，单击“收藏夹”→“整理收藏夹”命令，打开“整理收藏夹”对话框，单击“新建文件夹”按钮，在新建文件夹名处输入“学习资源”，单击“关闭”按钮。

单击“收藏夹”→“添加到收藏夹”命令，打开“添加收藏”对话框，在“名称”后的文本框中输入“中国大学 MOOC”，在“创建位置”后的列表框中选择“学习资源”，单击“添加”按钮。

【提示】 收藏夹是在上网的时候记录自己喜欢或者常用网站地址的一个特殊文件夹，以便下次访问的时候可以很方便地找到并打开。

4. 在中国大学 MOOC 官网首页，单击“注册”按钮，进入注册向导，如图 2.3 所示。

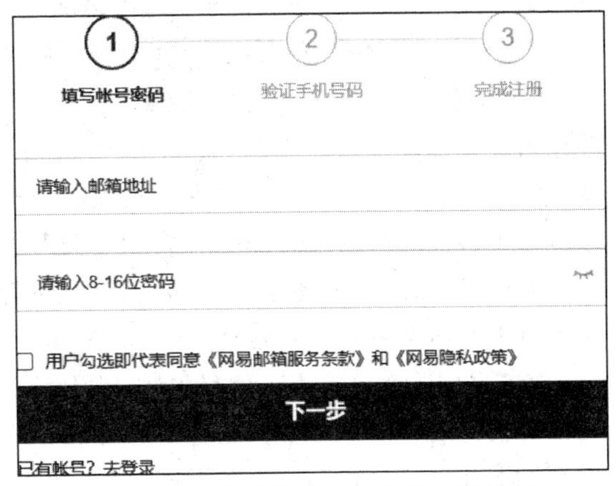

图 2.3　中国大学 MOOC 用户注册向导

输入注册的邮箱地址，设置登录用户的密码，勾选复选框，单击“下一步”按钮，按照向导的要求，输入手机号，发送验证短信，验证通过后系统会给注册邮箱发送激活邮件，进入邮箱，点击邮件的链接激活，则可以完成新用户的注册。

用注册的邮箱和密码登录中国大学 MOOC，在登录用户图像下选择“设置”，可以进入个人资料设置页面，按要求输入昵称和姓名等信息，完成个人信息的修改操作。

5. 在中国大学 MOOC 网站的搜索框中输入“大学计算机”，单击“搜索”按钮(显示放大镜图标)，在搜索结果页面单击感兴趣的链接进入课程页面，单击“立即参加”，可以进入课程学习。可以在“个人中心”中看到所有加入的课程，保留几门感兴趣的课程参加学习。

【提示】 为方便观看视频和完成测试作业，大家可以在手机端下载“中国大学慕课”App，登录后可以看到加入的课程参加学习。

6. 打开 Windows 资源管理器，在资源管理器的地址栏输入 FTP 服务器地址 ftp://172.20.1.188，按下回车键，可以在资源管理器的工作区中浏览 FTP 服务器中的共享资源，如图 2.4 所示。

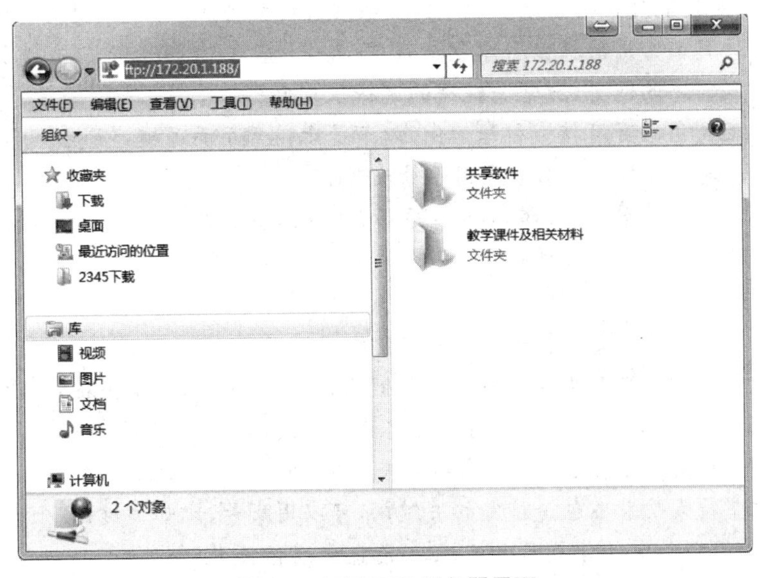

图 2.4　打开 FTP 服务器界面

双击打开需要浏览的文件夹，找到需要下载的Office 2016安装文件（注意根据本机操作系统的位数，选择合适版本的文件），右键单击该文件，在弹出的快捷菜单中选择“复制到文件夹”命令，在弹出的“浏览文件夹”对话框中，选择文件需要保存的位置，单击“确定”按钮，完成从FTP服务器下载资源到本地的操作。

【提示】 FTP是File Transfer Protocol（文件传输协议）的简称，为方便文件共享，很多单位内部会建立专门的FTP服务器，里面保存了需要共享的资料供下载使用。为安全起见，很多FTP服务只有授权用户才可以登录访问，打开FTP服务器后，右键单击工作区的空白位置，在弹出的快捷菜单中选择“登录”，可以弹出“登录身份”对话框，只有输入正确的用户名和密码，才可以登录。有些FTP服务器也支持通过anonymous账户实现匿名访问或不用用户名和密码直接访问。

除了在IE浏览器的地址栏输入FTP地址访问FTP服务器，还可以使用专门的FTP客户端软件进行FTP服务器资源的访问和管理，常用的FTP客户端软件有LeapFTP、CuteFTP、FlashFXP、PowerFTP等。

7. 右键单击下载下来的Office 2016安装文件压缩包，在弹出的快捷菜单中选择“解压到当前文件夹”，在解压后的文件夹中，双击“setup.exe”安装文件，根据安装向导的提示，完成Office 2016的安装操作。

【提示】 只有系统安装了WinRAR、WinZIP等压缩软件后，右键单击某个对象，在弹出的快捷菜单中才会有“解压到当前文件夹”的命令。

8. 在电脑适当位置新建一个文件夹，命名为“素材”。打开IE浏览器，在浏览器的地址栏输入“www.baidu.com”，按下回车键打开百度的主页面，在搜索框内输入检索关键字“文明上网规范＋网络防诈骗－网络通信技术”，单击“百度一下”按钮，百度搜索引擎将返回查找到满足条件的页面。单击相关链接，浏览检索页面的结果。在需要保存的网页中，单击菜单“文件”→“另存为”命令，打开“保存网页”对话框，选择保存的位置为“素材”文件夹，在“保存类型”列表框中选择“Web档案，单个文件（*.mht）”，输入文件名，单击“保存”按钮。

【提示】 搜索引擎网站指的是一些专门提供网页搜索功能的网站，利用它使得上网查找资料非常方便。目前常用的搜索引擎包括百度、谷歌、雅虎、搜狗、搜搜、有道等。如何在网络中快速搜索到需要的网页，搜索关键字的选择很重要。

以国内广泛使用的百度搜索引擎为例，以下是比较常用的关键字语法规则。

（1）给关键词加双引号或书名号用于精确匹配

如果希望在查询结果中，关键词不能被拆分，可以给关键词加上双引号或书名号。其中关键词加书名号“《》”有两层特殊功能，除了关键词不能拆分外，书名号也会出现在搜索结果中。

（2）用“＋”号指定搜索结果中包含特定查询词

如果你希望搜索结果必须包含特定的关键词，可以用加号，比如关键词“上网规范 ＋网络防诈骗”表示查询的页面中必须同时包含这两个关键词。

（3）用“－”号指定搜索结果中不含特定查询词

如果你希望搜索结果不包含特定的关键词，可以用减号，比如关键词“上网规范 －通信技术”表示查询的页面中包含上网规范，但不能包含通信技术。

9. 右键单击“素材”文件夹，在弹出的快捷菜单中选择“添加到素材.rar”命令，将文件夹保存到压缩文件“素材.rar”中。

这里以 QQ 邮箱发送邮件为例。

打开 IE 浏览器，在地址栏输 QQ 邮箱的邮件服务器地址 https://mail.qq.com，进入邮箱登录界面，输入用户名和密码登录邮箱，单击“写信”按钮，进入写邮件界面。在“收件人”后的文本框中输入自己的邮箱地址，在“主题”后的文本框中输入“上网规范素材”，单击“添加附件”按钮，在弹出的对话框中，选择要发送的“素材.rar”文件，可以将该文件作为邮件的附件插入。单击“发送”按钮，完成邮件的发送操作。

【提示】邮件可以发送给别人，也可以给自己发送邮件，还可以同时给多人发送邮件。若希望信件同时发送到多个邮箱地址，只需在“收件人”后的文本框中将所有收件人地址列出并用逗号或分号隔开。

【微信扫码】
相关资源

单元二

文字处理软件 Word 2016

Word 2016 是一款功能强大的文字处理软件，应用非常广泛，可以编辑和打印出公文、报告、简报、信函、名片等非常精美的文档，满足不同用户的办公需求，同时它的界面友好、操作简单、功能强大。与之前的老版本相比，Word 2016 有了很大的改观，不仅保持了原有版本的强大功能，而且更加人性化、合理化。

Word 2016 提供的主要功能：

1）内容录入与基本格式编辑

Word 2016 中可以录入英文字母、汉字、数字、特殊符号、日期和时间等内容，录入之后，还可以对文档内容进行排版。例如，设置文字的格式效果；设置段落的对齐方式、缩进和间距；为段落添加项目符号与编号等。

2）图文混排

Word 2016 经常用来制作漂亮的宣传海报、杂志封面等，用户可以根据需要插入各类对象，如剪贴画、图片、SmartArt 图形、艺术字、公式、文本框、表格等。

3）使用表格和图表

Word 2016 中可以使用表格和图表简化文档中的数据。表格能更巧妙地将数据内容进行排版，使数据内容的布局和层次更加清晰；图表能更加直观地展示数据关系。

4）美化和规范化文档页面

在文档打印、编订之前，美化和规范化文档非常重要，例如设置页面边距、纸张大小、页面方向、页面边框、页面背景等；文档内容的分栏、分页和分节操作；文档页眉与页脚的设置等。

5）高级格式设置

Word 2016 中用户可以使用系统提供的高级应用功能编辑应用类别更全面的文档，例如，使用样式的功能快速设置文档格式；可以插入脚注和尾注等对文档内容加以说明；在文档中添加题注实现图或表的自动编号以及自动更新；设置书签和超链接使文档具有交互功能；使用标题功能和引用目录的功能为长文档制作目录。

6）批量制作和处理文档

巧妙运用邮件合并功能批量制作和处理文档可以提高工作效率，达到事半功倍的效果。例如批量制作信封、请柬、准考证等。

7）控件和宏功能的简单应用

合理使用控件制作用户交互式界面，通过设置属性和写入VB代码来实现指定功能；通过执行类似批处理的一组命令，来完成某种功能。

8）审阅文档

当文档编辑完成后，可以利用 Word 2016 中的文档审阅功能，检查拼写和语法错误，或者转换文档中的内容，统计文档页数、字数信息。审阅者可以对文档添加批注或修订来突出审阅意见，作者可以有选择性地接受或拒绝这些批注及修订。

本单元从实际生活的案例出发，设计了 4 个实验项目，涵盖 Word 2016 中的文档编辑和格式设置、图文混排、表格制作、页面设置、插入对象、邮件合并、VBA 控件、文档审阅等操作。通过本单元的学习，学生不仅可以掌握 Word 常用的基本格式设置、文档页面美化和规范化等操作，还可以掌握 Word 2016 的很多高级应用。

实验三 制作电子板报

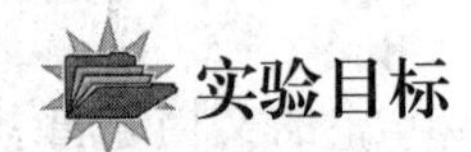

实验目标

1. 掌握文字的编辑和排版；
2. 掌握段落、页面边框的设置；
3. 掌握分栏、首字下沉、线条的应用；
4. 掌握艺术字的插入和编辑；
5. 掌握图片的插入与编辑；
6. 掌握 SmartArt 图形的插入与编辑；
7. 掌握超链接的设置。

场景和任务描述

9 月，大学新生带着对未来的憧憬和美好的愿望，步入了向往已久的大学殿堂，将开始他们全新的学习生活，李玲作为班级的宣传委员，为了帮助大家更快地融入大学生活，制作一期电子板报。板报中不仅要有欢迎新同学及如何正确度过大学生活的内容，还要用一些图片、艺术字等进行美化，为同学们送去一期既印象深刻又积极向上的大学生板报。请帮助她完成文档排版与美化的任务。

【提示】本次实验所需的所有素材放在 EX3 文件夹中。

具体任务

1. 打开“寄语大学新生.docx”文档，添加文档标题“寄语大学新生”，设置字体为“华文中宋”，字号为“一号”，加粗、居中显示、字符间距为“缩放 150%”“加宽 1 磅”，设置文本效果和版式为“填充—蓝色，着色 1，阴影”。

2. 在标题下方插入一条水平直线，设置线条颜色为红色，线宽为 2.25 磅，线型为“划线—点”，设置形状效果为外部阴影，居中偏移。

3. 设置正文除第 1 段之外的其余各段落首行缩进 2 个字符，1.5 倍行距。

4. 为正文第 1 段设置首字下沉 2 行，黑体。

5. 设置正文第 3 段到第 8 段文本为倾斜格式，并添加形如 1.2.3.的自动编号。

6. 为文档添加艺术型页面边框，图案任选。

7. 为正文倒数第二段添加带阴影，0.75 磅蓝色单实线边框，底纹设置为“橙色，个性色 6，淡色 80%”。

8. 设置正文最后一段分两栏显示，栏宽相等，中间加分割线。

9. 在正文第 9 段中插入艺术字“大学欢迎你!”，样式为“填充—红色，着色 2，轮廓—着色 2”，字体为“隶书”，字号为“一号”，艺术字样式为“右牛角形”，环绕方式为“紧密型”。

10. 在第 1 页左下角插入竖排文本框，内容是“★言必信，行必果★”，文本框线条设置为蓝色、1 磅、短划线，环绕方式为“底端居左，四周型文字环绕”。

11. 在第 1 页插入图片“放飞梦想.jpg”，图片的环绕方式设置为“底端居右，四周型文字环绕”，在不影响原图高宽比例前提下，调整图片的宽度为 6 厘米，并将图片剪裁为“流程图：手动操作”的形状，设置图片效果为“半映像，接触”。

12. 在第二页末尾插入图片“大学新生.jpg”，图片的环绕方式设置为“穿越型”，隐藏图片背景。

13. 在正文倒数第 2 段和第 3 段之间插入样式为“垂直 V 形列表”的 SmartArt 图形，参考样张输入列表内容，设置图形中左侧内容的字体为隶书 20 号字，右侧内容字体为宋体 14 号字；设置 SmartArt 图形颜色为“彩色填充—个性色 1”，样式为“白色轮廓”。

14. 在正文最后一段末尾添加文字“源自百度”，并为“百度”添加超链接，链接网址为“http://www.baidu.com”。

15. 将文档另存为“寄语大学新生电子板报.docx”。

操作步骤

1. 启动 Word，打开 EX3 文件夹中的“寄语大学新生.docx”文件，将光标定位在文档开头位置，单击回车，插入一个空行，在该空行中输入文档标题“寄语大学新生”。

选中标题内容，在“开始”选项卡“字体”组中，单击右下角的启动对话框按钮 ，打开“字体”对话框，在“字体”选项卡中，设置中文字体为“华文中宋”，字号为“一号”，字形为“加粗”，如图 3.1 所示。

在“字体”对话框中，单击“高级”选项卡，设置字符间距为“缩放 150%”“加宽”“1 磅”，如图 3.2 所示。

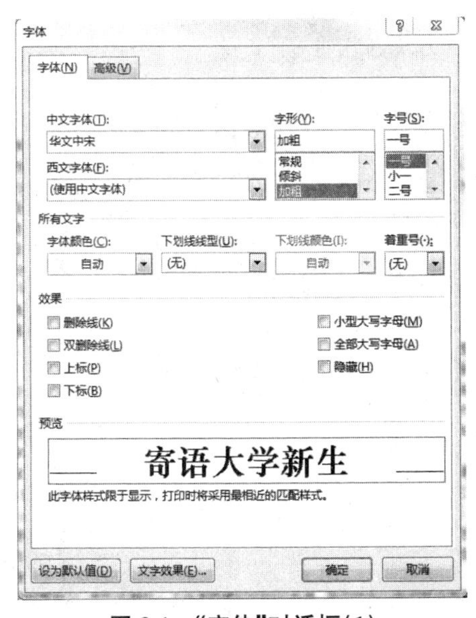

图 3.1　“字体”对话框(1)

图 3.2　“字体”对话框(2)

单击“确定”按钮。

在“开始”选项卡的“字体”组中，单击“文本效果和版式”按钮，在弹出的菜单中单击“填

充一蓝色，着色1，阴影”按钮，如图3.3所示。

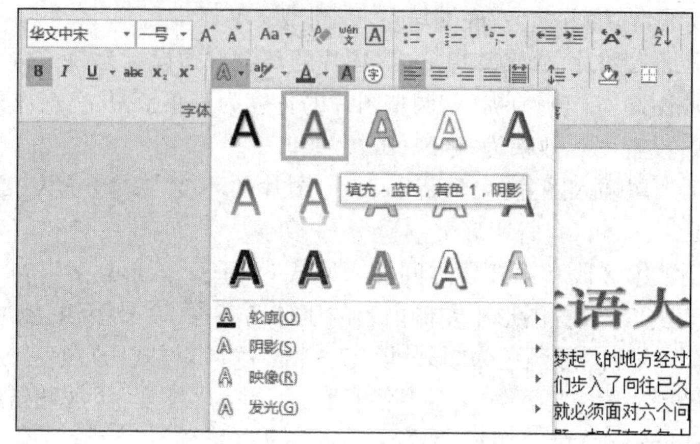

图 3.3 文本效果和版式设置

在“开始”选项卡的“段落”组中，单击“居中”按钮，设置标题居中显示。

2. 在标题“寄语大学新生”后按回车插入一个空行，在“插入”选项卡的“插图”组中，单击“形状”→“直线”，鼠标变为十字形后按住Shift键在标题下方绘制一条水平直线。

选中直线，在“绘图工具—格式”选项卡“形状样式”组中，单击“形状轮廓”按钮，在弹出的菜单中选择颜色为“红色”，再分别单击“粗细”→“2.25磅”，“虚线”→“划线-点”设置线条的形状轮廓，如图3.4所示；单击“形状效果”→“阴影”→“外部居中偏移”，设置线条的形状效果。

3. 选中正文除第1段之外的其余各段落，在“开始”选项卡的“段落”组中，单击右下角的启动对话框按钮，打开段落对话框，在“缩进”区域，设置特殊格式为“首行缩进”，缩进值为“2字符”，在“间距”设置区域，设置行距为“1.5倍行距”，如图3.5所示。

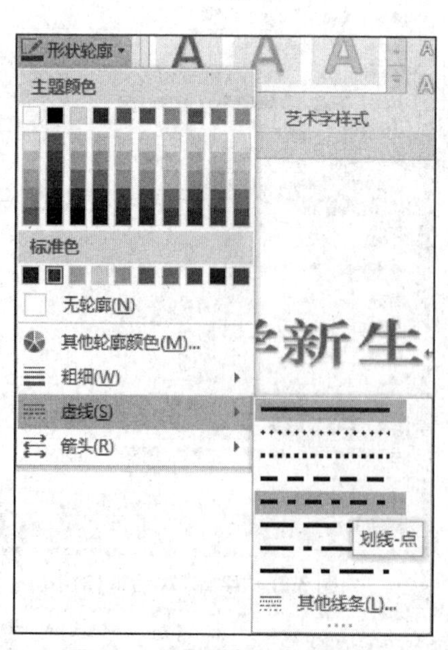

图 3.4 设置线条的形状样式

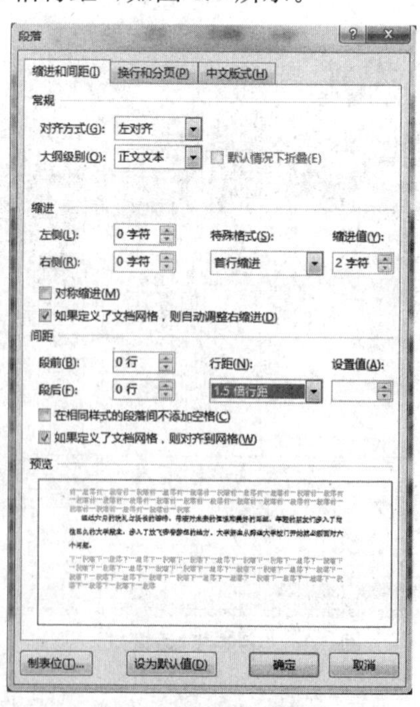

图 3.5 “段落”对话框

单击“确定”按钮。

4. 将光标定位于正文第一段的任意位置，在“插入”选项卡的“文本”组中，单击“首字下沉”按钮，在弹出的列表中单击“首字下沉选项”，打开“首字下沉”对话框，设置位置“下沉”，字体“黑体”，下沉行数为“2”，如图 3.6 所示。

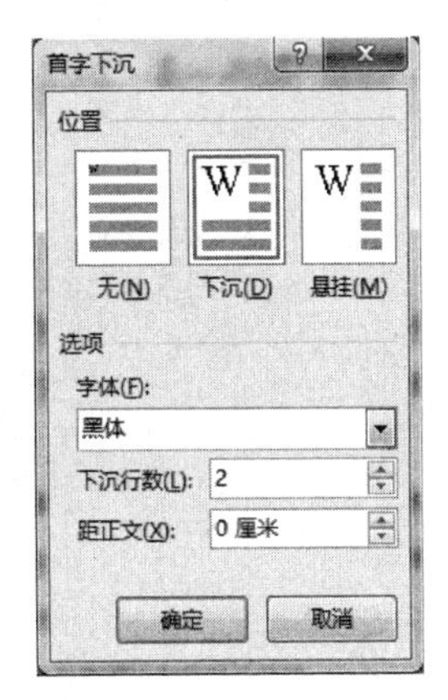

图 3.6　首字下沉设置

单击“确定”按钮。

5. 选中正文的第 3 段至第 8 段文本，在“开始”选项卡“字体”组中，单击“倾斜”按钮 *I*，设置文本格式为倾斜。在“开始”选项卡“段落”组中，单击“编号”按钮右侧的向下箭头，在弹出的下拉列表的“编号库”中单击形如 1.2.3.的编号样式，如图 3.7 所示。

6. 在“布局”选项卡的“页面设置”组中，单击右下角的启动对话框按钮，在弹出的“页面设置”对话框中，单击“版式”选项卡的“边框”按钮，打开“边框和底纹”对话框，选中“页面边框”选项卡，在“艺术型”下拉列表中任选一种图形，如图 3.8 所示。

图 3.7　自动编号设置

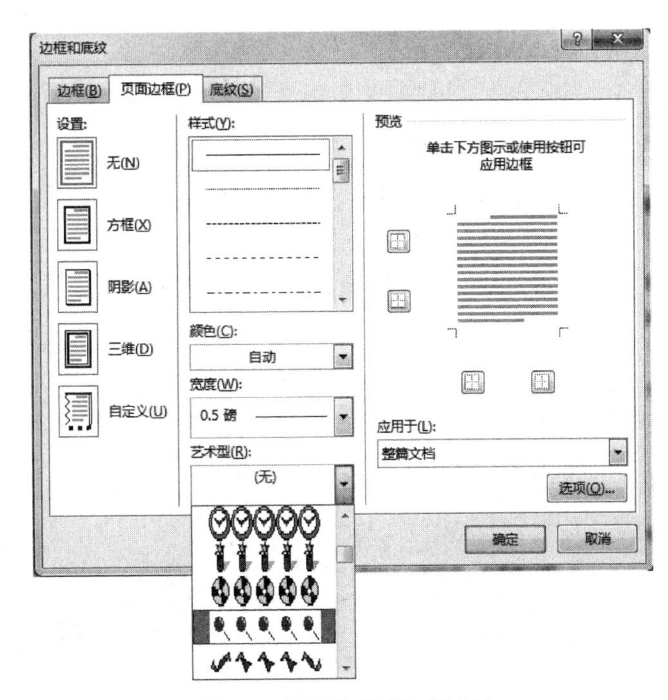

图 3.8　页面艺术型边框设置

单击“确定”按钮。

7. 选中文中倒数第二段，在“开始”选项卡的“段落”组中，单击“边框”右侧的向下箭头，在弹出的下拉列表中选择“边框和底纹”，打开“边框和底纹”对话框，在“边框”选项卡中，单击“阴影”按钮，分别设置线条样式为单实线，颜色为“蓝色”，宽度为“0.75 磅”，应用于“段落”，如图 3.9 所示；在“底纹”选项卡中，选择填充色为“橙色，个性色 6，淡色 80%”，应用于“段落”，如图 3.10 所示。

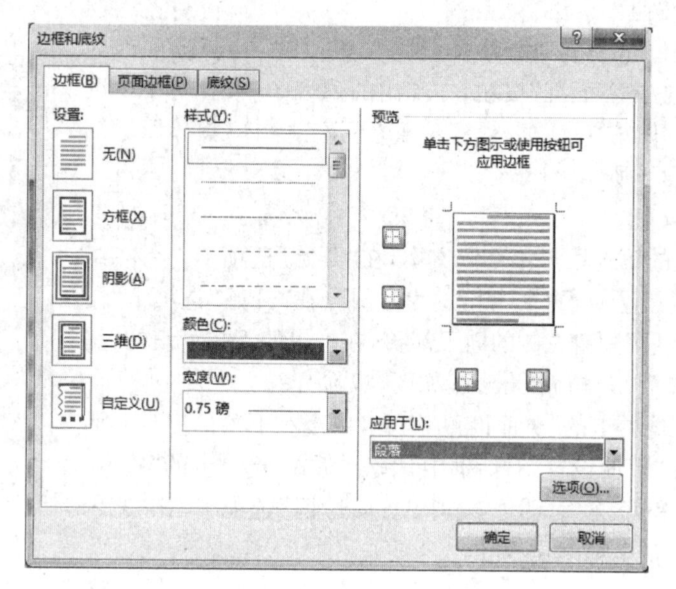

图 3.9 段落边框设置

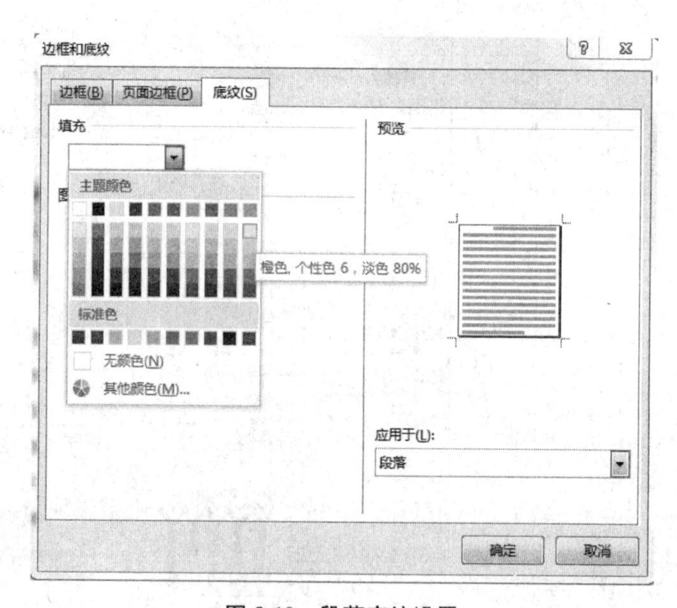

图 3.10 段落底纹设置

单击“确定”按钮。

8. 选中文中最后一段文字内容，注意选取文字时不要选中段落标记，在“布局”选项卡的“页面设置”组中，单击“分栏”→“更多分栏”，打开“分栏”对话框，单击“两栏”按钮，选中“栏宽相等”和“分隔线”，如图 3.11 所示。

单击“确定”按钮。

9. 将光标定位在正文第 9 段的任意位置，在“插入”选项卡的“文本”组中，单击“艺术字”→“填充—红色，着色 2，轮廓—着色 2”，在显示的艺术字文本框中删除“请在此放置您的文字”，输入“大学欢迎你！”。选中艺术字，在“开始”选项卡的“字体”组中，设置字体为“隶书”，字号为“一号”；在“绘图工具—格式”选项卡“艺术字样式”组中，单击“文本效果”→“转换”→“弯曲”→“右牛角形”，如图 3.12 所示。

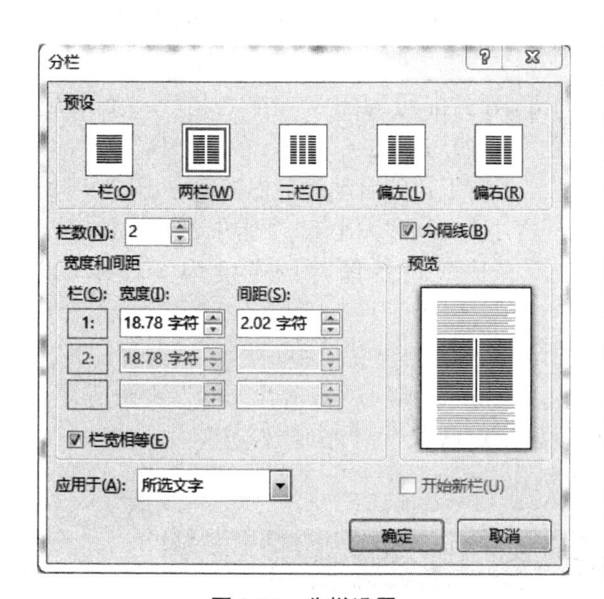

图 3.11　分栏设置

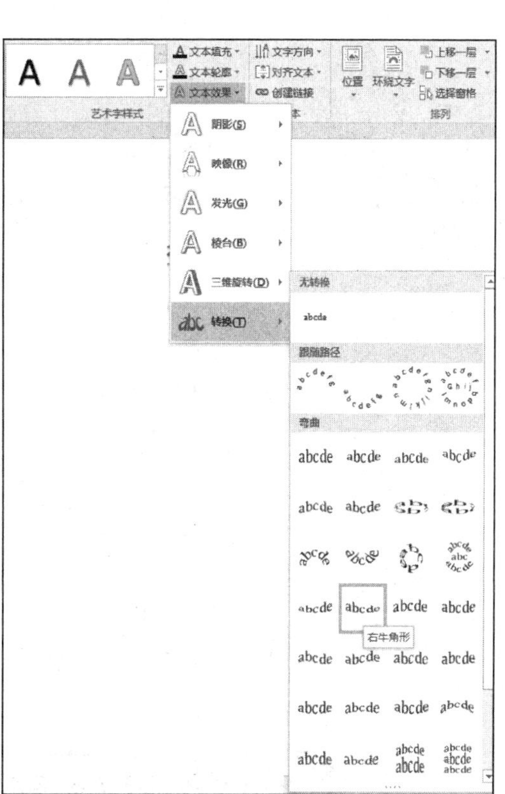

图 3.12　艺术字样式设置

在“绘图工具—格式”选项卡的“排列”组中，单击“位置”→“其他布局选项”，打开“布局”对话框，在“文字环绕”选项卡中选择“紧密型”，如图 3.13 所示。

单击“确定”按钮，适当调整艺术字的位置和角度。

10. 在“插入”选项卡的“文本”组中，单击“文本框”→“绘制竖排文本框”，此时鼠标变为十字形，拖动鼠标在第 1 页左下角绘制一个竖排文本框，光标定位在文本框中，在“插入”选项卡的“符号”组中，单击“符号”→“其他符号”，在弹出的“符号”窗口中，字体选择“Wingdings”，找到“★”单击，再单击两次插入按钮，在两个“★”之间输入“言必信，行必果”。

图 3.13　艺术字环绕方式设置

选中文本框，在“绘图工具—格式”选项卡的“形状样式”组中，单击“形状轮廓”按钮，在

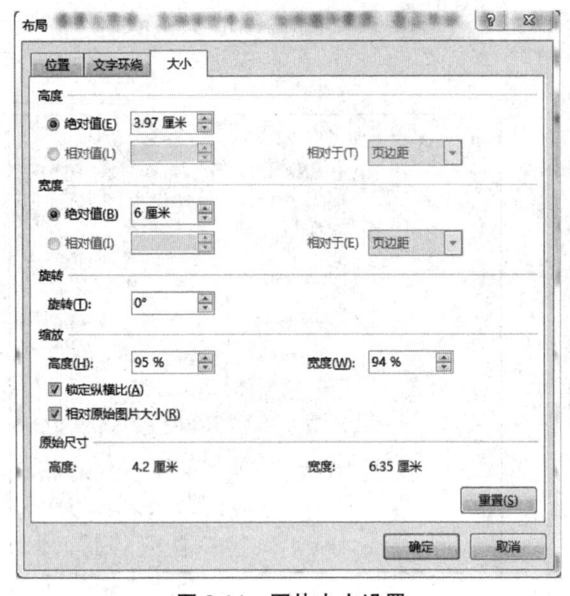

图 3.14 图片大小设置

弹出的菜单中选择颜色为“蓝色”，线条粗细为“1 磅”，选择“虚线”→“短划线”，设置文本框线条的形状轮廓；在“排列”组中，单击“位置”→“底端居左，四周型文字环绕”。

11. 在“插入”选项卡“插图”组中，单击“图片”，打开“插入图片”对话框，选择实验素材中的“放飞梦想.jpg”，单击“插入”。

选中图片，在“图片工具—格式”选项卡的“排列”组中，单击“位置”→“底端居右，四周型文字环绕”；在“大小”组中，单击右下角的启动对话框按钮，打开“布局”对话框，在“大小”选项卡中，选中“锁定纵横比”，设置图片的宽度为 6 厘米，如图3.14 所示。

单击“确定”按钮。

在“图片工具—格式”选项卡的“大小”组中，单击“裁剪”→“裁剪为形状”→“流程图：手动操作”；在“图片样式”组中，单击“图片效果”→“映像”→“半映像，接触”，如图 3.15 所示。

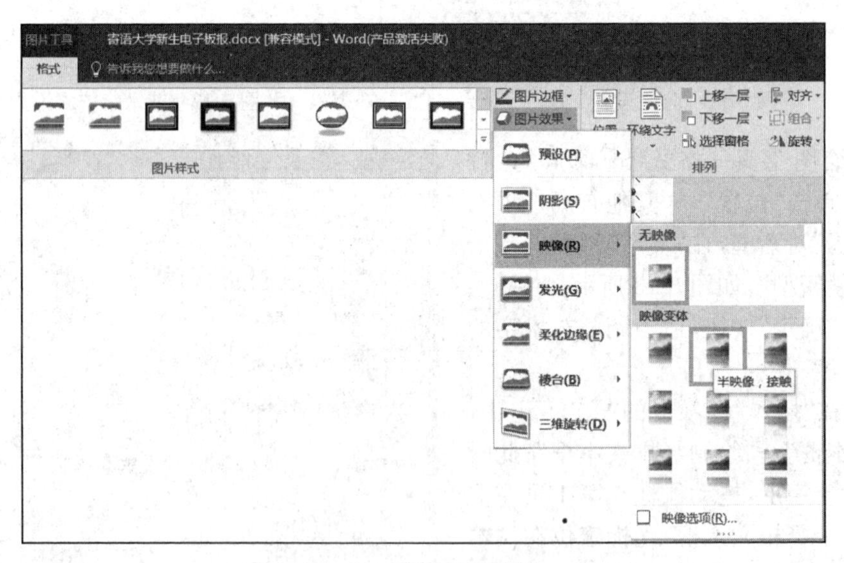

图 3.15 图片效果设置

12. 在“插入”选项卡的“插图”组中，单击“图片”按钮，打开“插入图片”对话框，选择实验素材中的“大学新生.jpg”，单击“插入”按钮。

选中图片，在“图片工具—格式”选项卡的“排列”组中，单击“环绕文字”→“穿越型环绕”；在“调整”组中，单击“颜色”→“设置透明色”，如图 3.16 所示。

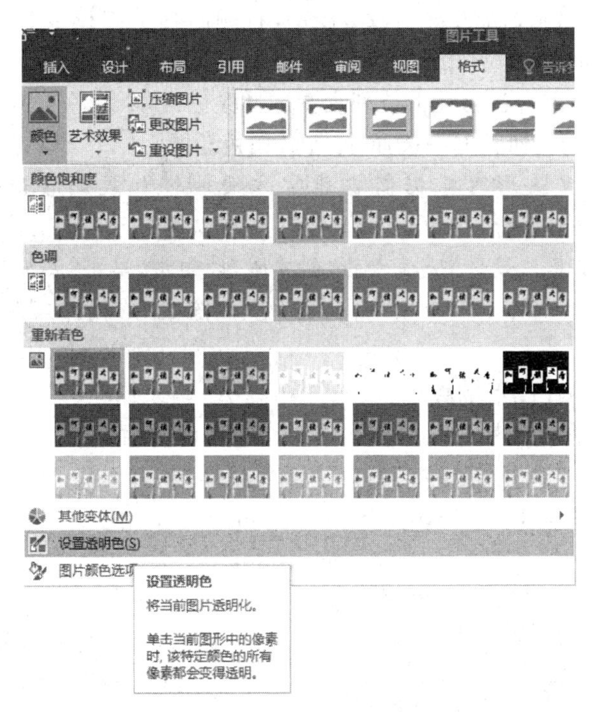

图 3.16　图片设置透明色

此时鼠标变为彩笔形状，单击图片背景任意位置，可将图片背景设置为透明。拖动图片到文档的末尾位置。

13. 将光标定位在倒数第三段末尾处，按下回车键。在“插入”选项卡“插图”组中，单击“SmartArt”，打开“选择 SmartArt 图形”窗口，选择“列表”→“垂直 V 形列表”，如图 3.17 所示。

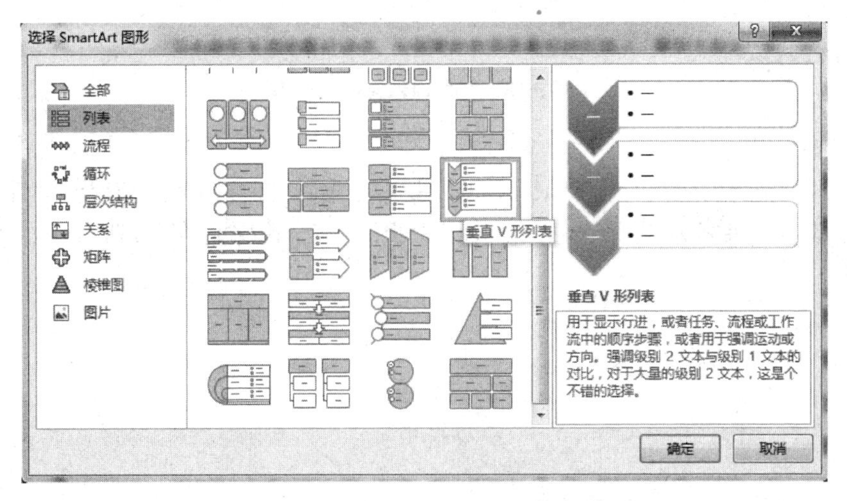

图 3.17　“选择 SmartArt 图形”对话框

单击“确定”按钮。

参考样张，在“文本”占位符中输入相应的文本内容。分别选中 SmartArt 图形中的文本内容，将左侧内容字体设置为隶书、20号字，右侧内容字体设置为宋体、14号字。单击SmartArt图形的外框，选中整个图形，在“SmartArt工具”的“设计”选项卡“SmartArt样式”组中，单击“更改颜色”按钮，在下拉列表中选择颜色为“个性色1”组中的“彩色填充—个性色1”，在右侧的“样式”列表框中选择样式为“白色轮廓”。

【提示】 SmartArt图形可根据需要非常方便地增加或删除形状。本题中添加的SmartArt图形默认只有3行，若希望添加一行，则可以选中SmartArt图形中最后一个文本形状，在“SmartArt工具—设计”选项卡的“创建图形”组中，单击“添加形状”→“在后面添加形状”，则可在末尾添加一个新列表项目；如果希望删除某个列表，只需要选中该列表，单击Delete即可。

适当调整SmartArt图形的大小。

14. 将光标定位在正文最后一段末尾，输入文字“源自百度”。选中文字“百度”，在“插入”选项卡“链接”组中，单击“超链接”，打开“插入超链接”对话框，左侧选择链接到“现有文件或网页”，在地址中输入网址“http://www.baidu.com”，如图3.18所示。

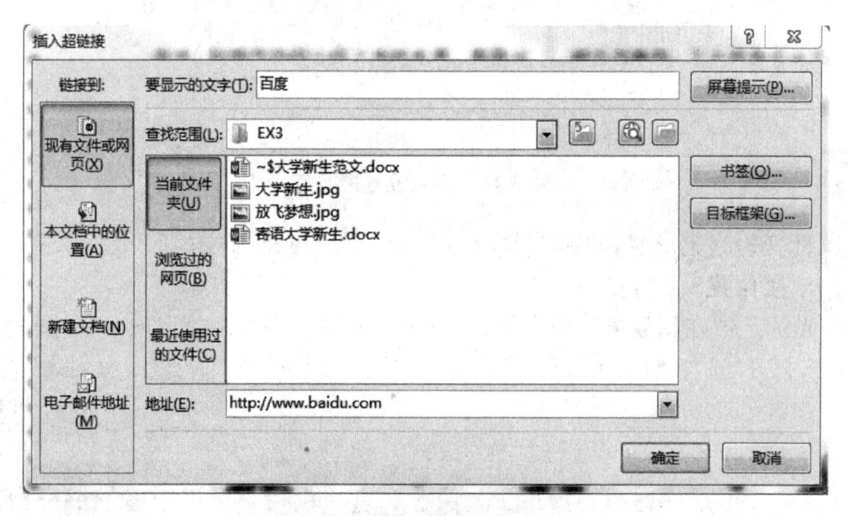

图3.18 “插入超链接”对话框

单击“确定”按钮。

15. 单击“文件”→“另存为”命令，打开“另存为”窗口，在弹出的“另存为”对话框中选择保存位置，设置文件名为“寄语大学新生电子板报.docx”，单击“保存”按钮。

实验四　论文排版

实验目标

1. 掌握页面设置及自定义页眉页脚的设置；
2. 掌握文本的查找、替换和选择功能的使用；
3. 掌握分页符、分节符、水印的使用；
4. 掌握审阅与修订的设置；
5. 掌握文字上下标的设置；
6. 掌握公式编辑器的使用；
7. 掌握书签的制作、拆分窗口的设置。

场景和任务描述

李雪是一名大四学生，在大学期间最后一项学习任务是撰写毕业设计论文，学校关于毕业论文的撰写有诸多格式规定，比如页面设置、页眉页脚、页码、水印、参考文献标引等等。论文初稿完成后交给老师查看，老师会给出修改意见。目前李雪已完成毕业设计论文内容的录入和部分格式设置操作，保存在“毕业设计论文.docx”文件中，在提交论文给老师之前，请帮她完成以下任务，实现论文的格式排版和页面设置操作，并将文档另存为“我的毕业设计论文.docx”。

陈老师收到李雪提交的论文后，需要对论文中有问题的地方进行修改，并给出修改意见，请帮助陈老师完成对论文的审阅工作，同时帮助李雪接受老师的全部修订操作。

【提示】本次实验所需的所有素材放在 EX4 文件夹中。

具体任务

1. 打开 EX4 文件夹中的“毕业设计论文.docx”文件，插入一个空白页作为论文封面，内容选自“毕业设计论文封面.docx”文件。

2. 页面背景设置为“斜式、半透明”文字水印，水印文字内容为“毕业设计说明书(论文)”，字体颜色为“黑色，文字 1，淡色 50%”。

3. 将文档中所有“登陆”替换成“登录”，并设置为黑色、常规字形；将文档中所有手动换行符全部替换为段落标记；删除文档正文部分所有的空格字符。

4. 修改文档标题 1 样式格式为“黑体，三号字，黑色，加粗，段前段后 0.5 行”，标题 2 样式格式为“黑体，四号字，黑色，加粗，段前 0 行段后 0.5 行，单倍行距”，标题 3 样式格式为“宋体，四号字，黑色，加粗，段前段后 0 行，多倍行距 1.73 行”。

5. 将文档正文中所有红色文字格式设置为标题 1，所有绿色文字格式设置为标题 2，所有蓝色文字格式设置为标题 3。

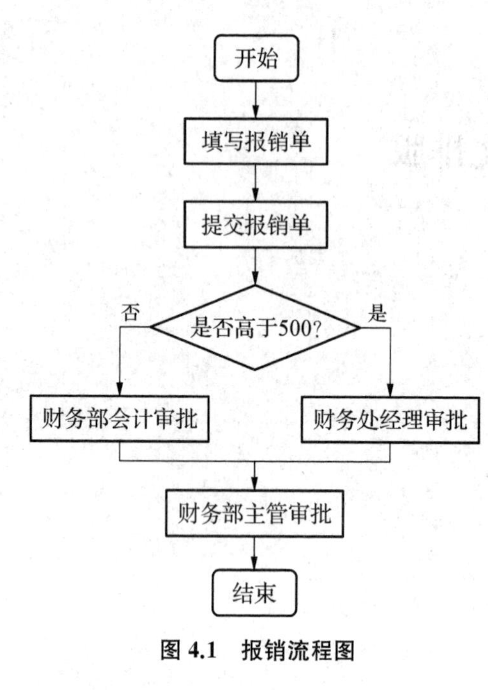

图 4.1 报销流程图

6. 将论文中所有正文格式文本设置为宋体小四号字，左右缩进 0 字符，首行缩进 2 个字符，段前段后 0 行，1.5 倍行距。

7. 在正文"图 5.2 普通部门员工报销流程"之前绘制如图 4.1 所示的报销流程图，要求形状图形无填充色，线型为 0.75 磅黑线，上下左右内边距为 0 厘米，文字格式为宋体黑色五号，中部对齐，并将所有形状组合为一个对象。

8. 论文中所有参考文献的引用部分已用[1][2]等形式标出，将所有参考文献的引用设置为上标格式。

9. 在 5.4 小节中"程序中涉及的计算公式如下："语句下方插入如下数学公式，居中显示。

$$A=\frac{\sqrt{a^2+b^2}}{2a}+\int_1^2(1+\sin^{-1}x)\,\mathrm{d}x+\sum_{i=1}^{10}(a_i+b_i)$$

10. 设置论文封面的上下页边距为 2 厘米，左右页边距为 3 厘米，装订线为 0.2 厘米，其余页面设置为上下页边距为 2.2 厘米，左右页边距分别为 2.5 厘米和 2 厘米，装订线为 0.9 厘米，每页 44 行。

11. 在正文前插入自动目录，设置行间距为固定值 18 磅，左右缩进为 0 字符。

12. 在论文适当位置插入分隔符，让文中所有标题 1 样式文本开头的章节从新页开始，且正文和目录位于不同节中。

13. 设置除封面外各页的页眉和页脚。其中目录页的页眉内容为"毕业设计论文目录"，小二号宋体，居中显示，页脚插入页码，形为"第 X 页"，数字格式为大写罗马数字，居中显示。

14. 设置论文正文的页眉内容为"毕业设计说明书(论文)"，小二号宋体，居中显示，页脚插入页码，形为"第 X 页共 Y 页"，要求奇数页页码右对齐、偶数页页码左对齐，且论文总页数不包括封面和目录。将文档另存为"我的毕业设计论文.docx"。

15. 打开"我的毕业设计论文.docx"文件，开启修订状态，删除论文正文第 4 页中的语句"操作系统现在主流有 Windows XP 和 Win 7 等。"；在"3 数据库设计"处插入批注，批注内容为"请写出数据库设计过程"，并在"假单表"文字前插入文字"请"。以原名保存文件。

16. 打开"我的毕业设计论文.docx"文件，接受对文档的所有修订，删除批注。将文档另存为 PDF 格式，名为"我的毕业设计论文.pdf"。

操作步骤

1. 打开 EX4 文件夹中的"毕业设计论文.docx"文件，将光标定位在文档最前面，在"插入"选项卡的"页面"组中，单击"空白页"按钮，在正文前插入一页空白页，再将光标定位在空白页的最前面，在"插入"选项卡的"文本"组中，单击"对象"→"文件中的文字"，打开"插入文件”对话框，选择 EX4 文件夹中的“毕业设计论文封面.docx”文件，单击“插入”按钮。

2. 在“设计”选项卡“页面背景”组中，单击“水印”→“自定义水印”，打开“水印”对话框，选中单选按钮“文字水印”，在“文字”后的文本框中输入“毕业设计说明书(论文)”，选择颜色为“黑色 文字 1 淡色 50%”，水印版式为“斜式”，选中“半透明”复选框，如图 4.2 所示。

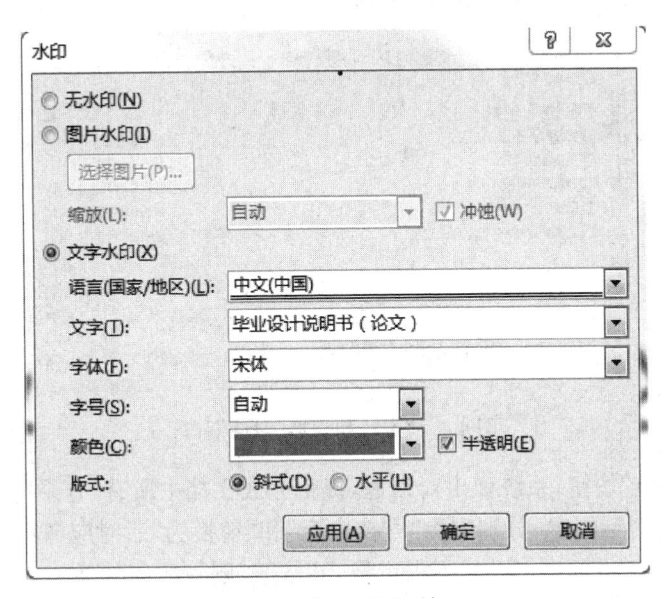

图 4.2　“水印”对话框

单击“确定”按钮。

3. 在“开始”选项卡的“编辑”组中，单击“替换”按钮，打开“查找和替换”对话框，如图 4.3 所示。

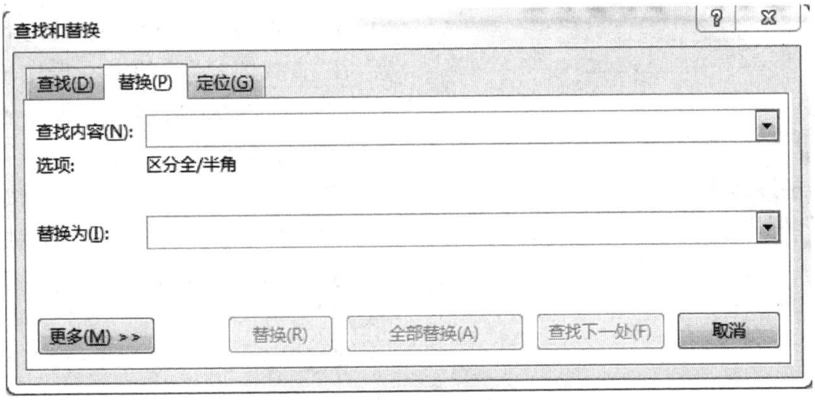

图 4.3　“查找和替换”对话框(1)

在“查找内容”后的文本框中输入“登陆”，在“替换为”后的文本框中输入“登录”，单击“更多”按钮，打开“搜索选项”框，将光标定位在“替换为”后的文本框中，单击“格式”按钮，在弹出的菜单中选择“字体”，打开“替换字体”对话框，设置字体颜色为黑色，字形为常规，单击“确定”按钮，返回“查找和替换”对话框，如图 4.4 所示。

查找和替换

查找(D) 替换(P) 定位(G)

查找内容(N): 登陆

选项: 区分全/半角

格式:

替换为(I): 登录

格式: 字体: 非加粗, 非倾斜, 字体颜色: 文字 1

<< 更少(L) 替换(R) 全部替换(A) 查找下一处(F) 取消

搜索选项

搜索: 全部

区分大小写(H)

全字匹配(Y)

使用通配符(U)

同音(英文)(K)

查找单词的所有形式(英文)(W)

区分前缀(X)

区分后缀(T)

区分全/半角(M)

忽略标点符号(S)

忽略空格(W)

替换

格式(O) ▾ 特殊格式(E) ▾ 不限定格式(T)

图 4.4 “查找和替换”对话框(2)

单击“全部替换”按钮,系统弹出对话框,提示完成文档中所有“登录”文字的替换操作。

在图 4.4 所示对话框中,分别删除“查找内容”和“替换为”后对应文本框的内容,光标定位在“替换为”后的文本框中,单击“不限定格式”按钮,删除之前替换文本设置的格式信息。将光标定位在“查找内容”后的文本框中,单击“特殊格式”按钮,在弹出的列表中选择“手动换行符”,将光标定位在“替换为”后的文本框中,单击“特殊格式”按钮,在弹出的列表中选择“段落标记”,单击“全部替换”按钮,系统弹出对话框,提示完成相应的替换操作。单击“关闭”按钮返回。

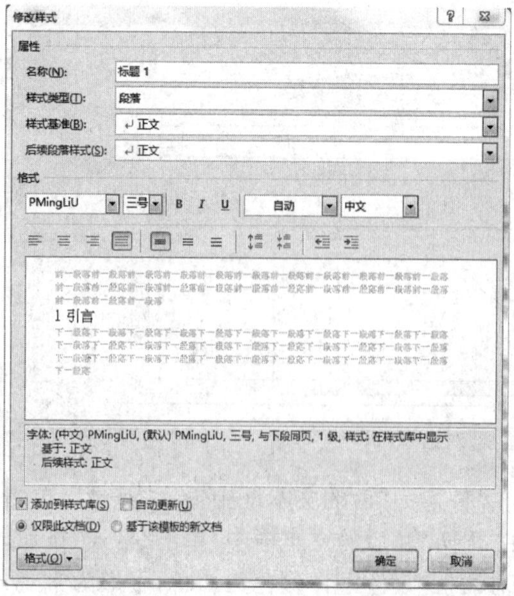

修改样式

属性

名称(N): 标题 1

样式类型(T): 段落

样式基准(B): ↵正文

后续段落样式(S): ↵正文

格式

PMingLiU 三号 B I U 自动 中文

1 引言

字体: (中文) PMingLiU, (默认) PMingLiU, 三号, 与下段同页, 1 级, 样式: 在样式库中显示

基于: 正文

后续样式: 正文

添加到样式库(S) 自动更新(U)

仅限此文档(D) 基于该模板的新文档

格式(O) ▾ 确定 取消

图 4.5 “修改样式”对话框

将光标定位在正文开始处,在“查找与替换”窗口中,清除原有的查找内容和替换内容,在“查找内容”后的文本框中输入一个空格字符,“替换为”后的文本框不输入任何内容,保持为空状态,在“搜索选项”组里,设置搜索为“向下”,单击“全部替换”按钮,系统弹出“……是否继续从头搜索”的对话框,单击“否”按钮,返回“查找与替换”对话框,单击“关闭”按钮。

【提示】利用编辑组中的“替换”功能,不仅可以实现文本内容和格式的替换操作,还可以实现特殊字符的替换以及特定文本的删除操作。

4. 在“开始”选项卡的“样式”组中,右键单击“标题 1”按钮,在弹出的快捷菜单中选择“修改”,打开“修改样式”对话框,如图 4.5 所示。

单击“格式”→“字体”，在打开的“字体”对话框中设置字体格式为黑体，三号字，黑色，加粗样式，单击“确定”按钮；单击“格式”→“段落”，在打开的“段落”对话框中分别设置段落间距为段前 0.5 行，段后 0.5 行，单击“确定”按钮返回。

单击“确定”按钮完成“标题 1”样式的修改。

以同样的方法，按要求修改“标题 2”和“标题 3”的样式格式。

【提示】样式是一组已经命名的字符和段落格式，Word 2016 内置了许多样式集，每个样式集包含一整套样式设置，另外，用户也可以根据需要定义自己的样式。样式一旦定义，用户需要时可以直接使用，不需重复设置，且样式修改，所有应用该样式的文本格式也会自动修改，对用户统一文档格式很有好处。

5. 将光标定位在正文任一红色文字处，比如“1 引言”处，在“开始”选项卡的“编辑”组中，单击“选择”→“选定所有格式类似的文本(无数据)”，选中正文中所有红色文字内容，在“开始”选项卡的“样式”组中，单击“标题 1”按钮，则所有红色文字格式设置为标题 1 样式。

以同样的方法，分别设置正文中所有绿色文字格式为标题 2 样式，所有蓝色文字格式为标题 3 样式。

【提示】给文档标题文本按级别设置为标题 1－3 样式后，在“视图”选项卡的“显示”组中，选中“导航窗格”复选框，在 Word 工作区的左侧会显示文档导航窗格，可以显示文档的标题大纲，方便用于查看文档结构，并快速定位到标题对应的正文内容。

6. 将光标定位在论文正文第一段中，在“开始”选项卡的“样式”组中，右键单击“正文”按钮，在弹出的快捷菜单中选择“选择所有 81 个实例(S)”，可将所有的正文格式文本全部选中，在“开始”选项卡的“字体”组中，选择字体为“宋体”，字号为“小四号”；单击“段落”组右下角的启动对话框按钮，在打开的“段落”对话框中设置内侧缩进 0 个字符，外侧缩进 0 个字符，首行缩进 2 字符，段前段后 0 行，1.5 倍行距，如图 4.6 所示。

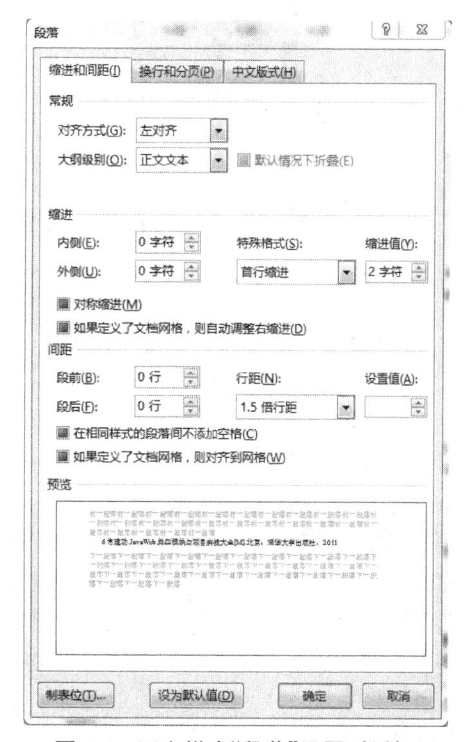

图 4.6　正文样式“段落”设置对话框

单击“确定”按钮。

【提示】在 Word 中，除了设置的标题格式外，其余文本格式默认为“正文”样式，所以可以通过上述操作快速完成文档中所有正文文本的选择操作。如果文档正文中有文本不是正文样式，也可以利用 Ctrl 和 Shift 功能键完成论文中多段正文文本的选择操作。

7. 将光标定位于正文“图 5.2 普通部门员工报销流程”的前一段，在“插入”选项卡的“插图”组中，单击“形状”→“新建绘图画布”，光标定位在画布上，在“绘图工具—格式”选项卡的“插入形状”组中，选择适当的图形形状，拖动鼠标在画布上绘制指定形状图形，右键单击形状图形，在弹出的快捷菜单中选择“设置形状格式”，右边自动出现“设置形状格式”窗格，在“填充与线条”选项卡中展开“填充”命令，选中“无填充”，如图 4.7 所示。

展开“线条”命令，选中“实线”单选按钮，设置颜色为“黑色，文字1”；宽度为“0.75磅”；在“布局属性”选项卡中展开“文本框”命令，设置垂直对齐方式为“中部对齐”，内部上下左右边距均为0厘米，如图4.8所示。

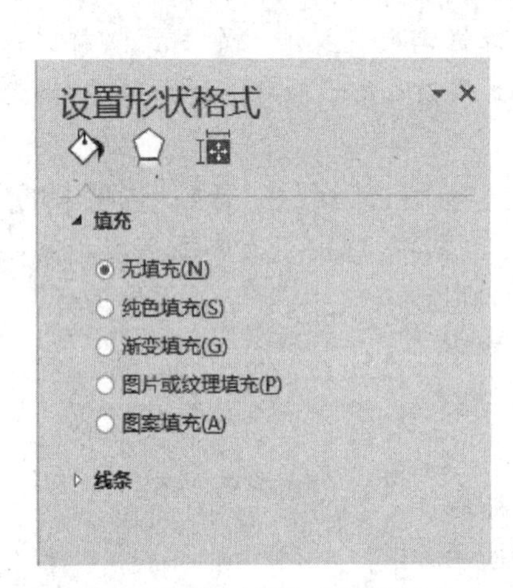

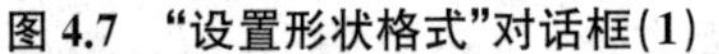
图4.7 “设置形状格式”对话框(1)

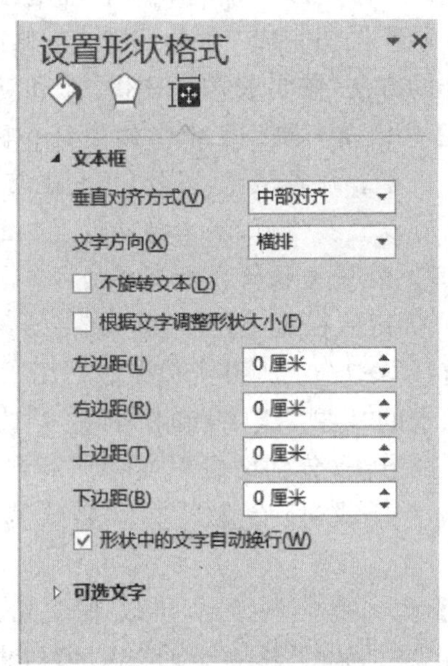

图4.8 “设置形状格式”对话框(2)

单击“关闭”按钮。

右键单击形状图形，在弹出的快捷菜单中选择“添加文字”，可以在形状图形中输入要求的文字，选中文字，在“开始”选项卡的“字体”组中，设置字体为宋体、五号，颜色为黑色。

设置好一个形状图形，可以通过复制再粘贴的方法，创建出多个形状图形，根据要求改变文字内容，无须重复设置。

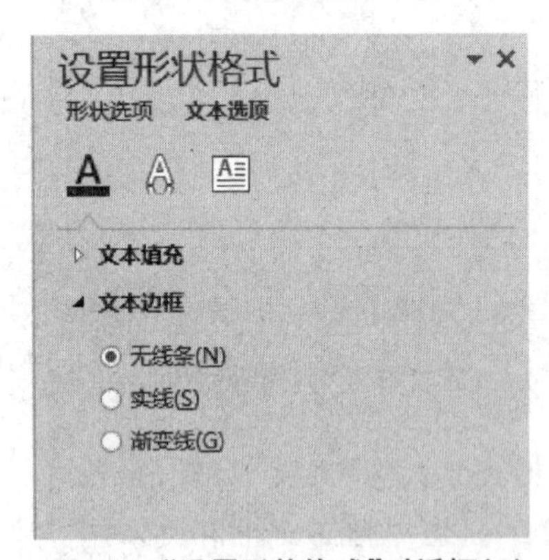

图4.9 “设置形状格式”对话框(3)

在“绘图工具—格式”选项卡的“插入形状”组中，根据需要选择箭头、肘形连接符等形状，可以在形状间加上连接线，完成流程图的绘制。

其中，流程图中的“是”和“否”文本框没有框线，应在“设置形状格式”窗格中的“文本填充与轮廓”选项卡中，设置文本边框为“无线条”，如图4.9所示。

绘制完流程图后，在绘图画布上拖动鼠标框选中所有形状图形，单击鼠标右键，在弹出的快捷菜单中选择“组合”→“组合”命令，实现将所有形状图形组合为一个图形对象。

【提示】绘图画布是文档中的一个特殊区域。用户可以在其中绘制多个图形，其意义相当于一个“图形容器”。因为形状包含在绘图画布内，画布中所有对象就有了一个绝对的位置，这样它们可作为一个整体移动和调整大小，同时避免文本中断或分页时出现的图形异常。

选中“图5.2 普通部门员工报销流程”，设置为五号字，居中对齐。

8. 将光标定位在文档正文开始位置，在“开始”选项卡的“编辑”组中，单击“替换”按钮，打开“查找和替换”对话框。在“搜索选项”框中勾选“使用通配符”复选框，在“查找内容”后的文本框中输入“(\[[0-9]\])”，在“替换为”后的文本框中输入“\1”，单击“格式”按钮，在弹出的菜单中选择“字体”，打开“替换字体”对话框，设置字体效果为“上标”，单击“确定”按钮，返回“查找和替换”对话框，如图 4.10 所示。

图 4.10　“查找和替换”对话框(3)

单击“全部替换”按钮，系统弹出对话框，提示完成相应的替换操作。单击“关闭”按钮返回。

【提示】 Word 中的查找和替换功能支持通配符的使用。通配符是一些特殊的语句，主要作用是用来模糊搜索和替换使用。在“查找替换”对话框中选中“使用通配符”，可以使用的常用通配符有：“?”表示任意单个字符，[0-9]表示任意单个数字，[a-zA-Z]表示任意英文字母，多个查找表达式用“()”表示；“\n”只能在替换栏使用，其中 n 代表数字 1、2、3 等数字，它的意思是替换前面第 n 个在查找栏中用表达式“()”捕获到的内容。本例中所有查找内容包含在一个()中，在“替换为”后面的文本框输入的“\1”表示替换操作不改变原查找的内容，只是将其格式设置为上标效果。需要注意的是，通配符中的所有符号必须在英文半角状态下输入，不能输入中文符号。其他通配符的使用和应用，大家可以上网搜索学习。

另外，本题如果不用替换操作完成，也可以设置一个参考文献引用为上标效果，利用格式刷功能，复制格式去设置其他参考文献引用为上标效果。

9. 将光标定位在语句“程序中涉及的计算公式如下：”下方，在“插入”选项卡的“符号”组中，单击“公式”→“插入新公式”，菜单栏自动显示如图 4.11 所示的“公式工具”选项卡，文档中显示公式编辑框。

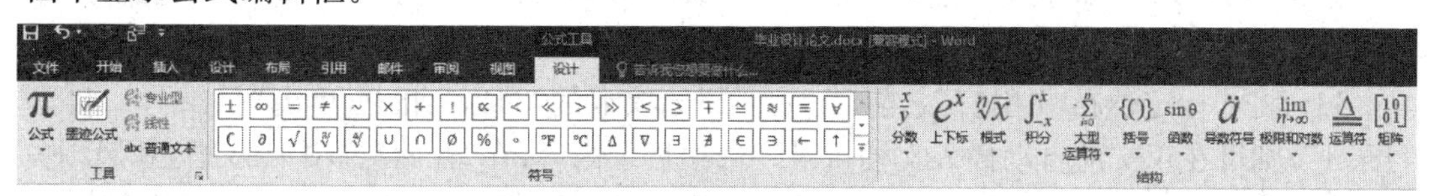

图 4.11　“公式工具”选项卡

将光标定位在公式编辑框中，在“公式工具—设计”选项卡的“结构”组中，按公式要求选择适当的公式结构模板，完成公式的录入操作。

选中公式，在“公式工具—设计”选项卡的“工具”组中，选中“普通文本”按钮，将公式转化为普通文本，在“开始”选项卡的“字体”组中，选择字体为“Times New Roman”，在“段落”组中，选中“居中”按钮。

10. 在“布局”选项卡的“页面设置”组中，单击右下角的启动对话框按钮，打开“页面设置”对话框。在“页边距”选项卡中设置上下页边距为 2 厘米，左右页边距为 3 厘米，装订线为 0.2 厘米，如图 4.12 所示。

单击“确定”按钮。

将鼠标指针定位在正文“1 引言”之前一个位置，在“布局”选项卡的“页面设置”组中，单击右下角的启动对话框按钮，打开“页面设置”对话框。分别设置上下页边距为 2.2 厘米，左右页边距分别为 2.5 厘米和 2 厘米，装订线为 0.9 厘米；在“文档网格”选项卡中选中“只指定行网格”，设置每页 44 行，选择“应用于”选项为“插入点之后”，如图 4.13 所示。

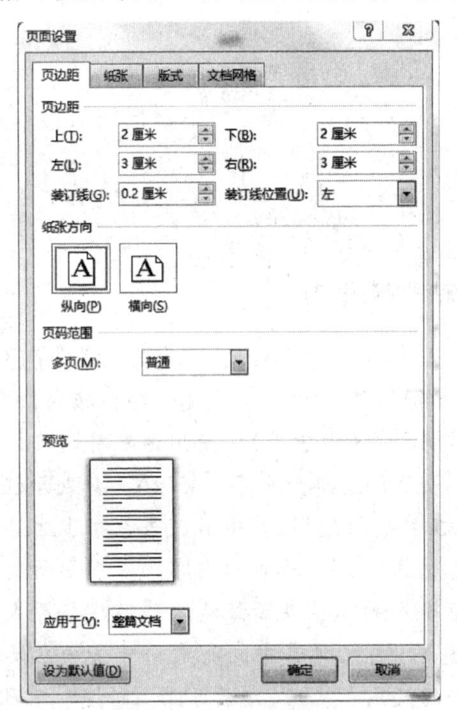

图 4.12　页边距设置

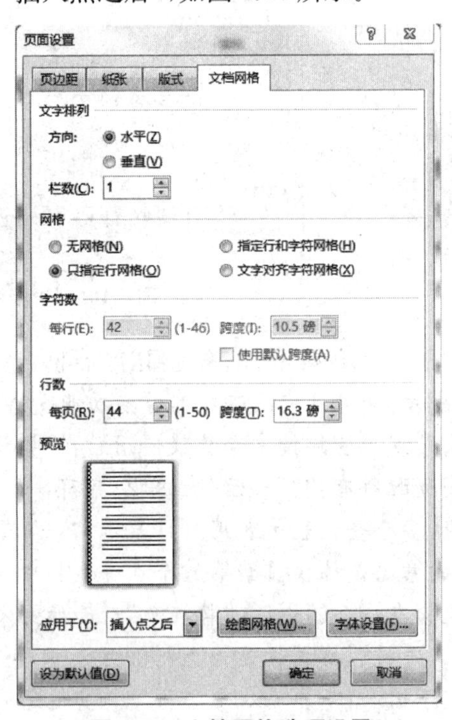

图 4.13　文档网格选项设置

单击“确定”按钮。

【提示】由于封面和正文采用不同的页面设置，执行完上述操作后，Word 将在封面后自动插入一个“下一页”分节符。节是 Word 中很重要的排版单位，当需要对文档页面的不同部分采用不同的版面设置时（例如设置不同的页面方向、页边距、页眉和页脚，或重新分栏排版等），都需要对文档进行分节处理。新建一篇 Word 文档，默认只有一个节。

11. 将光标定位在“1 引言”之前，在“引用”选项卡的“目录”组中，单击“目录”→“自动目录 1”，则可在正文前自动插入文档目录。选中目录内容，在“开始”选项卡的“段落”组中，单击右下角的启动对话框按钮，打开“段落”对话框，分别设置左侧缩进为 0 字符，右侧缩进为 0 字符,行距为固定值 18 磅,单击“确定”按钮。

【提示】 只有事先设置好论文各级标题格式,建立好文档结构后,才可以利用该功能自动生成文档目录。

12. 将光标定位在“1 引言”之前,在“布局”选项卡的“页面设置”组中,单击“分隔符”→“分节符 下一页”,在目录和正文之间插入下一页的分节符。

分别将光标定位在“2 需求分析”等其他标题 1 样式的文本之前,在“布局”选项卡的“页面设置”组中,单击“分隔符”→“分页符”,将所有标题 1 样式文本开始的内容显示在下一页上。

【提示】 下一页分节符和分页符的功能不同,插入分页符是设置插入点后的内容从下一页开始显示,但仍在一个节中;而插入下一页分节符,不仅让插入点之后的内容从新页开始显示,而且创建了一个新的节,让插入点前后的文档内容出于不同节中。由于封面和目录、目录和正文需要设置不同的页眉页脚,所以必须进行分节设置。通过上述操作后,封面在第 1 节中,目录在第 2 节,论文正文内容全部在第 3 节,每个节都可以有独立的页面设置、页眉页脚以及分栏设置等。

13. 将鼠标指针定位在目录的任意位置,在“插入”选项卡的“页眉和页脚”组中,单击“页眉”→“编辑页眉”,即可进入页眉设置状态,此时菜单栏自动显示“页眉和页脚工具—设计”选项卡,如图 4.14 所示。

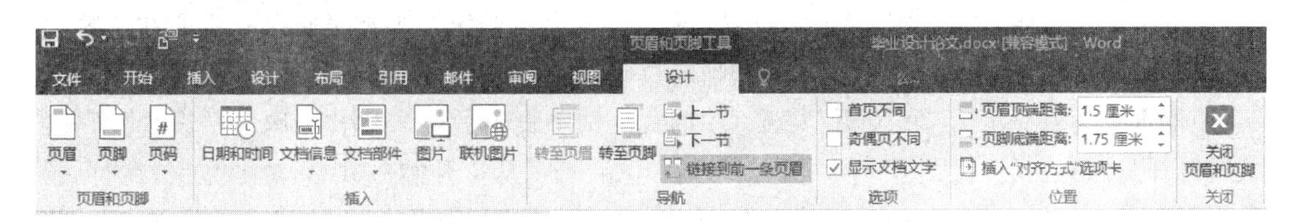

图 4.14　“页眉和页脚工具—设计”选项卡

将光标定位在目录的页眉部分,在“页眉和页脚工具—设计”选项卡的“导航”组中,单击“链接到前一条页眉”按钮,取消其选中状态,在页眉区输入“毕业设计论文目录”,选中页眉内容,设置其字体为宋体小二号,选中“段落”组的“居中”按钮,设置居中显示。

在“页眉和页脚工具—设计”选项卡的“导航”组中,单击“转至页脚”按钮,光标定位在目录的页脚区,单击“链接到前一条页眉”按钮,取消其选中状态,在“页眉页脚”组中,单击“页码”→“页面底端”→“普通数字 2”,则在页脚区中间位置插入当前页码数字,在页码之前输入“第”,页码之后输入“页”,选中页码数字,单击“页码”→“设置页码格式”,打开“页码格式”对话框,在“编号格式”后的列表框中选择大写罗马数字样式,设置“起始页码”从Ⅰ开始,如图 4.15 所示。

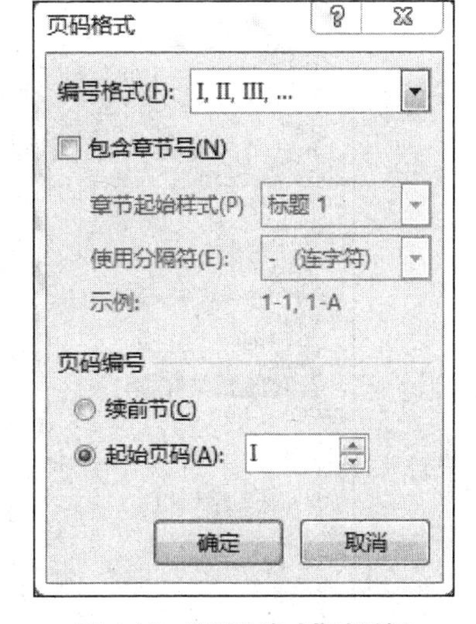

图 4.15　“页码格式”对话框

单击“确定”按钮。

将光标定位到封面的页眉处,在“开始”选项卡的“字体”组中,单击“清除所有格式”按钮,清除封面页眉处显示的横线。

【提示】 页眉和页脚是指位于上页边区和下页边区中的注释性文字或图片。页眉和页脚的文本，包括插入的页码、日期、时间等，都可以像 Word 主文档中的文本一样进行字体、字号、颜色以及排版格式等编辑和设置，可以制作出内容丰富、个性十足的页眉和页脚。

除了通过菜单操作进入页眉页脚区外，直接用鼠标双击页眉或页脚区，也可以进入页眉页脚编辑状态。

默认情况下，所有节都具有相同的页眉和页脚。取消“链接到前一条页眉”的选中状态，可以将当前节与前一节的页眉和页脚设置为不同内容，但下一节的页眉页脚内容仍默认和当前节相同，如需设置每一节都有不同的页眉页脚，则需要对每一节都取消“链接到前一条页眉”按钮的选中状态。

14. 将光标定位在正文第一页的页眉部分，在“页眉和页脚工具—设计”选项卡的“选项”组中，选中“奇偶页不同”复选框，此时可以分别设置奇数页和偶数页的页眉页脚。分别将光标定位在奇数页和偶数页页眉区，在“页眉和页脚工具—设计”选项卡的“导航”组中，单击“链接到前一条页眉”按钮，取消其选中状态，删除页眉原有内容，输入“毕业设计说明书（论文）”，选中页眉内容，在“开始”选项卡的“字体”组中，设置其字号为宋体小二号，选中“段落”组的“居中”按钮，设置居中显示。

将光标定位在正文奇数页的页脚部分（比如正文第 1 页），在“页眉和页脚工具—设计”选项卡的“导航”组中，单击“链接到前一条页眉”按钮，取消其选中状态，删除原页脚内容，在“页眉页脚”组中，单击“页码”→“当前位置”→“加粗显示的数字”，则在页脚区光标所在位置插入形式为“X/Y”的页码信息，其中 X 表示当前页码，Y 表示文件的总页数，按要求输入相关文字，使得页脚信息显示为“第 X 页/共 Y 页”形式。选中页码数字，单击“页码”→“设置页码格式”，打开“页码格式”对话框，设置页码编号的“起始页码”从 1 开始；选中总页数数字，在“页眉和页脚工具—设计”选项卡的“插入”组中，单击“文档部件”→“域”，打开“域”对话框，在“类别”后的列表框中选择“编号”，在“域名”列表框中选择“SectionPages”，如图 4.16 所示。

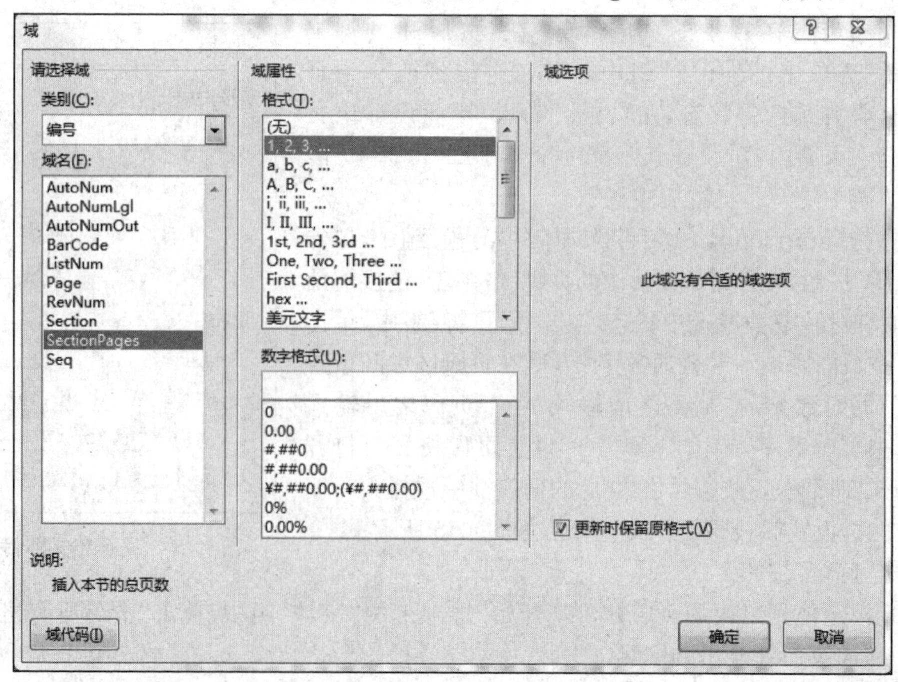

图 4.16 “域”对话框

单击“确定”按钮返回。选中页脚区内容，在“开始”选项卡的“段落”组中，选中“右对齐”按钮，设置奇数页页脚右对齐显示。

选中奇数页页脚内容，在“开始”选项卡的“剪贴板”组中，单击“复制”按钮。将光标定位在正文偶数页的页脚区(比如正文第 2 页)，在“页眉和页脚工具—设计”选项卡的“导航”组中，单击“链接到前一条页眉”按钮，取消其选中状态，删除原页脚内容，在“开始”选项卡的“剪贴板”组中，单击“粘贴”按钮，将奇数页设置的页脚内容复制到偶数页页脚，在“开始”选项卡的“段落”组中，选中“左对齐”按钮，设置偶数页页脚左对齐显示。

在“页眉和页脚工具—设计”选项卡的“关闭”组中，单击“关闭页眉和页脚”按钮，退出页眉页脚编辑状态，返回正文。

【提示】在 Word 中，域相当于文档中的变量，分为域代码和域结果，其中域代码类似于公式，完成指定的功能，域结果是域代码所代表的信息，可以根据文档的变化而自动更新。使用 Word 域可以实现许多复杂的工作，比如获取文档属性信息、自动编页码等。

由于本题中页脚区显示的总页数是论文正文页数，不包括封面和目录，所以插入的形式为“X/Y”的页码信息不能满足要求，这里域代码“SectionPages”可以获得文档当前节的总页数，即论文正文的总页数。

光标定位在论文目录处，单击鼠标右键，在弹出的快捷菜单中选择“更新域”，选中“只更新页码”，单击“确定”按钮。

单击“文件”→“另存为”命令，在弹出的“另存为”对话框中选择保存位置，在“文件名”后的文本框中输入“我的毕业设计论文”，单击“保存”按钮。

关闭文件。

15. 打开“我的毕业设计论文.docx”文件，在“审阅”选项卡的“修订”组中，单击“修订”按钮，开启文档的修订状态，“显示以供审阅”选择为“所有标记”。

【提示】用户在修订状态下修改文档时，Word 将跟踪文档中所有内容的变化状况，同时会把用户在当前文档中修改、删除、插入的每一项内容标记下来。当多个用户同时参与对同一文档进行修订时，可以通过不同的颜色来区分不同用户的修订内容。

光标定位在论文正文第 4 页，选中语句“操作系统现在主流有 Windows XP 和 Win 7 等。”，按下 Delete 键删除。

【提示】由于打开了修订状态，此时对文档的任何编辑操作都会记录下来，删除语句后，可以看到，语句并没有消失，而是在语句上画上删除线。用户也可以对修订内容的样式进行自定义设置。在“审阅”选项卡的“修订”组中，单击“修订”→“修订选项”，在打开的“修订选项”对话框中设置即可。

选中正文中的“3 数据库设计”，在“审阅”选项卡的“批注”组中，单击“新建批注”按钮，光标定位在批注框中，输入“请写出数据库设计过程”。将光标定位在“假单表”之前，输入文字“请”，新插入的文字以红色显示。

【提示】批注是在文档页面空白处添加的注释信息，一般用粉底红框括起来。审阅 Word 文稿时，审阅者对文档提出的一些建议可以通过插入批注来表达。

单击标题栏的“保存”按钮，将文件以原名保存，关闭文件。

16. 打开“我的毕业设计论文.docx”文件，在“审阅”选项卡的“更改”组中，单击“接受”→“接受所有更改并停止修订”。

【提示】如果只是接受部分修订意见，可以在“审阅”选项卡的“批注”组中，单击“接受”→“接受并移到下一条”或“拒绝”→“拒绝并移到下一条”，可以接受或拒绝部分修订。

将光标定位在“3 数据库设计”对应的批注中，在“审阅”选项卡的“批注”组中，单击“删除”按钮。

单击“文件”→“另存为”命令，在弹出的“另存为”对话框中选择保存位置，文件名不变，“保存类型”选择“PDF(＊.pdf)”，单击“保存”按钮。

实验五　邮件合并及表格制作

实验目标

1. 了解邮件合并的概念，掌握邮件合并功能的使用；
2. 掌握文本转换成表格设置；
3. 掌握表格的创建、修改、修饰等基本操作；
4. 掌握表格中数据的编辑、公式计算、排序；
5. 掌握表格部件库的设置及图表插入。

场景和任务描述

为深入贯彻落实《国务院办公厅关于深化高等学校创新创业教育改革的实施意见》精神(国办发〔2015〕36 号)，按照教育部统一部署，根据学校关于举办“挑战杯・创青春”大学生创业大赛的要求，拟邀请部分专家担任大赛评委，对参赛作品进行评审。

秉承简约、高效的原则，大赛组委会张老师拟制作一批电子邀请函并通过邮件的方式发送给准备邀请的评委。大赛前，张老师需要制作大赛日程安排表；大赛结束后，张老师需要制作大赛成绩表，并进行成绩分析。

张老师已完成电子邀请函内容、大赛日程安排表的文字录入(用制表符分隔了文本中的数据项)，并准备将参赛选手的成绩用 Excel 表格保存，便于用 Word 表格统计分析。请帮他完成以下任务：大赛电子邀请函的制作、大赛日程安排表表格的设计和排版，大赛成绩计算、排序、分类等操作。

【提示】 本次实验所需的所有素材放在 EX5 文件夹中。

具体任务

1. 打开 EX5 文件夹中的“邀请函初稿.docx”文件，调整文档页面为页面高度 18 厘米、宽度 26 厘米，页边距(上、下)为 2 厘米，页边距(左、右)为 3 厘米。

2. 参考样张“邀请函样张.pdf”文件，调整邀请函中内容文字的字体、字号、颜色、文字段落对齐方式、间距。

3. 在“尊敬的”后面插入专家的姓名，并在姓名后添加“先生”(性别为“男”)或“女士”(性别为“女”)。拟邀请的专家姓名在本实验文件夹下的“专家通信录.xlsx”文件中。每页邀请函中只能包含 1 位专家的姓名，并通过邮件方式发送给邀请的专家。

4. 将本实验文件夹下的“背景图片.jpg”设置为背景。

5. 邀请函文档制作完成后，以“邀请函.docx”文件名保存。

6. 打开 EX5 文件夹中的“日程安排文本.docx”文件，将其中的文本转化成表格，参考样张“日程安排表.pdf”文件，完成 7～13 的操作。

7. 为表格第1行设置“白色，背景1，深色15%”底纹。

8. 将表格中单行行高设置为0.6厘米，固定值；第1列、3列、5列的列宽为3.5厘米，第2列、4列的列宽为4厘米。

9. 将表格中的中文文字设置为楷体、四号，英文文字设置为Times New Roman、四号。

10. 将表格内文字的对齐方式设为水平和垂直都居中。将表格设为整体水平居中。

11. 设置整个表格外框为1.5磅红色单实线；第1列和第4列的右框线均设为0.75磅双实线，其余内框为0.75磅黑色单实线。

12. 将表格内容保存至“表”部件库，并将其命名为“日程表”。

13. 将文件以“日程安排表.docx”保存在EX5文件夹下。

14. 打开EX5文件夹中的“大赛成绩.xlsx”文件，并将其中的成绩信息复制到Word文档“大赛成绩.docx”中。

15. 根据窗口自动调整表格大小；为表格自动套用格式“网格表2着色5”样式；设置标题行跨页重复。

16. 将第一位选手的答辩成绩改为82，利用表格公式重新计算其总成绩，总成绩规则为作品成绩占60%、答辩成绩占40%，总成绩保留2位小数。

17. 对表格中每个类别成绩分别排序，主要关键字为“总成绩”、降序，次要关键字为“答辩成绩”、降序。

18. 在表格最下方添加一行，合并左边两个单元格，填入“平均成绩”，居中对齐；在右边3个单元格中使用表格公式分别计算所有作品的作品成绩、答辩成绩和总成绩的平均值，结果保留2位小数。

19. 将Excel文档“大赛成绩.xlsx”中“H3:J7”区域的数据复制到当前Word文档末尾，要求表格内容引用Excel文件中的内容，如果Excel文件中的内容发生变化，Word文档中的信息随之发生变化，注意与前面的表格之间保持间隔，根据内容自动调整表格宽度。

20. 根据表格第1、3列内容创建饼图，图表标题为“获奖等级比例”，根据表格第1、2列内容创建簇状柱形图，图表标题为“获奖人数”，两图均添加数据标签。

21. 将文件以“大赛成绩及分析.docx”为名保存在EX5文件夹下。

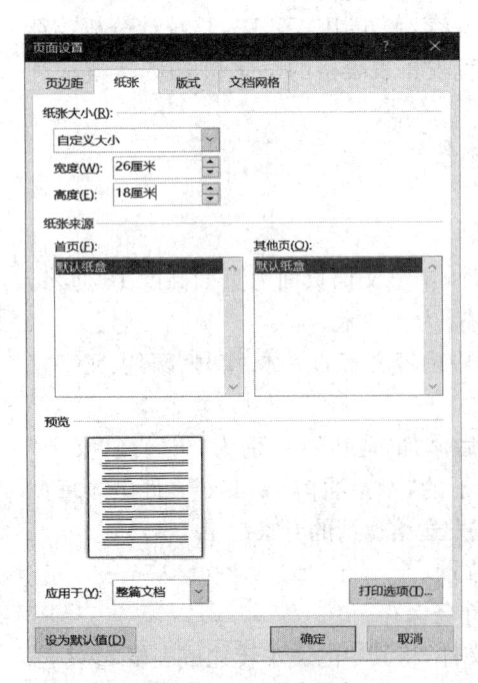

图5.1 “纸张”选项卡

操作步骤

1. 打开EX5文件夹下的文档“邀请函初稿.docx”，单击“布局”选项卡中“页面设置”组右下角的对话框开启按钮，在弹出的“页面设置”对话框中，切换到“纸张”选项卡，在“纸张大小”的“宽度”中设置为“26厘米”，“高度”中设置为“18厘米”，如图5.1所示。切换到“页边距”选项卡，设置“上”“下”“左”“右”页边距分别为“2厘米”“2厘米”“3厘米”“3 厘米”，如图 5.2 所示，单击“确定”按钮。

2. 选中标题“‘挑战杯 · 创青春’大学生创业大赛”，在“开始”选项卡的“字体”组中将字体设置为“黑体”“小二号”“加粗”。再单击“段落”组的“居中”按钮，将标题居中对齐。

图 5.2 页边距设置

选中“邀请函”文字，按照同样方法，将“邀请函”的字体设置为“黑体”“一号”“加粗”，字体颜色为“红色”，“居中”对齐。

选中“尊敬的：”文字，按照同样方法，设置字体为“微软雅黑”，字号为“15”磅，对齐方式为“左对齐”。

选中正文部分（从“你好”开始，至“支持”结束），按同样方法设置字体为“微软雅黑”，字号为“四号”，对齐方式为“左对齐”。单击“开始”选项卡“段落”组右下角的对话框开启按钮，打开“段落”对话框。切换到“缩进和间距”选项卡，设置“特殊格式”为“首行缩进”，“缩进值”为“2 字符”，单击“确定”按钮。

选中最后 2 段文字，按同样方法设置字体为“微软雅黑”，字号为“16”磅，对齐方式为“右对齐”。

选中全文，打开“段落”对话框。切换到“缩进和间距”选项卡，设置“行距”为“2 倍行距”。

3. 在“邮件”选项卡的“开始邮件合并”组中，单击“开始邮件合并”按钮，从下拉菜单中单击“信函”命令，如图 5.3 所示。

单击“开始邮件合并”组中的“选择收件人”按钮，从弹出的下拉列表中选择“使用现有列表”，如图 5.4 所示。

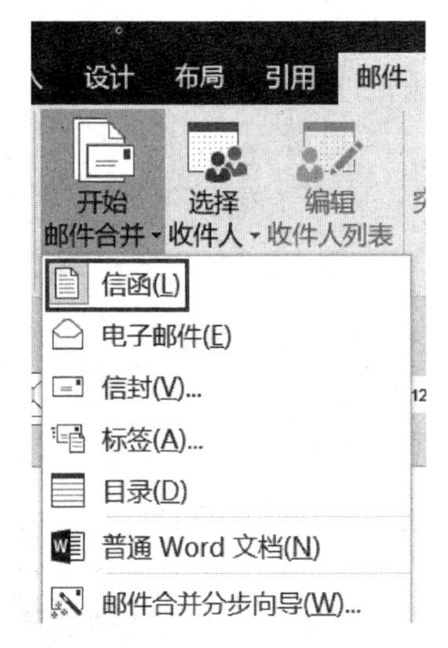

图 5.3 “开始邮件合并”的下拉菜单

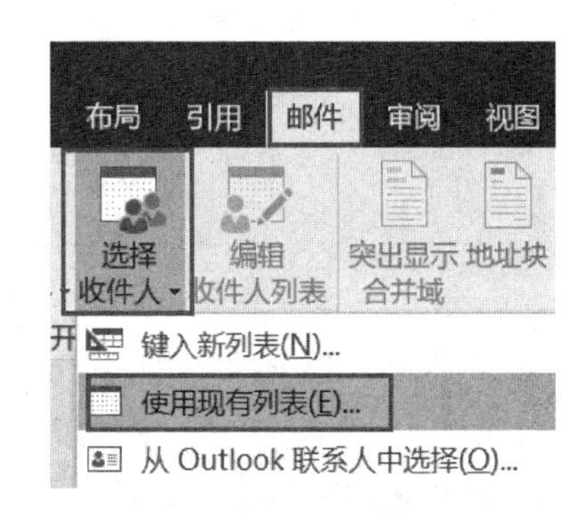

图 5.4 “选择收件人”的下拉菜单

在弹出的对话框中选择 EX5 文件夹中的“专家通信录.xlsx”文件，单击“打开”按钮。

在弹出的“选择表格”对话框中，如图 5.5 所示，选择“通讯录＄”工作表，单击“确定”按钮。注意：如果工作簿中含有多个工作表时，则选择所用数据的工作表。

【提示】如果想编辑收件人列表，可以单击“开始邮件合并”组中的“编辑收件人列表”按钮，弹出“邮件合并收件人”对话框，在图 5.6 所示的界面中选择邮件合并收件人后单击“确定”按钮。

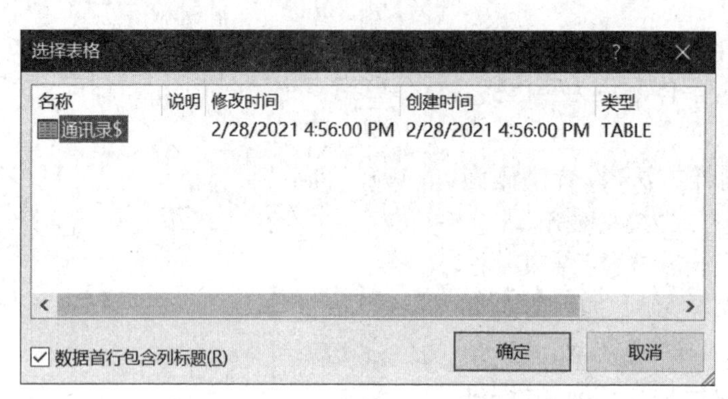

图 5.5 “选择表格”对话框

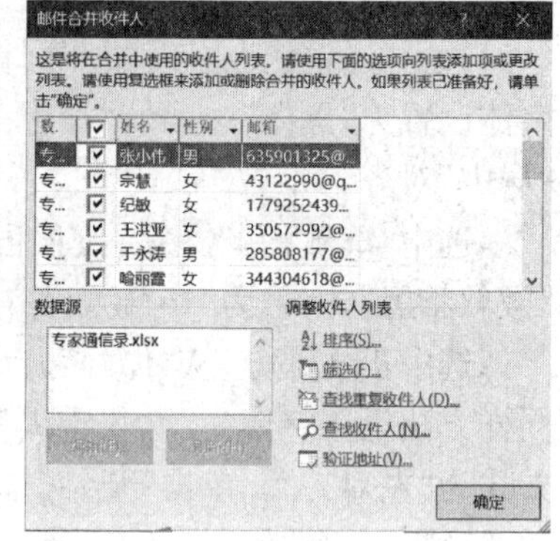

图 5.6 “邮件合并收件人”对话框

将光标停留在“尊敬的”之后、冒号“：”之前，单击“编写和插入域”组中的“插入合并域”按钮，从下拉列表中选择“姓名”，将“姓名”域插入到“尊敬的”之后。

单击“编写和插入域”组中的“规则”按钮，在弹出的下拉列表中选择“如果…那么……否则”命令后，弹出“插入 Word 域：IF”对话框，在对话框中输入相关内容，如图 5.7 所示。设置完毕后，单击“确定”按钮。适当调整一下“先生/女士”的字号大小。

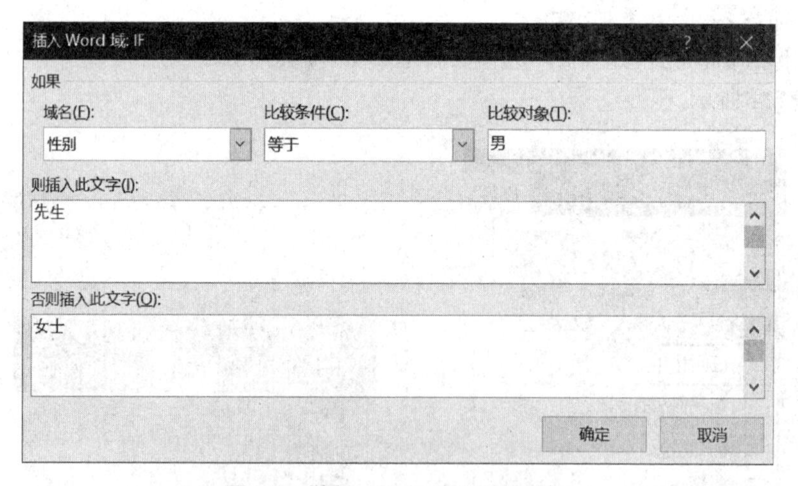

图 5.7 “插入 Word 域：IF”对话框

单击“邮件”选项卡“预览结果”组中的“预览结果”按钮则进入预览状态，单击“预览结果”工具组中的“ ◀ 1 ▶ ”中的箭头可看到不同专家的情况，如图 5.8 所示。

单击“邮件”选项卡的“完成”组中的“完成并合并”按钮，从下拉列表中选择“编辑单个文档”命令，如图 5.9 所示。在弹出的对话框（如图 5.10 所示）中，选中“全部”选项，单击“确定”按钮，则自动弹出一个新的 Word 文档，该文档中包含所有选中收件人的邀请函，且每一个人独立一页。至此完成了所有评委邀请函的制作。

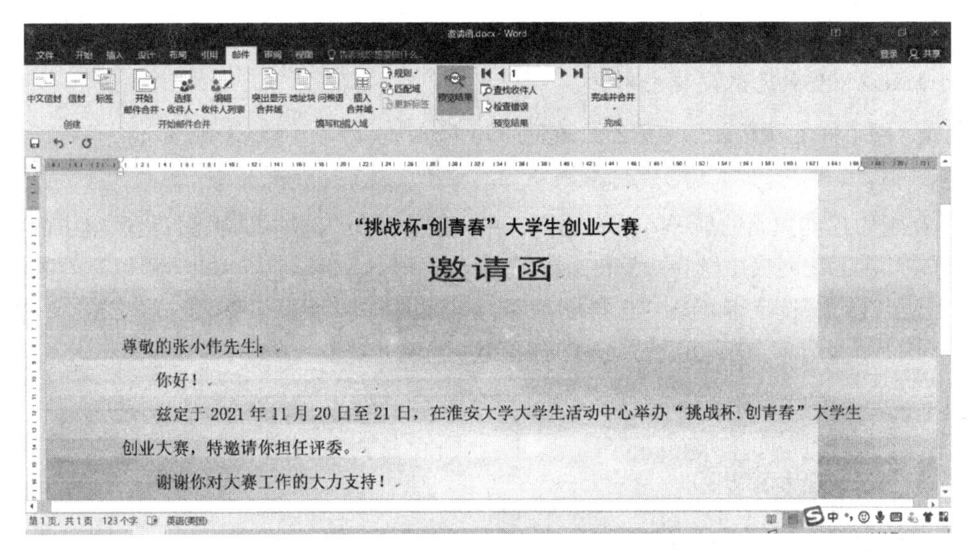

图 5.8　“预览结果”界面

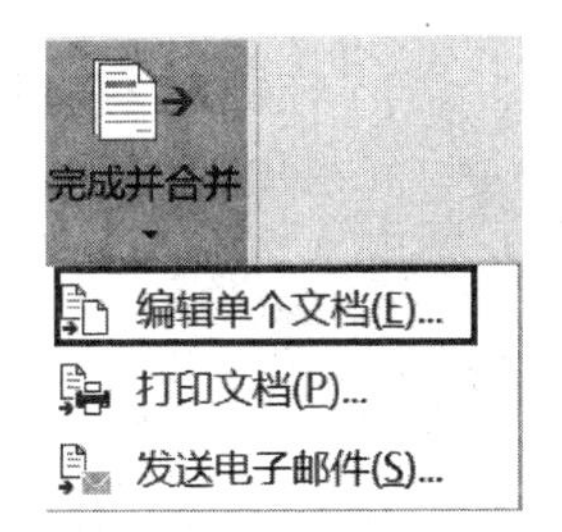

图 5.9　“完成并合并”下拉菜单

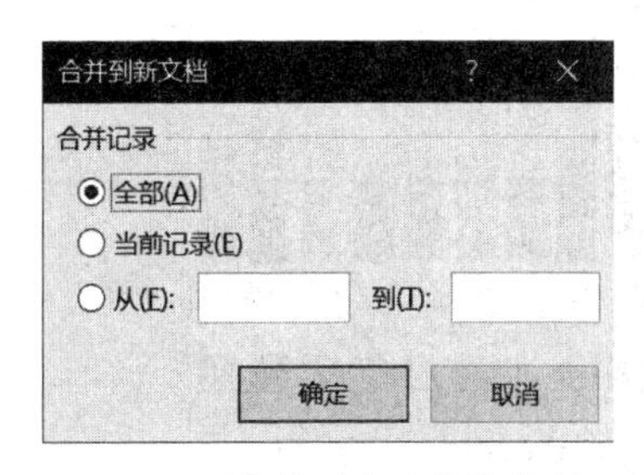

图 5.10　“合并到新文档”对话框

若需要打印，则选择图 5.9 中的“打印文档”命令，在弹出的“合并到打印机”对话框中，如图 5.11 所示，选中“全部”，单击“确定”按钮，打印机将逐份打印邀请函。

选择图 5.9 中的“发送电子邮件”命令，在弹出的“合并到电子邮件”对话框(图 5.12)中，“收件人”右边组合框中选择“邮箱”，“主题行”即邮件主题(自定)，输入“邀请函”，“邮件格式”选择“附件”。选中“全部”选项，单击“确定”按钮，Word 将一封一封的发送邮件，虽是群发操作，但每个邮件的收件人仅仅是这个客户本人。

合并到打印机
打印记录
全部(A)
当前记录(E)
从(F):　到(T):
确定　取消

图 5.11　“合并到打印机”对话框

合并到电子邮件
邮件选项
收件人(O): 邮箱
主题行(S): 邀请函
邮件格式(M): 附件
发送记录
全部(A)
当前记录(E)
从(F):　到(T):
确定　取消

图 5.12　“合并到电子邮件”对话框

【提示】“邮件格式”如选中“HTML”则表示让邀请函显示在正文中，如选中“附件”则表示让邀请函以附件的形式发送给对方。

注意：发邮件的功能，必须安装微软的“Outlook”软件才可以实现，其他邮箱暂时不支持这个功能。

4. 在刚才自动弹出的新Word文档窗口中，单击“设计”选项卡“页面背景”组中的“页面颜色”按钮，在下拉列表中选择“填充效果”命令，如图5.13所示。在弹出的“填充效果”对话框中切换至“图片”选项卡，单击“选择图片”按钮，如图5.14所示。然后选择EX5文件夹下的“背景图片.jpg”，单击“确定”按钮。

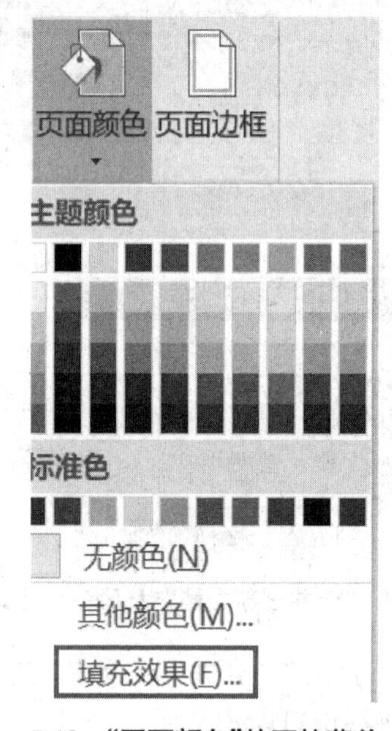

5.13 “页面颜色”的下拉菜单

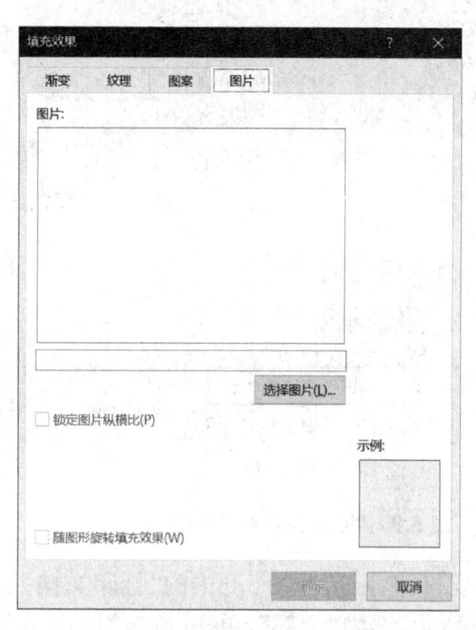

图5.14 “填充效果”对话框

5. 单击“文件”菜单中的“另存为”命令，以“邀请函.docx”文件名保存。

【提示】邮件合并的操作也可以使用“向导”方法进行。单击“邮件”选项卡的“开始邮件合并”按钮，从弹出的下拉列表中选择“邮件合并分步向导”后，在文档的右侧会显示“邮件合并”窗格。在窗格中按照向导提示完成每一步的具体操作，即可完成邮件的合并功能。

6. 打开EX5文件夹中的“日程安排文本.docx”文件，选中需要转换成表格的文本内容，在“插入”选项卡的“表格”组中，单击“表格”按钮，在弹出的下拉列表中单击“文本转换成表格(V)”命令，弹出“将文字转换成表格”对话框。在“文字分隔位置”选区中根据文本使用的分隔符号选择匹配的分隔符，这里选中“制表符”分隔符，如图5.15所示，然后单击“确定”按钮。

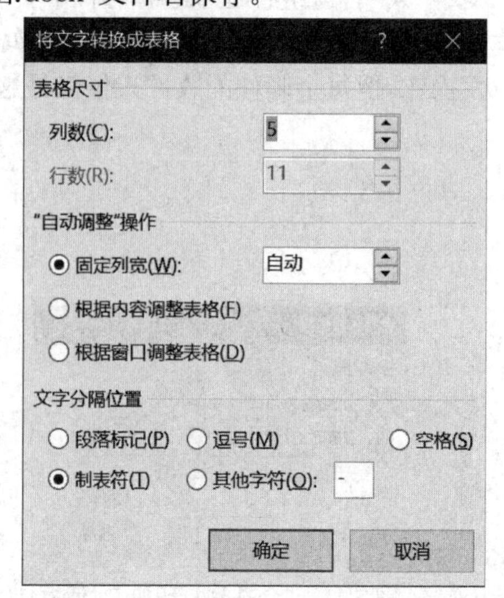

图5.15 “将文字转换成表格”对话框

【提示】表格的创建还可以有以下几种方法：

(1) 使用即时预览创建表格

在“插入”选项卡的“表格”组中，单击“表格”按钮，在弹出的下拉列表中以滑动鼠标的方式指定表格的行数和列数，并单击鼠标，如图 5.16 所示。

(2) 使用“插入表格”命令

在“插入”选项卡的“表格”组中，单击“表格”按钮，在弹出的下拉列表中单击“插入表格”。在弹出的“插入表格”对话框中输入行数和列数并单击“确定”，如图 5.17 所示。

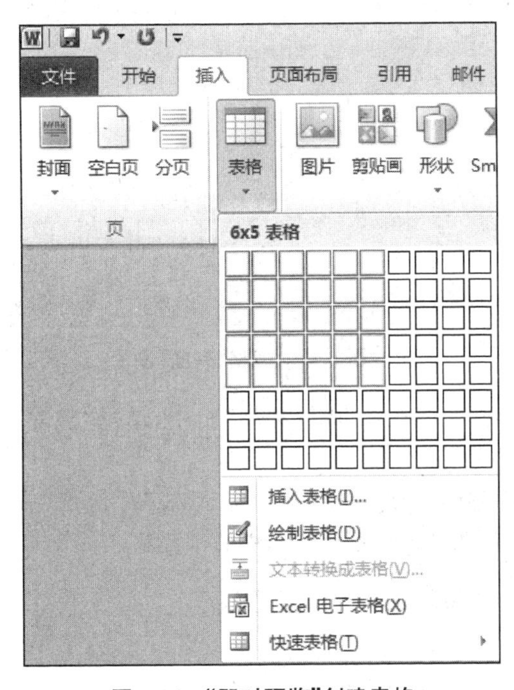

图 5.16　“即时预览”创建表格

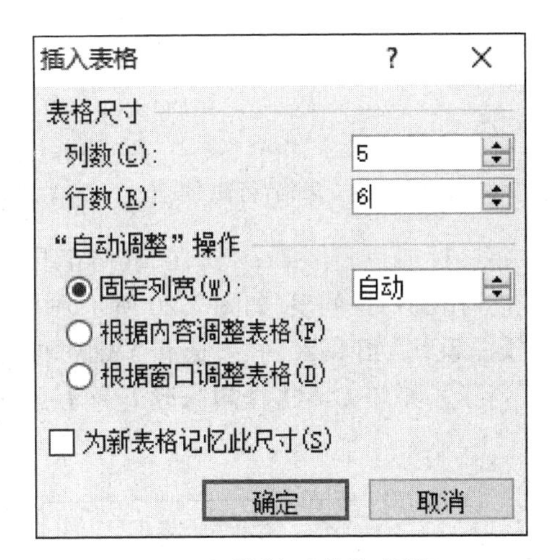

图 5.17　“插入表格”对话框

(3) 手动绘制表格

在“插入”选项卡的“表格”组中，单击“表格”按钮，在弹出的下拉列表中单击“绘制表格”命令，鼠标指针即变成笔的形状，按住鼠标开始绘制即可。

(4) 使用快速表格

在“插入”选项卡的“表格”组中，单击“表格”按钮，在弹出的下拉列表中单击“快速表格”，在弹出的下级列表中选择一种表格即可。

7. 选中表格第一行，在“表格工具”的“设计”选项卡的“表格样式”组中，单击“底纹”按钮，在弹出的下拉列表中选择“白色，背景 1，深色 15%”。

8. 单击表格左上方标记选中整个表格，在“表格工具”“布局”选项卡的“表”组中，单击“属性”按钮，在弹出的“表格属性”对话框中切换至“行”选项卡，选中“指定高度”复选框，将其后的框内设置为 0.6 厘米，“行高值是”设为“固定值”，如图 5.18 所示。

切换至“列”选项卡，选中“指定宽度”复选框，单击“前一列”或“后一列”按钮，使对话框中显示“第 1 列”；将其后的框内设置为 3.5 厘米，如图 5.19 所示。用相同的方法设置第 3 列、第 5 列的列宽为 3.5 厘米，第 2 列、4 列的列宽为 4 厘米，最后单击“确定”按钮。

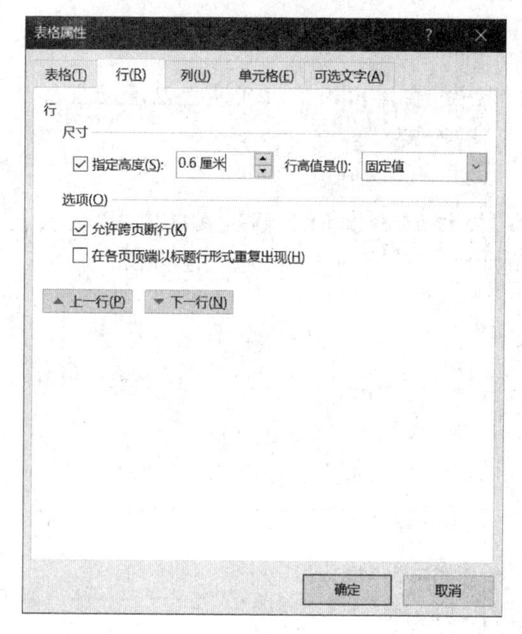

图 5.18　表格“行高”设置

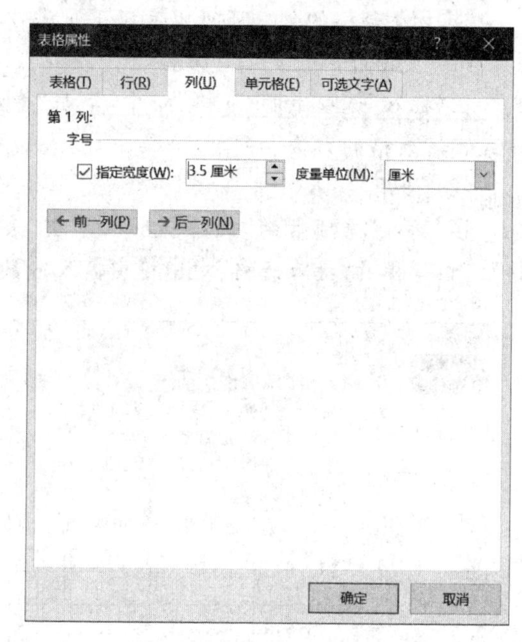

图 5.19　表格“列宽”设置

将光标放在表格第7行，在“表格工具”“布局”选项卡的“行和列”组中，单击“删除”按钮，在弹出的下拉列表（如图5.20所示）中选择“删除行”命令。

【提示】在图5.20中若选择“删除单元格”命令，会弹出“删除单元格”对话框（如图5.21所示），根据需要选择删除方式并单击“确定”按钮，即可删除选中的单元格。

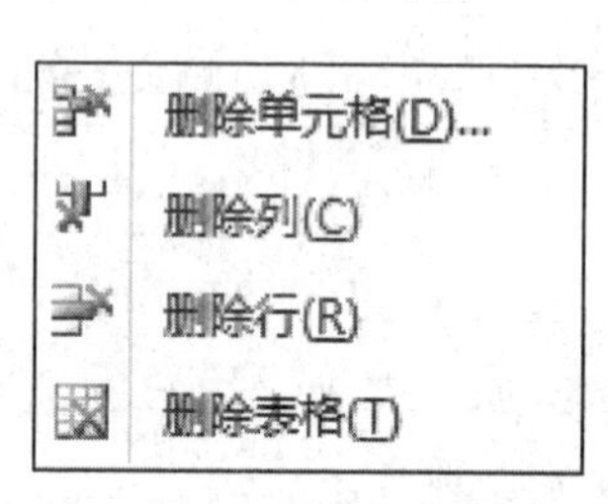

图 5.20　删除菜单

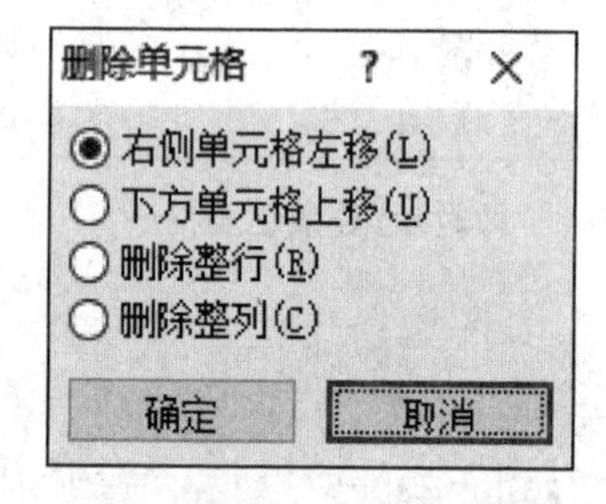

5.21　“删除单元格”对话框

选中第1列3～6行单元格，在“表格工具”“布局”选项卡的“合并”组中，单击“合并单元格”按钮，即完成第3～6行单元格合并为一个单元格。用相同的方法完成第1列第7～10行单元格的合并，第3列、第4列第4～7行单元格的合并。

将光标停放在第9行，在“表格工具”“布局”选项卡的“行和列”组中，单击“在下方插入”按钮，即可完成1行的插入。在新插入的行中将第2～4列进行合并。

参照样表对第5列中第3行及以下的所有行进行合并。

9. 选中整个表格，单击“开始”选项卡的“字体”组右下角的对话框开启按钮，在弹出的“字体”对话框中设置中文字体为楷体、英文字体为 Times New Roman、字号为四号。

10. 选中整个表格，在“表格工具”“布局”选项卡的“对齐方式”组中，单击“水平居中”命令，将表格内所有文字在单元格内水平和垂直都居中。单击“开始”选项卡“段落”组中的“居中”按钮，使整个表格相对于页面水平居中。

11. 选中整个表格，在“表格工具”“设计”选项卡的“边框”组中选择边框样式为“实线”、颜色为“红色”、宽度为“1.5 磅”、边框选择“外侧框线(S)”，如图 5.22 所示。

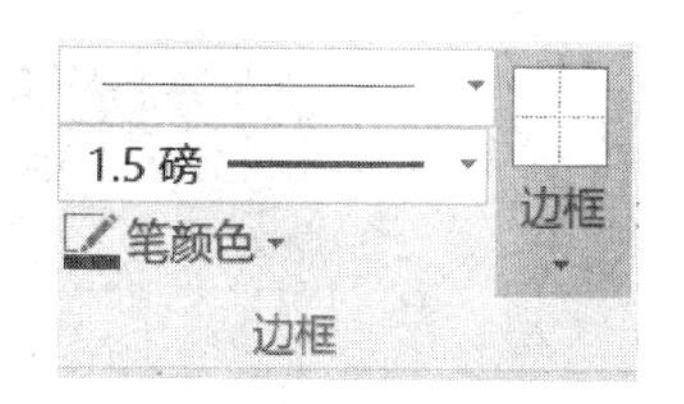

图 5.22　边框设置

选中整个表格，在“表格工具”的“设计”选项卡的“边框”组中选择边框样式为“实线”、选择颜色为“黑色”、宽度为“0.75 磅”、边框选择“内部框线(I)”，完成内框 0.75 磅黑色单实线的设置。

用相同的方法，选中表格的第 1 列，设置边框样式“══”双实线、颜色“黑色”、宽度“0.75 磅”、边框“右框线(R)”；选中表格的第 5 列，设置边框样式为“══”双实线、颜色“黑色”、宽度“0.75 磅”、边框“左框线(L)”。完成第 1 列的右框线和第 5 列的左框线 0.75 磅双实线的设置。

12. 选中整个表格，在“插入”选项卡的“文本”组中，单击“文档部件”命令，在弹出的下拉列表中选择“将所选内容保存到文档部件库”命令。在打开的“新建构建基块”对话框（如图 5.23 所示）中将“名称”设置为“日程表”，单击“确定”按钮。

再次展开“文档部件”下拉列表，可以清楚地看到刚添加的“日程表”部件库，如图 5.24 所示，单击就可以在当前文档中插入一个一模一样的日程表。

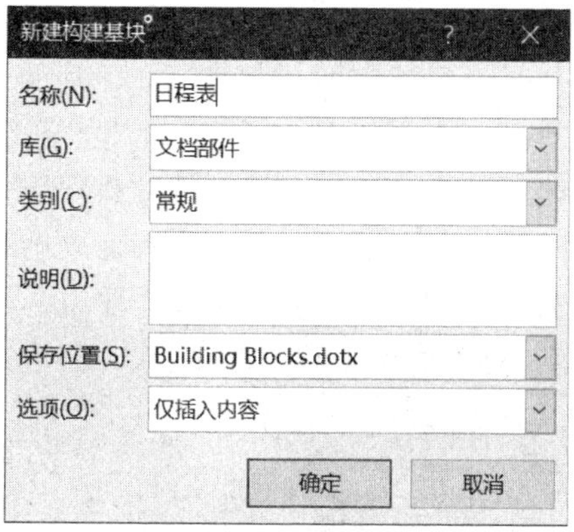

图 5.23　“新建构建基块”对话框

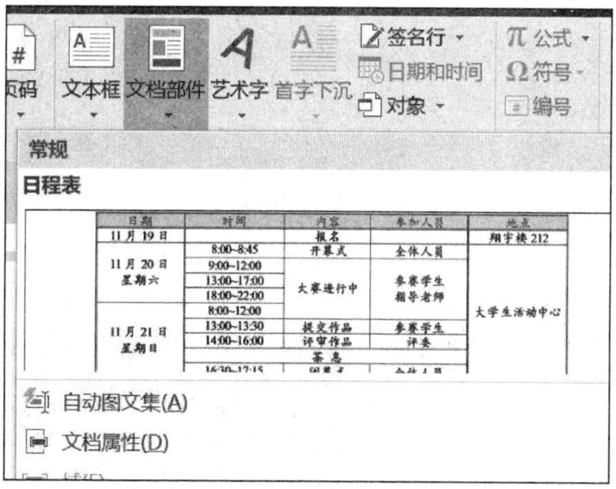

图 5.24　文档部件列表

13. 单击“文件”→“另存为”命令，在弹出的“另存为”对话框中选择保存位置为 EX5 文件夹，在“文件名”后的文本框中输入“日程安排表”，单击“保存”按钮。

14. 打开 EX5 文件夹中的“大赛成绩.xlsx”文档，选中其中 B2:F47 的数据并复制到剪贴板。打开 Word 文档“大赛成绩.docx”，光标定位至文档末尾，在“开始”选项卡的“剪贴板”组中，单击“粘贴”命令。

15. 将光标定位在表格中任意位置，在“表格工具”“布局”选项卡的“单元格大小”组中，单击“自动调整”命令，在弹出的下拉列表中选择“根据窗口自动调整表格”，如图 5.25 所示。

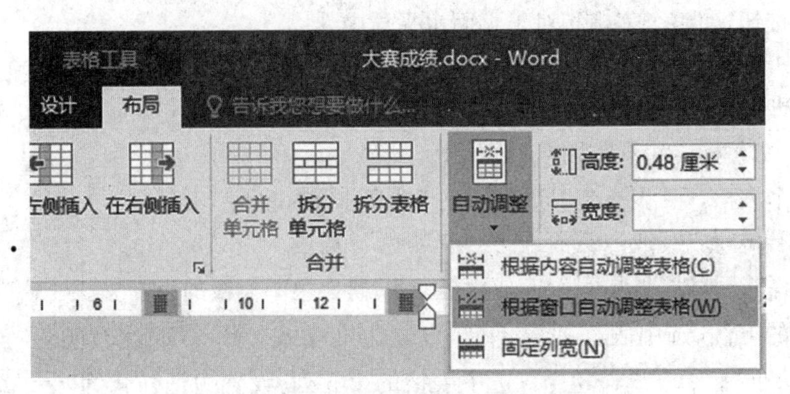

图 5.25 “表格自动调整”列表

选中整张表格，在“表格工具”“设计”选项卡的“表格样式”组中，选择合适的表格样式，此处选“网格表 2 着色 5”样式。

将鼠标指针定位在首行中(或选中首行)，在“表格工具”“布局”选项卡的“数据”组中，单击“重复标题行”命令。查看第二页中表格效果。

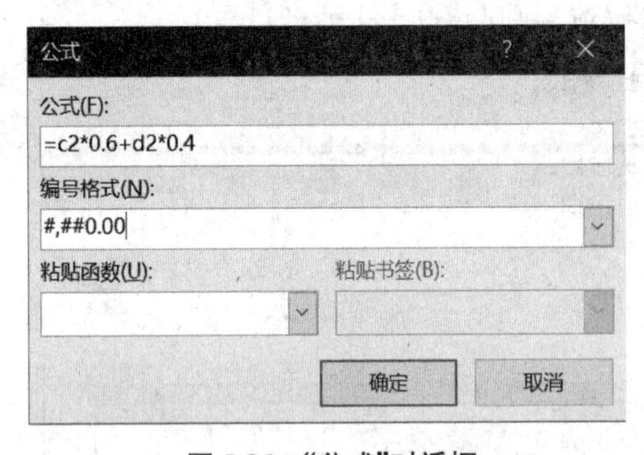

图 5.26 “公式”对话框

16. 将第一位选手的答辩成绩改为 82，再将光标定位在表格第二行最后一列单元格中，删除原有内容。在“表格工具”“布局”选项卡的“数据”组中，单击“公式”命令，在弹出的“公式”对话框中编辑公式为“ = c2 * 0.6 + d2 * 0.4”并单击“确定”，如图 5.26 所示。

17. 选择表格中的第 1～16 行，在“表格工具”“布局”选项卡的“数据”组中，单击“排序”命令，在弹出的“排序”对话框中选中“有标题行”选项，设置主要关键字为“总成绩”、降序，次要关键字为“答辩成绩”、降序，如图 5.27 所示，单击“确定”。查看表格中数据顺序。

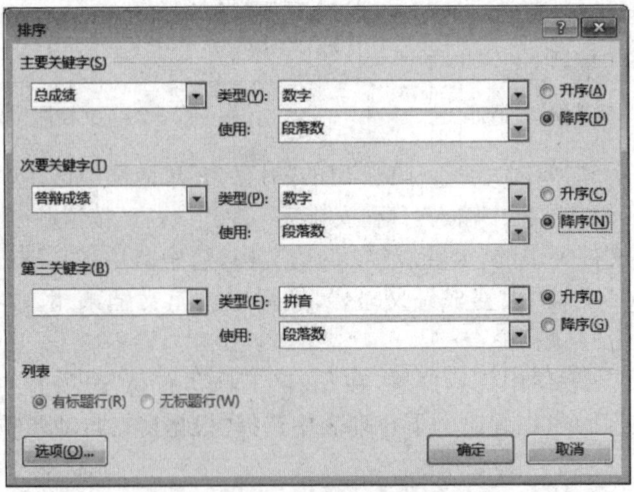

图 5.27 “排序”对话框

用同样的方法分别对第 17～31 行、第 32 行至末尾进行排序，不过此时在弹出的“排序”对话框中选中**“无标题行”**选项，主要关键字为列 5，次要关键字为列 4。

18. 光标定位在表格最后一行最右侧(位于表格外)的段落回车符处，按下键盘上的回车键，即可在表格最下方添加一行。

合并最后一行最左边的两列后，输入“平均成绩”，设置文本居中对齐。

光标定位在表格最后一行第二列单元格中，在“表格工具”“布局”选项卡的“数据”组中，单击“公式”命令，在弹出的“公式”对话框中编辑公式为“= AVERAGE(ABOVE)”，“编号格式”设置为“#，##0.00”，如图 5.28 所示，单击“确定”按钮。用相同的方法计算“答辩成绩”和“总成绩”的平均值。

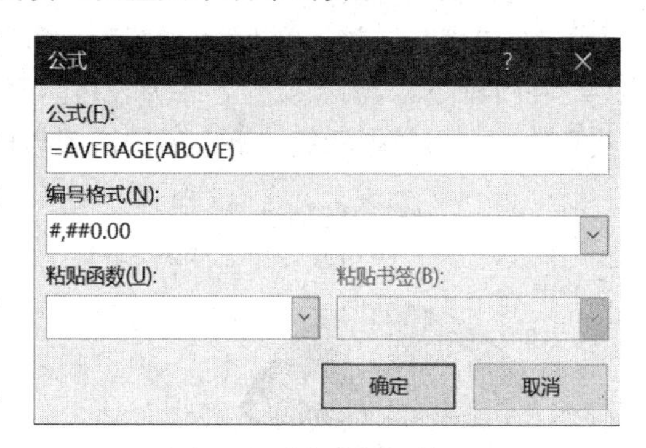

图 5.28　“公式”对话框

19. 打开 EX5 文件夹中的 Excel 文档“大赛成绩.xlsx”，选中 H3:J7 区域的数据并复制到剪贴板。回到 Word 文档“大赛成绩.docx”中，将光标定位至文档末尾，连续按回车键增加几个空白段落后，在“开始”选项卡的“剪贴板”组中，单击“粘贴”命令下方箭头，在弹出的下拉列表中选择“链接与保留源格式”。注意观察此次粘贴后的表格与上方的成绩表有何区别。

选中表格，在“表格工具”“布局”选项卡的“单元格大小”组中，单击“自动调整”命令，在弹出的下拉列表中选择“根据内容自动调整表格”。

20. 选中整个表格内容并复制到剪贴板；然后将光标定位至文档末尾，在“插入”选项卡的“插图”组中单击“图表”命令，在弹出的“插入图表”对话框中选择所需图表类型(此处选择“饼图”类型)后单击“确定”按钮，如图 5.29 所示。

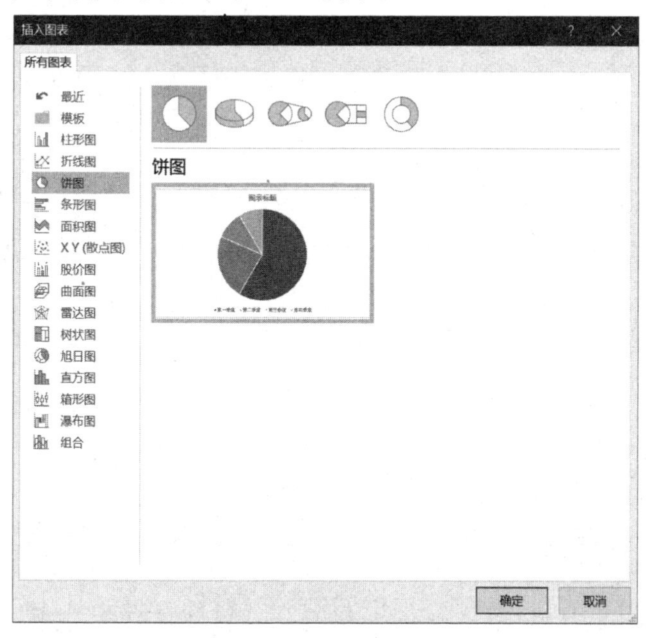

图 5.29　“插入图表”对话框

在弹出来的Excel窗口中，拖拽数据区域右下角的蓝色小方块调整图表数据区域的大小，将行列数设为与Word文档中表格一致(五行三列)。选中A1单元格，按下Ctrl＋V进行粘贴。右击第二列上方的列号字母“B”，在弹出的快捷菜单中，单击“删除”命令，将第二列删除。数据区域编辑完成后，关闭Excel窗口。

在创建好的图表中选中图表标题，将其改为“获奖等级比例”；在“图表工具”“设计”选项卡的“图表布局”组，单击“添加图表元素”命令，在弹出的下拉列表中选择“数据标签内”。

在饼图下方，用相似的方法为表格前两列数据创建“簇状柱形图”，设置图表标题为“获奖人数”，显示数据标签。修改后的饼图与柱形图如图5.30、5.31所示。

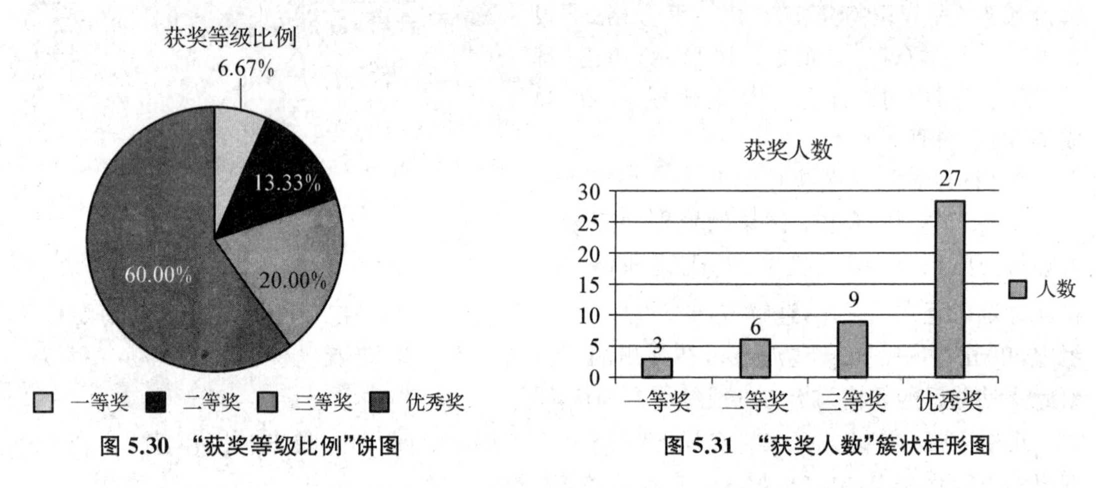

图5.30 “获奖等级比例”饼图

图5.31 “获奖人数”簇状柱形图

21. 单击“文件”→“另存为”命令，在弹出的“另存为”对话框中选择保存位置为EX5文件夹，在“文件名”后的文本框中输入“大赛成绩及分析”，单击“保存”按钮。

实验六　Word 高级应用

实验目标

1. 了解样式的概念,掌握样式的应用、修改、复制;
2. 掌握多级列表的设置;
3. 掌握题注、交叉引用的设置;
4. 掌握脚注和尾注的使用;
5. 掌握自动生成目录、图表目录的方法;
6. 掌握标记索引项、生成索引目录的设置。

场景和任务描述

陈楠是某出版社的责任编辑,负责各类书稿的编辑排版工作。最近出版社将出版关于全国计算机等级考试的系列辅导教程,陈楠负责制定该系列书稿的样式标准和封面,并完成其中一本书稿的排版工作,包括格式、封面、脚注、索引以及图表目录等设置操作,请帮助她完成以下任务。

【提示】本次实验所需的所有素材放在 EX6 文件夹中。

具体任务

1. 新建 Word 文档,参照样张"教材封面.png",为书稿设计一个封面,页面大小选择"16 开",插入"封面背景.jpg"图片作为页面背景,设置图片衬于文字下方,调整图片大小使之正好覆盖 16 开页面,设置图片水平对齐方式相对于页面居中,垂直对齐方式相对于页面居中,图片不随文字移动。

2. 在页面适当位置插入两个文本框,分别输入文字"书名"和"作者",要求文本框无填充色,无边框线,其中"书名"设置字体为华文新魏小初号粗体,颜色为"橙色,个性色 2,深色 50%","作者"设置字体为宋体黑色三号字。

3. 将设计的封面保存到封面库中,命名为"等级考试系列"。

4. 新建 Word 文档,按表 6.1 要求,新建要求的样式。

表 6.1　样式标准

样式名	格　式
标题 1	二号字、黑体、加粗,居中,段前 0.5 行、段后 0.5 行,行距最小值 12 磅
标题 2	小三号字、黑体、加粗,无缩进,行距最小值 12 磅
标题 3	四号字、宋体、加粗,无缩进,行距最小值 12 磅
正文	小四号字,宋体,首行缩进 2 字符

5. 按表6.2要求定义新的多级列表,并链接到相应的样式。

表6.2 多级列表样式标准

样式名	多级列表	大纲级别
标题1	第1章、第2章……第n章,对齐位置0厘米	1级
标题2	1.1、1.2、2.1、2.2……n.1、n.2,对齐位置0.75厘米,文本缩进位置与一级标题默认缩进位置相同	2级
标题3	1.1.1、1.1.2……n.1.1、n.1.2,对齐位置0.75厘米,文本缩进位置与二级标题缩进位置相同	3级

6. 将文件以“书稿样式标准.docx”文件名保存。

7. 打开“原始书稿.docx”,复制“书稿样式标准.docx”的“标题1”“标题2”“标题3”和“正文”样式到文档样式库中。

8. 书稿中包含3个级别的标题,分别用“(一级标题)”“(二级标题)”“(三级标题)”字样标出,请将其分别应用“标题1”“标题2”“标题3”样式。

9. 样式应用结束后,将书稿中各级标题文字后面括号中的提示文字及括号“(一级标题)”“(二级标题)”“(三级标题)”全部删除。

10. 书稿中有若干表格及图片,图片下方和表格上方的说明文字已用红色标出,分别在图片和表格的说明文字左侧添加形如“图1.1”“图2.1”以及“表1.1”“表2.1”的题注,其中连字符“.”前面的数字代表章号,“.”后面的数字代表图表的序号,各章节图和表分别连续编号。操作完成后将所有书稿文字设置为黑色。

11. 将样式“题注”的格式修改为宋体、五号字、居中,无首行缩进。

12. 对书稿中出现“如图所示”或“如表所示”文字的地方,利用交叉引用功能,将“图”或“表”字替换为其对应的题注号,显示为类似“图1.1”或“表1.1”的样式。

13. 设置表格“程序流程图符号表”内的文字为五号居中显示,表格上方的题注与表格总在一页上。

14. 在3.1节第一段末尾词语“软件危机”处插入脚注,脚注内容参见“软件危机脚注.docx”文档。

15. 将文中出现的“二叉树的基本性质”“二叉树的遍历”“关系运算”作为索引关键词分别标记索引项,并隐藏所有索引标记。

16. 按要求对书稿进行页面设置:纸张大小16开,对称页边距,上边距2.5厘米,下边距2厘米,内侧边距2.5厘米,外侧边距2厘米,装订线1厘米,页脚距边距1.0厘米。

17. 为书稿插入“等级考试系列”封面,并在“书名”处录入“二级公共基础知识”,“作者”处录入“无名氏著”。

18. 在正文前插入格式为“正式”的目录,目录要求包含标题第1、2级及对应页号。

19. 在目录和正文之间插入格式为“正式”的图目录和表目录,要求显示页码,添加标题为“图表目录”。在图表目录下面插入索引目录,添加标题为“关键字索引目录”。设置两个标题格式为黑体三号字居中,不分栏。

20. 设置目录和书稿的每一章均为独立的一节,且书稿每一章的页码均以奇数页为起始页码。

21. 为书稿添加页眉和页脚，要求目录部分只有页眉，内容为“目录”，字体为黑体四号字居中，正文部分除每章首页没有页眉外，其余页面页眉区域自动显示当前页中样式为“标题 1”的文字，所有页面奇数页页码显示在页脚右侧，偶数页页码显示在页脚左侧，页码从 1 开始编号，各章节间连续编码。

22. 更新文档目录。

23. 将文档以“二级公共基础知识.docx”文件名保存。

操作步骤

1. 打开 Word 2016，在“布局”选项卡的“页面设置”组中，单击“纸张大小”按钮，在列表中选择“16 开(18.4 厘米×26 厘米)”。

在“插入”选项卡的“插图”组中，单击“图片”按钮，打开“插入图片”对话框，选择“封面背景.jpg”文件，单击“插入”按钮，在页面上插入图片。

选中图片，在“图片工具—格式”选项卡的“排列”组中，单击“位置”→“其他布局选项”命令，打开“布局”对话框，在“文字环绕”选项卡中，选择“环绕方式”为“衬于文字下方”；在“大小”选项卡中，取消“锁定纵横比”复选框，设置高度为 26 厘米，宽度为 18.4 厘米；在“位置”选项卡中，设置水平对齐方式为相对于“页面”居中，垂直对齐方式为相对于“页面”居中，取消“对象随文字移动”复选框，如图 6.1 所示。

图 6.1　“布局”对话框

单击“确定”按钮。

2. 在“插入”选项卡的“文本”组中，单击“文本框”→“绘制文本框”命令，拖动鼠标在页面适当位置绘制一个文本框，输入文字“书名”。右键单击文本框的边框线，在弹出的快捷菜单中选择“设置形状格式”命令，右边自动出现“设置形状格式”窗格，在“填充与线条”选项卡中设置“填充”效果为“无填充”，“线条”为“无线条”，单击“关闭”按钮☒。

选中文本框，在“开始”选项卡“字体”组中设置字体为华文新魏，字号为“小初”，加粗，颜色为“橙色，个性色2，深色50%”。

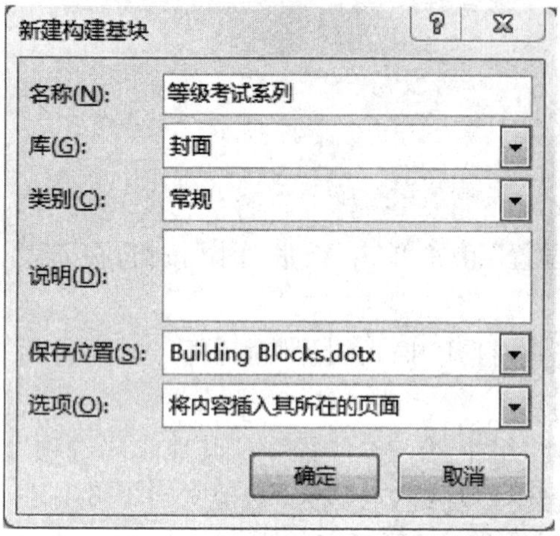

图 6.2 “新建构建基块”对话框

以同样方法，在页面适当位置绘制文本框，输入提示文字“作者”，并完成格式设置。

3. 按 Ctrl＋A 将页面内容全部选中，在“插入”选项卡的“页面”组中，单击“封面”→“将所选内容保存到封面库”命令，打开“新建构建基块”对话框，在“名称”后的文本框中输入“等级考试系列”，如图 6.2 所示。

单击“确定”按钮。

【**提示**】将自己设计好的封面保存到封面库中，在需要的时候可以多次使用，不需要重复设计。当前的 Word 文档无须保存。

4. 在 Word 2016 中新建空白文档，在“开始”选项卡的“样式”组中，右键单击样式“标题1”，在弹出的快捷菜单中选择“修改”命令，打开“修改样式”对话框。单击“格式”→“字体”，在打开的“字体”对话框中设置字体格式为黑体，二号字，加粗样式，单击“确定”按钮返回；单击“格式”→“段落”，在打开的“段落”对话框中分别设置对齐方式为居中，间距为段前0.5行，段后0.5行，行距选“最小值”，设置为12磅。单击“确定”按钮返回。再次单击“确定”按钮。

以同样的方法，按要求修改“标题2”“标题3”和“正文”的样式格式。

5. 在“开始”选项卡的“段落”组中，单击“多级列表”按钮，在下拉列表中选择“定义新的多级列表”，打开“定义新多级列表”对话框，如图 6.3 所示。

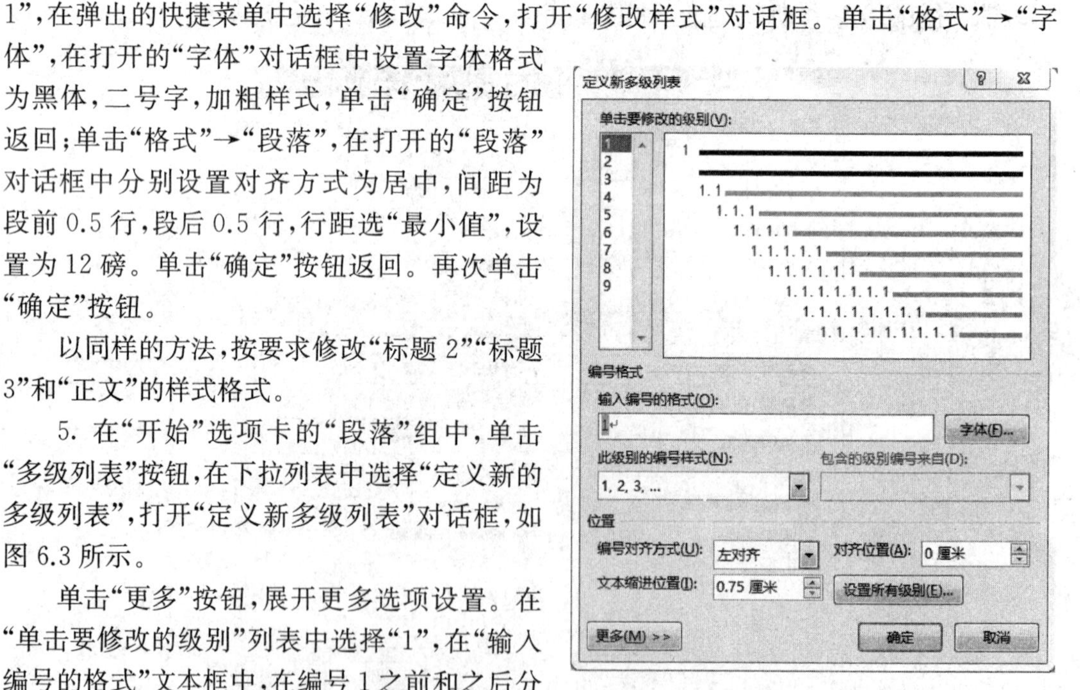

图 6.3 “定义新多级列表”对话框

单击“更多”按钮，展开更多选项设置。在“单击要修改的级别”列表中选择“1”，在“输入编号的格式”文本框中，在编号1之前和之后分别添加文字“第”和“章”，在“将级别链接到样式”下拉列表框中选择“标题1”，对齐位置设置为0厘米，文本缩进位置取默认值“0.75 厘米”，如图 6.4 所示。

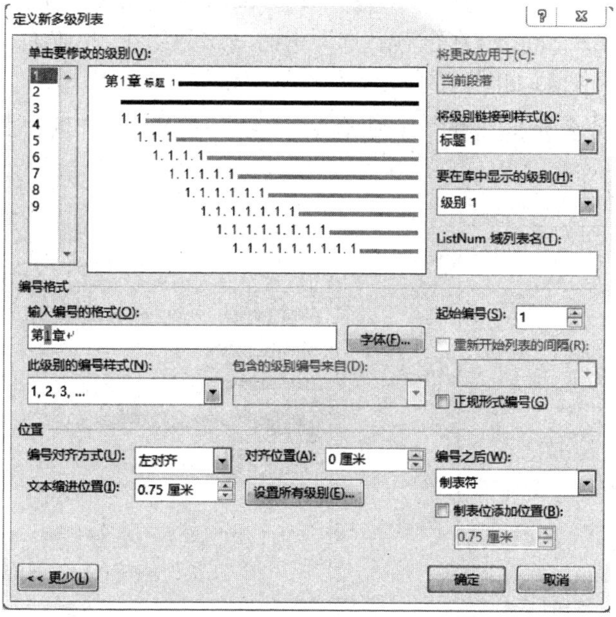

定义新多级列表

单击要修改的级别(V):

1 2 3 4 5 6 7 8 9

第1章 标题 1

1.1

1.1.1

1.1.1.1

1.1.1.1.1

1.1.1.1.1.1

1.1.1.1.1.1.1

1.1.1.1.1.1.1.1

1.1.1.1.1.1.1.1.1

将更改应用于(C): 当前段落

将级别链接到样式(K): 标题 1

要在库中显示的级别(H): 级别 1

ListNum 域列表名(T):

编号格式

输入编号的格式(O): 第1章　字体(F)...

起始编号(S): 1

重新开始列表的间隔(R):

此级别的编号样式(N): 1, 2, 3, ...

包含的级别编号来自(D):

正规形式编号(G)

位置

编号对齐方式(U): 左对齐　对齐位置(A): 0 厘米

编号之后(W): 制表符

文本缩进位置(I): 0.75 厘米　设置所有级别(E)...

制表位添加位置(B): 0.75 厘米

<< 更少(L)　确定　取消

图 6.4　“定义新多级列表”对话框(1 级)

继续在“单击要修改的级别”列表中选择“2”，在“将级别链接到样式”下拉列表框中选择“标题 2”，对齐位置设置为 0.75 厘米，文本缩进位置设置为“0.75 厘米”，如图 6.5 所示。

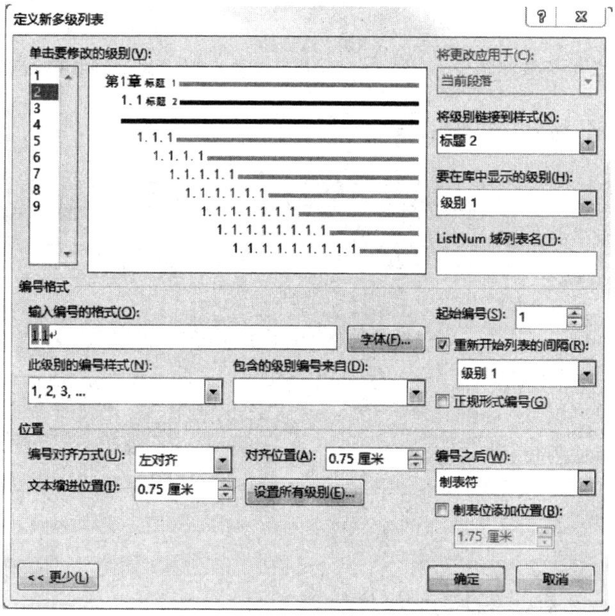

定义新多级列表

单击要修改的级别(V):

1 2 3 4 5 6 7 8 9

第1章 标题 1

1.1 标题 2

1.1.1

1.1.1.1

1.1.1.1.1

1.1.1.1.1.1

1.1.1.1.1.1.1

1.1.1.1.1.1.1.1

1.1.1.1.1.1.1.1.1

将更改应用于(C): 当前段落

将级别链接到样式(K): 标题 2

要在库中显示的级别(H): 级别 1

ListNum 域列表名(T):

编号格式

输入编号的格式(O): 1.1　字体(F)...

起始编号(S): 1

重新开始列表的间隔(R): 级别 1

此级别的编号样式(N): 1, 2, 3, ...

包含的级别编号来自(D):

正规形式编号(G)

位置

编号对齐方式(U): 左对齐　对齐位置(A): 0.75 厘米

编号之后(W): 制表符

文本缩进位置(I): 0.75 厘米　设置所有级别(E)...

制表位添加位置(B): 1.75 厘米

<< 更少(L)　确定　取消

图 6.5　“定义新多级列表”对话框(2 级)

以同样的方法设置级别 3 列表样式。单击“确定”按钮完成多级列表的定义。

6. 单击“文件”→“另存为”命令，在弹出的“另存为”对话框中选择保存位置为 EX6 文件夹，在“文件名”后的文本框中输入“书稿样式标准”，单击“保存”按钮。

7. 打开“原始书稿.docx”，在“开始”选项卡的“样式”组中，单击右下角的启动对话框按钮，打开“样式”任务窗格，如图 6.6 所示。

单击“样式”任务窗格底部的“管理样式”按钮，打开“管理样式”对话框，如图 6.7 所示。

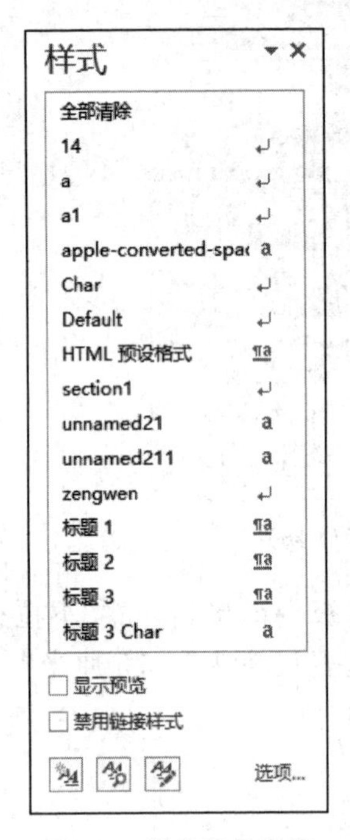

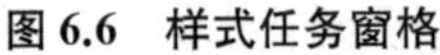
图 6.6 样式任务窗格

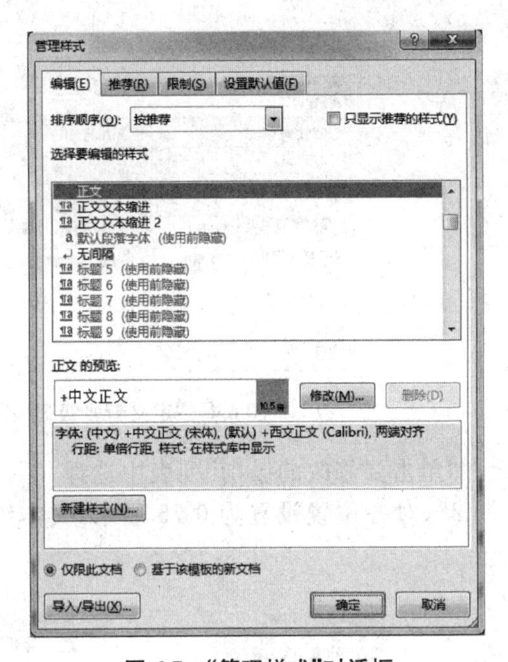

图 6.7 “管理样式”对话框

单击“导入/导出”按钮，打开“管理器”对话框，如图 6.8 所示。

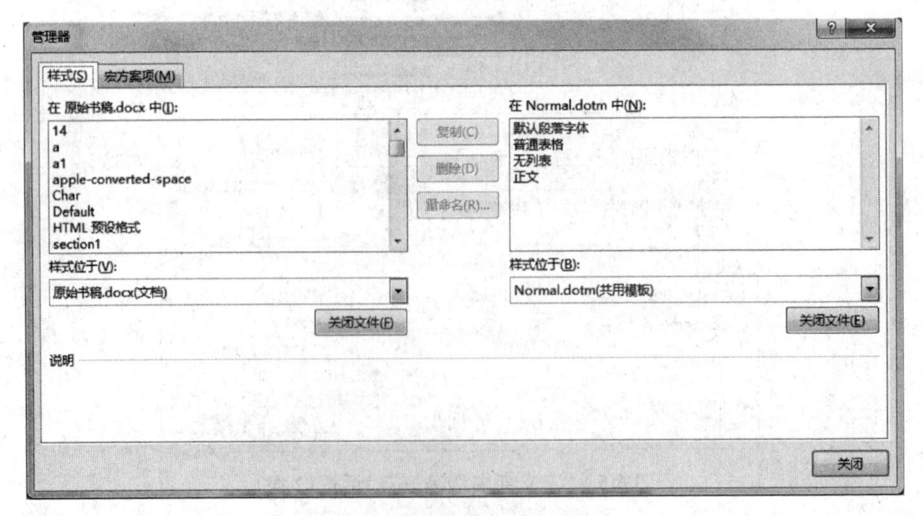

图 6.8 “管理器”对话框(1)

【提示】默认情况下，“管理器”对话框右侧显示的是“Normal.dotm（共用模板）”的样式，如果需要复制其他文档中的样式，需要关闭默认文件，打开需要复制的文件。

在“管理器”对话框中，单击对话框右侧的“关闭文件”按钮，此时“关闭文件”提示信息将变成“打开文件”。

单击“打开文件”按钮，在弹出的“打开”对话框中，选择文件类型为“所有 Word 文档”，选择文件为“书稿样式标准.docx”，单击“打开”按钮。此时在“管理器”对话框的右侧将显示出包含在打开文档中的可选样式列表，如图 6.9 所示。

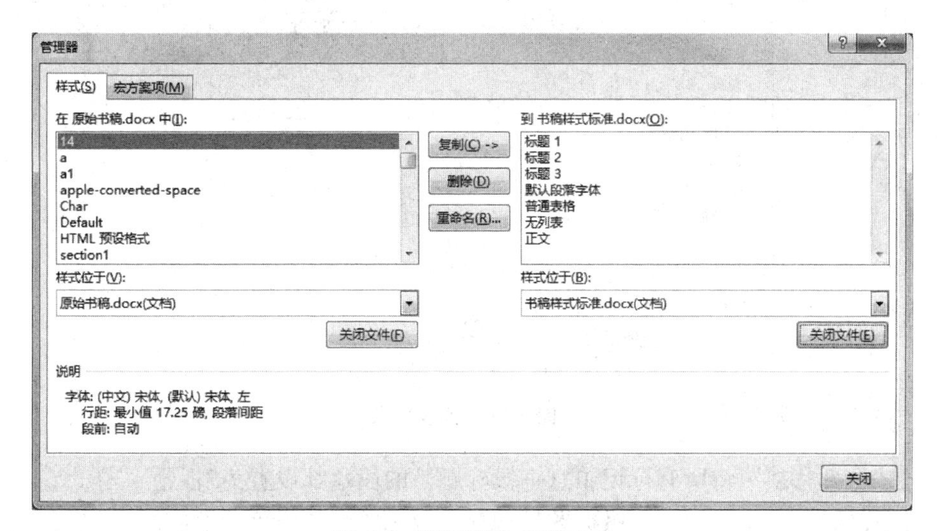

图 6.9　“管理器”对话框(2)

按住 Ctrl 键的同时在右侧样式标准列表框中选择“标题 1”“标题 2”“标题 3”和“正文”样式，单击“<-复制(C)”按钮，弹出如图 6.10 所示的对话框。

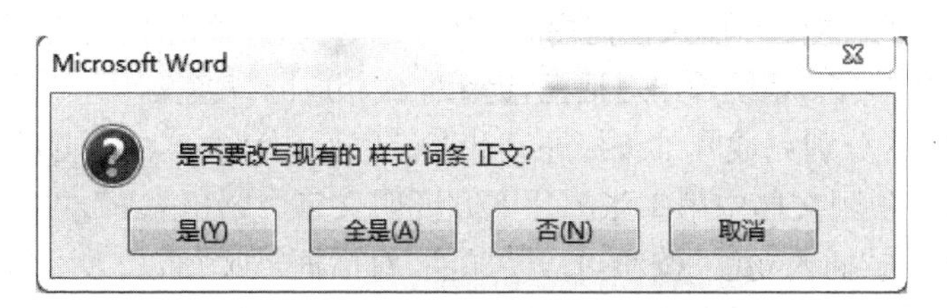

图 6.10　“提示是否改写”对话框

单击“全是”按钮，完成复制文档“书稿样式标准.docx”中的指定样式操作。

单击“关闭”按钮。

【提示】 完成上述样式复制操作后，可以看出，文档中的所有正文文本格式将自动应用新“正文”样式。

8. 在“开始”选项卡的“编辑”组中，单击“替换”命令，打开“查找和替换”对话框，在“查找内容”文本框中输入“(一级标题)”，“替换为”后的文本框中不输入任何内容，保持为空状态，单击“更多”按钮，展开“搜索选项”，将光标定位在“替换为”后的文本框中，单击“格式”按钮，在弹出的菜单中选择“样式”，打开“替换样式”对话框，选择“标题 1”，单击“确定”按钮，返回“查找和替换”对话框，如图 6.11 所示。

图 6.11 替换样式

单击“全部替换”，将所有标记了“(一级标题)”的段落都设置为“标题 1”样式。

以同样的方法，将标记“(二级标题)”和“(三级标题)”的段落分别应用“标题 2”和“标题 3”样式。

9. 将光标定位在书稿正文的开始位置，在“开始”选项卡的“编辑”组中，单击“替换”命令，打开“查找和替换”对话框，在“替换”选项卡中的“查找内容”文本框中输入“(一级标题)”，“替换为”后的文本框不输入任何内容，保持为空状态，单击“不限定格式”，取消标题样式，单击“全部替换”按钮，系统弹出对话框，提示完成相应的替换操作。单击“关闭”按钮返回。

以同样的方法，分别完成“(二级标题)”和“(三级标题)”文本的删除操作。

10. 将光标定位到文档中第 1 张图片下方说明文字“线性链表”左侧，在“引用”选项卡的“题注”组中，单击“插入题注”按钮，打开“题注”对话框，如图 6.12 所示。

单击“新建标签”按钮，弹出“新建标签”对话框，在“标签”下的文本框中输入“图”，如图 6.13 所示。

图 6.12 “题注”对话框

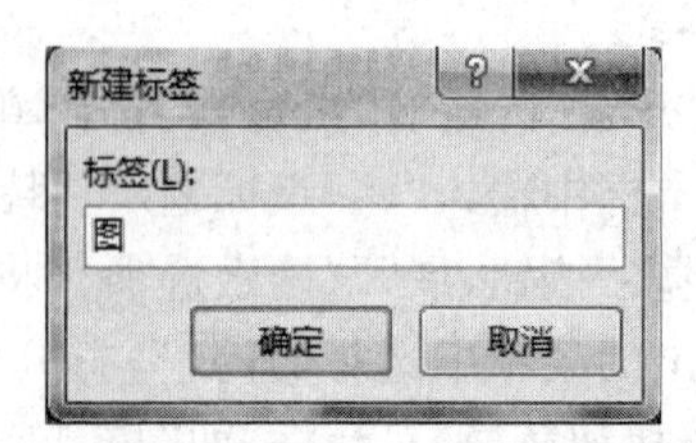

图 6.13 “新建标签”对话框

单击“确定”按钮，返回“题注”对话框。

在“题注”对话框中单击“编号”按钮，打开“题注编号”对话框，选中“包含章节号”复选框，将“章节起始样式”设置为“标题 1”，“使用分隔符”设置为“.（句点）”，如图 6.14 所示。

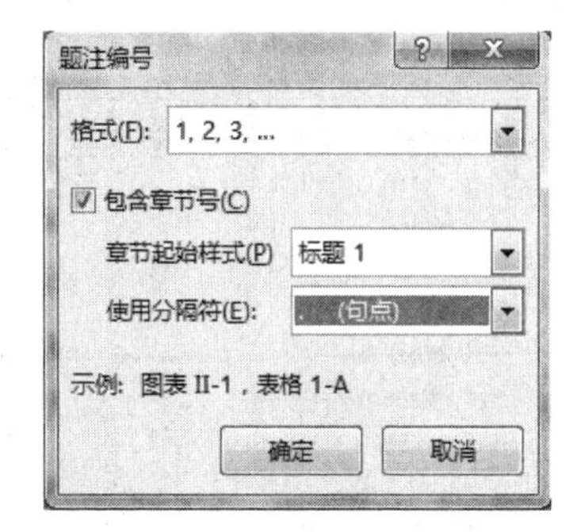

图 6.14　“题注编号”对话框

单击“确定”按钮，返回“题注”对话框，再次单击“确定”按钮。

将光标定位在 3.4.3 节中表格上方的说明文字“程序流程图符号表”左侧，在“引用”选项卡“题注”组中单击“插入题注”按钮，在打开的“题注”对话框中新建名为“表”的标签，设置编号格式，实现在表格上方的说明文字左侧插入题注。

使用同样的方法，分别在其他图片和表格的说明文字左侧添加题注。

按 Ctrl＋A 组合键全选文档内容，在“开始”选项卡的“字体”组中，设置字体颜色为“黑色，文字 1”。

【提示】题注是给文档中图片、表格、图表等项目添加的名称和编号，使用题注功能可以实现长文档中图片、表格等项目顺序地自动编号，如果插入或删除带题注的项目，Word 会自动更新其他题注的编号，且一旦某一项目带有题注，还可以在文档中对其进行交叉引用。

11. 在“开始”选项卡的“样式”组中，展开样式库，找到“题注”样式，右键单击，在弹出的快捷菜单中选择“修改”命令，打开“修改样式”对话框，设置字体格式为“宋体，五号字，居中”，无首行缩进，单击“确定”按钮返回。

12. 将光标定位在书稿正文的开始位置，在“开始”选项卡的“编辑”组中，单击“查找”→“高级查找”，打开“查找和替换”对话框，在“查找内容”后的文本框中输入“如图所示”，单击“查找下一处”按钮，光标自动定位并选中第一个查找到的文字“如图所示”，选中文字“图”，在“引用”选项卡的“题注”组中，单击“交叉引用”按钮，打开“交叉引用”对话框。设置“引用类型”为“图”，“引用内容”为“只有标签和编号”，在“引用哪一个题注”下选择“图 1.1 线性链表”，如图 6.15 所示。

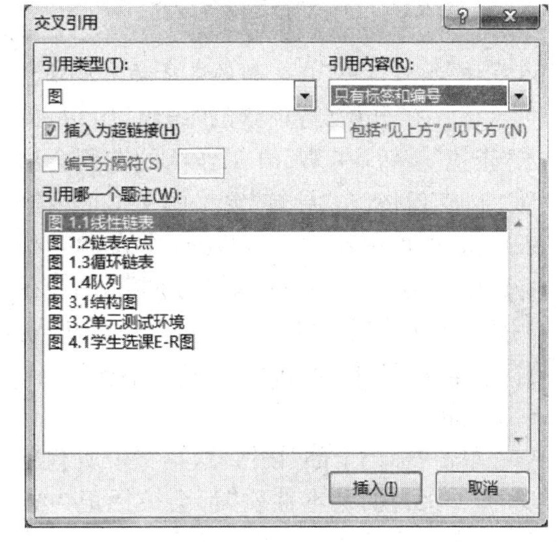

图 6.15　“交叉引用”对话框

单击“插入”按钮。

在“查找和替换”对话框中，继续单击“查找下一处”按钮，以同样的方法，将文档中所有出现“如图所示”文字的地方，实现自动引用其对应的题注号。

使用同样方法找到文档中出现“如表所示”的位置，选中文字“表”，利用交叉引用功能，实现表标签对应题注号的引用。关闭两个对话框。

【提示】交叉引用是对文档中其他位置内容的引用，可为标题、脚注、书签、题注、编号段

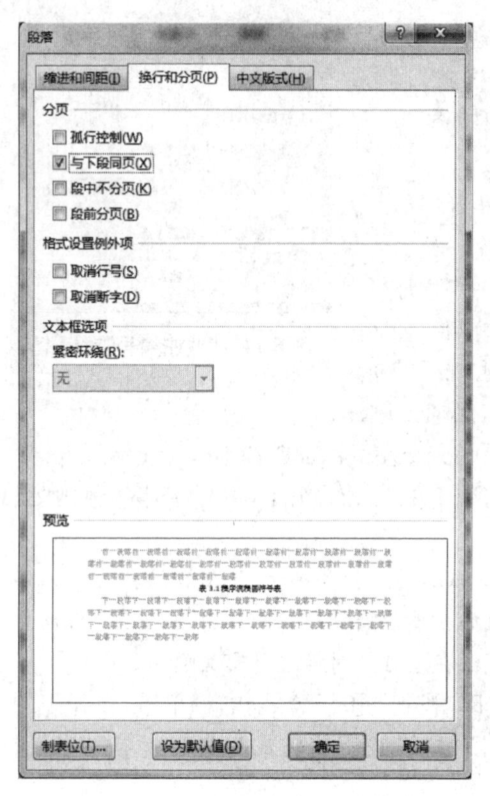

图 6.16 换行和分页段落设置

落等创建交叉引用。创建交叉引用之后，即使引用的内容或编号发生变化，也可以方便地实现自动更新，不需用户手工逐一修改。

13. 选中整个表格，在“开始”选项卡的“字体”组中，设置字号为五号，在“段落”组中选中“居中”按钮。

将光标定位在表格上方的题注行，在“开始”选项卡的“段落”组中，单击右下角的启动对话框按钮，打开“段落”对话框。选择“换行和分页”选项卡，选中“与下段同页”复选框，如图 6.16 所示。

单击“确定”按钮。

14. 将光标定位在 3.1 节第一段末尾词语“软件危机”处，在“引用”选项卡的“脚注”组中，单击“插入脚注”按钮，此时光标自动定位在当前页下方，可以输入脚注内容。

脚注内容可以复制“软件危机脚注.docx”文档内容，操作不再赘述。

【提示】脚注和尾注是对文本的补充说明。脚注一般位于页面的底部，可以作为文档某处内容的注释；尾注一般位于文档的末尾，列出引文的出处等。在“引用”选项卡的“脚注”组中，单击“插入尾注”按钮，即可在文档的末尾插入尾注。

15. 在“开始”选项卡的“编辑”组中，单击“查找”按钮，在 Word 工作区的左侧会出现“导航”窗格，在“导航”窗格的文本框内输入“二叉树的基本性质”，Word 会自动查找并选中所有“二叉树的基本性质”文字，在“引用”选项卡的“索引”组中，单击“标记索引项”命令，打开“标记索引项”对话框，如图 6.17 所示。

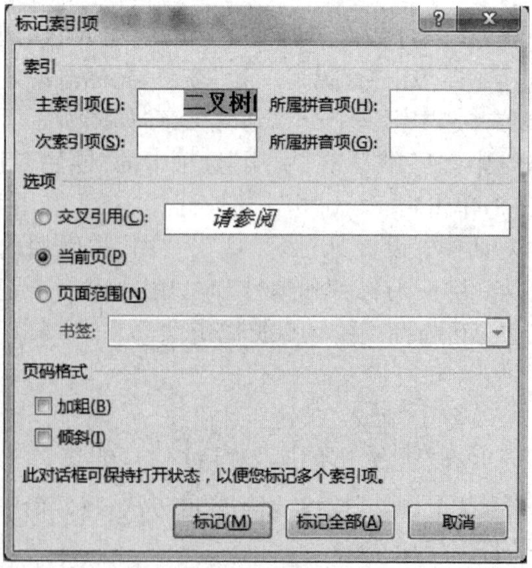

单击“标记全部”按钮，这样文中所有出现的“二叉树的基本性质”都会被标记为索引项，在其后都会出现标记符号。

继续在导航窗格中分别输入“二叉树的遍历”和“关系运算”进行查找，以同样的方法，将文档中所有出现该关键字的地方标记索引项。

图 6.17 “标记索引项”对话框

单击“关闭”按钮返回。

在“开始”选项卡的“段落”组中，单击“显示/隐藏编辑标记”按钮 ，隐藏所有索引标记。

【提示】索引的主要作用是列出文档的重要信息和相关页码，方便读者快速查找。要想创建索引，必须先标记索引项。

16. 将光标定位在正文段落中，在“布局”选项卡的“页面设置”组中，单击右下角的启动对话框按钮，打开“页面设置”对话框。在“纸张”选项卡中选择“纸张大小”为“16 开”；在“页边距”选项卡中设置“多页”选项为“对称页边距”，上边距为 2.5 厘米，下边距 2 厘米，内侧边距 2.5 厘米，外侧边距 2 厘米，装订线 1 厘米；在“版式”选项卡中设置页脚距边界 1 厘米，单击“确定”按钮返回。

17. 将光标定位在书稿第 1 章标题的前面，在“插入”选项卡的“页面”组中，单击“封面”按钮，在弹出的列表框中选择“等级考试系列”封面，将“书名”改为“二级公共基础知识”，将“作者”改为“无名氏著”，适当调整文本框大小及位置。

18. 将光标定位在书稿第 1 章标题的前面，在“引用”选项卡的“目录”组中，单击“目录”→“自定义目录”命令，打开“目录”对话框。在“格式”列表框中选择“正式”，设置“显示级别”为 2，取消“使用超链接而不使用页码”复选框，如图 6.18 所示。

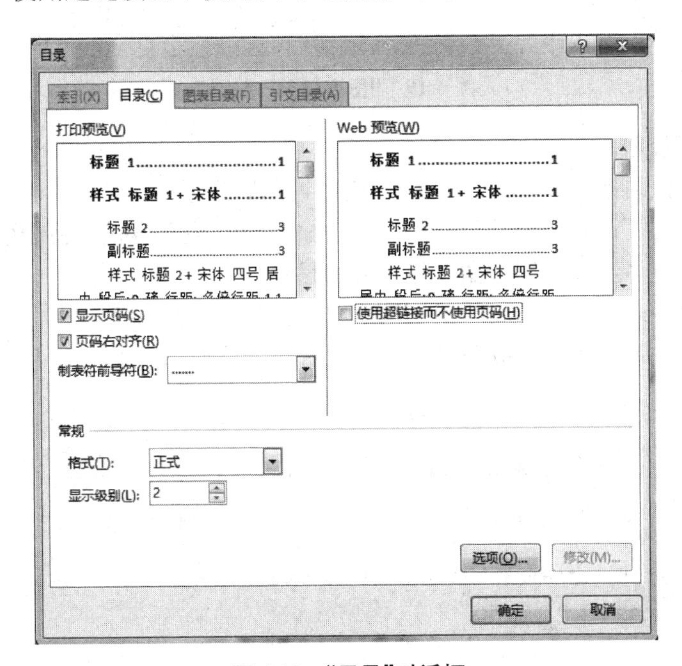

图 6.18　“目录”对话框

单击“确定”按钮。

19. 将光标定位在书稿第 1 章标题的前面，按下回车键，插入一个空行，光标定位在插入的空行中，在“开始”选项卡的“样式”组中，单击“正文”按钮，设置该行文本为“正文”样式。

在“引用”选项卡的“题注”组中，单击“插入表目录”按钮，打开“图表目录”对话框，在“格式”对应的列表框中选择“正式”，“题注标签”对应的列表框中选择“图”，取消“使用超链接而不使用页码”复选框，如图 6.19 所示。

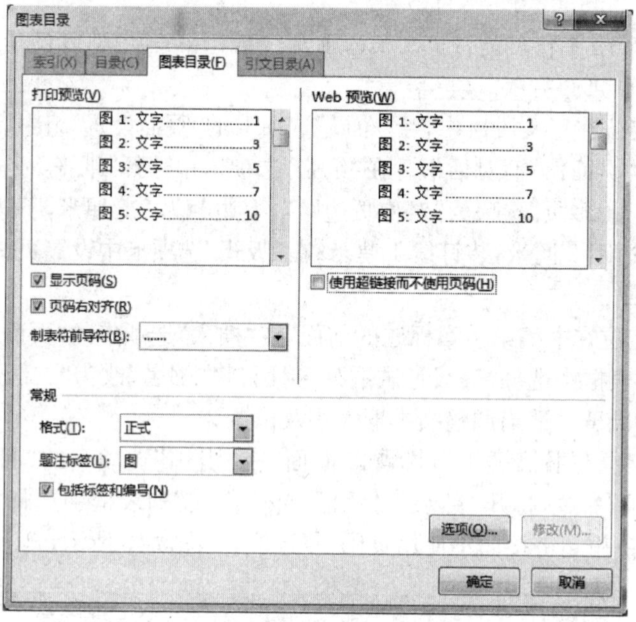

图表目录
索引(X)　目录(C)　图表目录(F)　引文目录(A)
打印预览(V)
图 1: 文字........................1
图 2: 文字........................3
图 3: 文字........................5
图 4: 文字........................7
图 5: 文字........................10
Web 预览(W)
图 1: 文字........................1
图 2: 文字........................3
图 3: 文字........................5
图 4: 文字........................7
图 5: 文字........................10
显示页码(S)
页码右对齐(R)
制表符前导符(B): ....
使用超链接而不使用页码(H)
常规
格式(T): 正式
题注标签(L): 图
包括标签和编号(N)
选项(O)...　修改(M)...
确定　取消

图 6.19　“图表目录”对话框

单击“确定”按钮。

以同样的方法再次单击“插入表目录”按钮，打开“图表目录”对话框，在“格式”对应的列表框中选择“正式”，“题注标签”对应的列表框中选择“表”，取消“使用超链接而不使用页码”复选框，单击“确定”按钮即可插入显示表的目录。

将光标定位在表目录下方，在“引用”选项卡的“索引”组中，单击“插入索引”按钮，打开“索引”对话框，选中“页码右对齐”复选框，“栏数”设置为“1”，如图 6.20 所示。

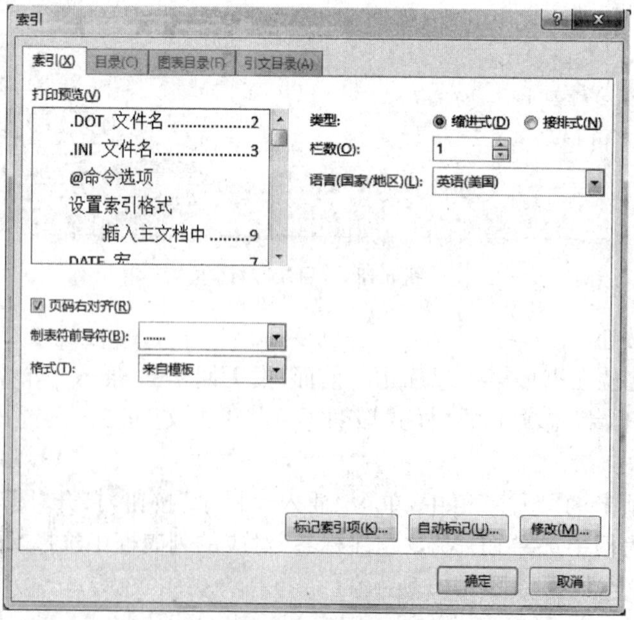

索引
索引(X)　目录(C)　图表目录(F)　引文目录(A)
打印预览(V)
.DOT 文件名........................2
.INI 文件名........................3
@命令选项
设置索引格式
插入主文档中.........9
DATE 宏........................7
类型: 缩进式(D)　接排式(N)
栏数(O): 1
语言(国家/地区)(L): 英语(美国)
页码右对齐(R)
制表符前导符(B): ....
格式(T): 来自模板
标记索引项(K)...　自动标记(U)...　修改(M)...
确定　取消

图 6.20　“索引”对话框

单击“确定”按钮。

分别在图目录和索引目录上方添加标题文字为“图表目录”和“关键字索引目录”，设置格式为黑体三号字居中。

20. 将光标定位在书稿第 1 章标题的前面，在“布局”选项卡的“页面设置”组中，单击“分隔符”→“分节符 奇数页”，在索引目录和正文之间插入奇数页的分节符。

以同样的方法，分别在第 1 章、第 2 章、第 3 章的末尾插入奇数页的分节符。

21. 将光标定位在目录页，在“插入”选项卡的“页眉和页脚”组中，单击“页眉”→“编辑页眉”，即可进入页眉设置状态，此时菜单栏自动显示“页眉和页脚工具—设计”选项卡。

将光标定位在目录的页眉部分，在页眉区输入“目录”，选中页眉内容，在“开始”选项卡的“字体”组中，设置其字号为黑体四号，选中“段落”组的“居中”按钮，设置居中显示。

在“页眉和页脚工具—设计”选项卡的“导航”组中，单击“下一节”按钮，光标定位在正文第 1 章的页眉区，单击“链接到前一条页眉”按钮，取消其选中状态。选中“首页不同”复选框和“奇偶页不同”复选框，此时光标在第 1 章首页，系统提示为“首页页眉-第 4 节-”。单击“下一节”按钮，进入到本章非首页的奇数页或偶数页页眉区。

分别在奇数页和偶数页页眉区，单击“链接到前一条页眉”按钮，取消其选中状态。删除页眉文字“目录”，在“页眉和页脚工具—设计”选项卡的“插入”组中，单击“文档信息”→“域”，打开“域”对话框，在“类别”列表框中选择“链接和引用”，在“域名”列表框中选择“StyleRef”，在“样式名”列表框中选择“标题 1”，如图 6.21 所示。

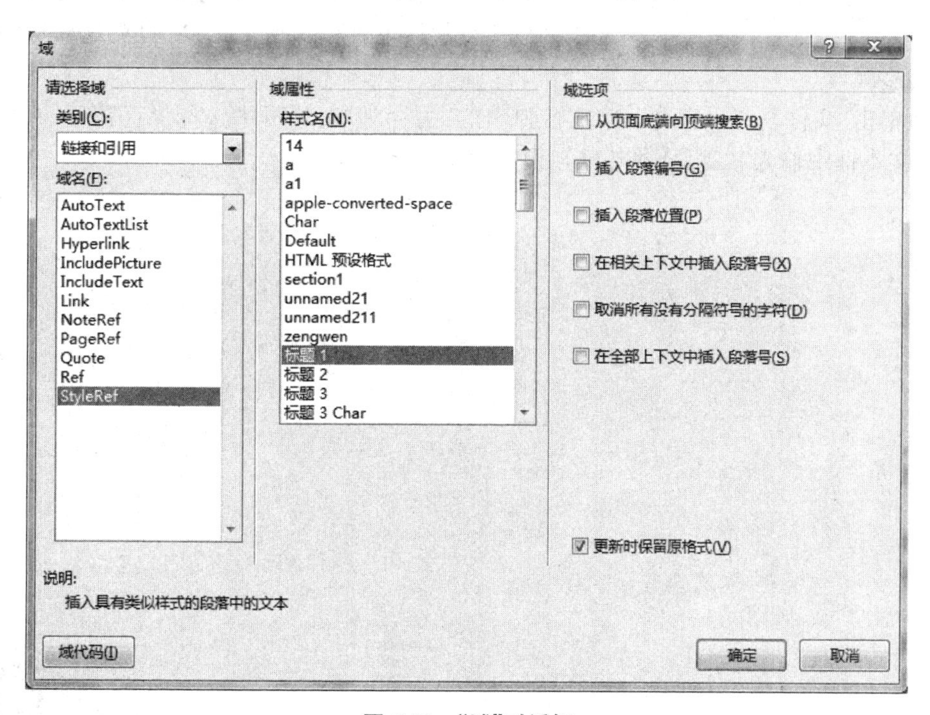

图 6.21　“域”对话框

单击“确定”按钮，则在当前页眉处显示出本章的标题文字，设置其字号为黑体四号，居中显示。

在“页眉和页脚工具—设计”选项卡的“导航”组中，单击“转至页脚”按钮，将光标定位在第1章首页页脚，单击“链接到前一条页眉”按钮，取消其选中状态。在“页眉和页脚”组中，单击“页码”→“页面底端”→“普通数字3”，则在光标位置插入当前页码数字；单击“页码”→“设置页码格式”命令，打开“页码格式”对话框，设置“起始页码”从1开始。

在“页眉和页脚工具—设计”选项卡的“导航”组中，单击“下一节”按钮，进入到本章非首页的奇数页或偶数页页脚区。分别在奇数页和偶数页页脚区，单击“链接到前一条页眉”按钮，取消其选中状态。在“页眉和页脚”组中，单击“页码”→“当前位置”→“普通数字”，则在光标位置插入当前页码数字。在“开始”选项卡的“段落”组中，设置奇数页的页码右对齐，偶数页的页码左对齐。

将光标定位在第1章的首页页眉处，在“开始”选项卡的“字体”组中，单击“清除所有格式”按钮，删除首页页眉处的下划线。

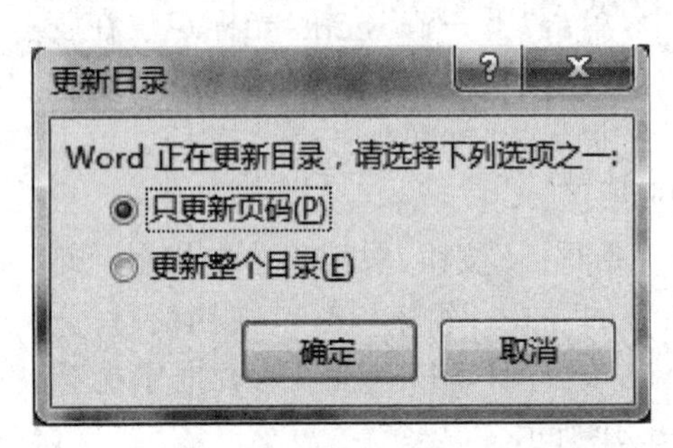

图6.22 “更新目录”对话框

在“页眉和页脚工具—设计”选项卡的“关闭”组，单击“关闭页眉和页脚”按钮。

22. 光标定位在书稿目录处，单击鼠标右键，在弹出的快捷菜单中选择“更新域”，弹出“更新目录”对话框，如图6.22所示。

选中“只更新页码”，单击“确定”按钮。

【提示】 重新修改文章内容后，可能导致目录的页码与实际位置不符，此时需要及时更新目录。如果文章标题内容发生变化，还需要选择“更新整个目录”选项。

23. 单击“文件”→“另存为”命令，在弹出的“另存为”对话框中选择保存位置，在“文件名”后的文本框中输入“二级公共基础知识”，单击“保存”按钮。

【微信扫码】
相关资源

单元三

电子表格软件 Excel 2016

Excel 2016 是一款功能强大的电子表格应用软件，可以方便地进行表格的编辑以及数据管理和分析操作，应用非常广泛。

Excel 2016 中创建的文档称为工作簿，每个工作簿可包含多张工作表，默认是 3 张，最多可以包含 255 张工作表。每张工作表最多可由 1 048 576 行、16 384 列组成，其中行号用数字 1、2、3 等标识，列标用字母 A、B、C 等标识。行列交叉处称为单元格，每个单元格按其所在的列标和行号命名，比如第 2 行第 4 列的单元格名称为 D2。工作簿文件默认扩展名为.xlsx。

Excel 2016 提供的主要功能：

1）数据输入和编辑

Excel 单元格中可以输入数值、日期、文本等各种类型数据。用户可以在当前单元格中直接录入，也可以在编辑栏进行较长数据和公式的输入修改。利用选中单元格的右下角填充柄功能，不仅可以实现系统预设序列和用户自定义序列的填充，还可以提供对选中数据的快速分析功能。

2）表格格式设置

Excel 提供了非常丰富的数据格式设置功能，包括各种类型数据的显示样式、字体、对齐方式、边框和底纹以及表格套用格式等的设置。

3）公式计算

Excel 2016 提供了几百个内部函数，可以实现强大的数据计算功能。用户可以在单元格或编辑栏中直接输入“=”，开始公式的输入，也可以选择“公式”选项卡中的“插入函数”，在“插入函数”对话框中完成公式的选择和插入操作。

4）数据管理和分析

利用 Excel 2016 提供的排序、筛选、分类汇总、数据透视表、图表等功能，可以方便地实现数据的管理统计和分析。

5）其他功能

Excel 2016 还提供其他丰富的功能，进一步提高了表格的数据展现和管理分析的能力。比如提供更多的 Office 主题颜色和图表类型供用户选择；新增 Tell me 功能，用户在输入框里输入任何关键字，Tell me 都能提供相应的操作功能按钮和帮助信息；内嵌 PowerQuery 插件，更好地提升数据分析效能；新增了预测功能和相关函数，改进了数据透视表的部分功能等。

本单元从实际生活的案例出发，设计了 4 个实验项目，涵盖 Excel 中工作表的编辑和格式设置、公式计算、数据排序、筛选、分类汇总、数据透视表、合并计算等操作。通过本单元的学习，学生不仅可以掌握 Excel 常用的数值计算、数据管理和分析操作，还可以掌握 Excel 2016 的很多高级应用。

实验七　学生成绩表的编辑和格式化

实验目标

1. 掌握工作簿的创建以及工作表的编辑操作；

2. 掌握单元格格式的设置操作；

3. 掌握条件格式的设置操作；

4. 掌握工作表的重命名、复制、移动等操作；

5. 掌握简单函数和公式的应用，主要包括 SUM、AVERAGE、MAX、MIN、ROUND、COUNTIF、IF 和 RANK 等函数；

6. 理解单元格相对引用、绝对引用和三维引用的区别。

场景和任务描述

李明是市实验中学的一名教师，担任高三(1)班的班主任。这次期末考试结束后，他创建了一个 Excel 工作簿文件，将全班所有同学各门课程的考试成绩信息录入到工作表中，希望通过表格编辑和格式化操作来美化表格外观，并利用公式实现对学生成绩的计算功能。请帮助他完成以下任务。

【提示】本次实验所需的所有素材放在 EX7 文件夹中。

具体任务

1. 打开“成绩单.xlsx”工作簿文件，将“考试成绩表”中“序号”列数据顺序填充为 1 到 65。

2. 在“学号”列中依次填充学生的学号信息，数据从“0131001”到“0131065”，要求设置为文本数据。

3. 在表格上方插入两个空行，在 A1 单元格输入标题“高三(1)班期末考试成绩表”，设置字体为微软雅黑，28 号字，红色，加粗，行高 50，在表格上方跨列居中显示。

4. 在 A2 单元格输入“制表人:李明”，G2 单元格输入日期“2021/1/20”。合并 G2 到 J2 单元格，并设置日期格式为“2020 年 1 月 20 日”，12 号字，居右显示在表格上方。

5. 设置“最高分”“最低分”“平均分”“不及格人数”和“不及格率”在指定行的 A 列到 C 列合并居中。

6. 设置表格第一行行高为 30，列宽为 8，其他行行高为 18，所有单元格对齐方式设置为水平垂直居中。

7. 将表格的第一行设置图案颜色为“水绿色，个性色 5，淡色 40%”，图案样式为“25%灰色”，表格外框线为最粗黑色单线，内框线为最细黑色单线，表格第一行下框线为双实线。

8. 计算每个学生所有课程的总分和平均分，要求平均分保留一位小数。

9. 将每门课程的不及格成绩设置为红色加粗显示，每门课程的第一名成绩设置为黄填充色深黄色文本。

10. 将总分大于440分的单元格突出显示为黄底红字，总分低于370分的单元格突出显示为蓝底红字。

11. 将学生平均分用三向箭头(彩色)图标集标识数据。

12. 计算每门课程的最高分和最低分。

13. 计算每门课程的平均分，要求平均分四舍五入取整。

14. 按要求统计每门课程的不及格人数。

15. 计算每门课程的不及格率，要求不及格率显示为百分比格式，保留两位小数。

16. 新建一张工作表，重命名为“生物等第表”，表由学号、姓名、生物和等第四列构成，其中学号、姓名和生物三列的内容引用“考试成绩表”中指定的行列数据。

17. 对“生物等第表”自动套用格式“表样式中等深浅2”，表包含标题。

18. 在“生物等第表”中用公式计算成绩对应的等第，计算规则为成绩大于等于60是合格，小于60是不合格。

19. 复制“考试成绩表”，并重命名为“成绩名次表”，设置工作表标签颜色为红色。

20. 在“成绩名次表”中，根据总分计算学生在班级的名次，替换原有“序号”列的内容，要求名次显示为“第XX名”的样式，并将“序号”改为“名次”。

21. 设置成绩名次表的页面上下边距为2厘米，左右边距为1.5厘米，页脚为“第1页，共？页”，页眉为“清江市实验中学高三年级”，页眉设置为18号字，加粗居中显示；设置表格标题行在每一页重复显示，表格水平居中打印。在打印预览中查看打印效果，保存文件。

操作步骤

1. 启动Excel，打开“成绩单.xlsx”工作簿文件。在A2单元格输入“1”，A3单元格输入“2”，选中A2和A3单元格，鼠标指向选中单元格区域右下角的绿色小方块(称为“填充柄”)，此时鼠标会变成黑色实心十字架形状。按住鼠标向下拖动到A66释放，或者直接双击填充柄，序号列自动被1到65填充。

2. 在B2单元格中输入“'0131001”。选中B2单元格，拖动右下角的填充柄到B66释放，Excel会自动填充单元格内容从“0131001”到“0131065”。

【提示】在数字0131001前需要先输入一个西文单引号“'”，可将其指定为文本格式。Excel中如果输入的是数字，默认是数值格式，前面的0将会被省略。在单元格数字前输入西文单引号，可将其格式设置为文本。

3. 鼠标单击行号“1”，选中第一行，在“开始”选项卡“单元格”组中，两次单击“插入”→“插入工作表行”，添加两个新的工作表行。单击A1单元格，输入“高三(1)班期末考试成绩表”。

选中A1到J1单元格，在“开始”选项卡“单元格”组中，单击“格式”→“设置单元格格式”，打开“设置单元格格式”对话框。单击“字体”选项卡，设置字号为28，字体为微软雅黑，字形为加粗，颜色为红色；单击“对齐”选项卡，设置“水平对齐”方式为“跨列居中”，单击“确定”按钮。在“开始”选项卡“单元格”组中，单击“格式”→“行高”，在弹出的“行高”对话框中输入 50，单击“确定”按钮。

4. 单击 A2 单元格，输入“制表人：李明”，单击 G2 单元格，输入“2021/1/20”。选中 G2 到 J2 单元格，在“开始”选项卡“单元格”组中，单击“格式”→“设置单元格格式”，打开“设置单元格格式”对话框。单击“字体”选项卡，设置字号为 12；单击“对齐”选项卡，设置“水平对齐”方式为“靠右(缩进)”，选中“合并单元格”复选框；单击“数字”选项卡，在“分类”中选择“日期”，在“类型(T)”中选择“2012 年 3 月 14 日”，如图 7.1 所示，单击“确定”按钮。

图 7.1　“设置单元格格式”对话框

【提示】 Excel 单元格很多格式设置均可以在“设置单元格格式”对话框中完成，其中“数字”选项卡可以完成数值、文本、日期等数据的格式设置；“对齐”选项卡可以设置单元格的水平、垂直对齐方式以及文本控制选项；“字体”选项卡可以完成单元格字体格式设置；“边框”选项卡可以设置表格区域的边框线类型；“填充”选项卡可以设置单元格背景色和填充图案颜色；“保护”选项卡可以完成单元格锁定或公式隐藏等保护操作。除此方法以外，还可以选择“开始”选项卡下“字体”组、“对齐方式”组、“数字”组对应的工具栏按钮完成字体、对齐方式和数字格式设置。

5. 选中 A69 到 C69 单元格，单击“开始”选项卡“对齐方式”组中的“合并后居中”按钮，设置“最高分”在合并后的单元格中居中显示。“最低分”“平均分”“不及格人数”和“不及格率”在指定单元格中合并居中设置与此类似，不再赘述。

6. 选中 A3 到 J3 单元格，在“开始”选项卡“单元格”组中，单击“格式”→“行高”，在弹出的“行高”对话框中输入 30，单击“确定”按钮；单击“格式”→“列宽”，在弹出的“列宽”对话框中输入 8，单击“确定”按钮。

选择表格中除第一行以外的其他行，单击“格式”→“行高”，在弹出的“行高”对话框中输入18，单击“确定”按钮。

选中A3到J73单元格区域，在“开始”选项卡“单元格”组中，单击“格式”→“设置单元格格式”，在“设置单元格格式”对话框中单击“对齐”选项卡，设置“水平对齐”为居中，“垂直对齐”为居中，单击“确定”按钮。

7. 拖动鼠标选中A3到J3单元格，在“开始”选项卡“单元格”组中，单击“格式”→“设置单元格格式”，在“设置单元格格式”对话框中单击“填充”选项卡，设置图案颜色为“水绿色，个性色5，淡色40%”，图案样式为“25%灰色”，然后单击“确定”按钮；选中A3到J73单元格区域，在“开始”选项卡“单元格”组中，单击“格式”→“设置单元格格式”，在“设置单元格格式”对话框中单击“边框”选项卡，在线条样式中选择最粗单线，单击“预置”中的“外边框”按钮，设置表格外框线为最粗单线，在线条样式中选择最细单线，单击“预置”中的“内部”按钮，设置表格内框线为最细单线，最后单击“确定”按钮。

拖动鼠标选中A3到J3单元格，在“开始”选项卡“单元格”组中，单击“格式”→“设置单元格格式”，在“设置单元格格式”对话框中单击“边框”选项卡，在线条样式中选择双实线，单击“边框”中的下框线按钮，设置表格第一行下框线为双实线，单击“确定”按钮。

8. 选中I4单元格，在“开始”选项卡“编辑”组中，单击按钮Σ 自动求和 ▾，编辑栏显示公式“=SUM(D4:H4)”，表示计算从D4到H4单元格区域的所有成绩和，单击编辑栏左边的“输入”按钮 ✔ 或按下回车键，完成总分的计算；拖动I4单元格的填充柄到I68释放，Excel自动完成剩下所有学生的总分计算功能。

选中J4单元格，在单元格中输入“=I4/5”，表示用总分除以课程数计算学生成绩的平均分。拖动J4单元格的填充柄到J68释放，Excel自动计算剩下所有学生的平均分。

选中J4到J68单元格，在“开始”选项卡“单元格”组中，单击“格式”→“设置单元格格式”，在“设置单元格格式”对话框中单击“数字”选项卡，在“分类”中选择“数值”，设置小数位数为1，单击“确定”按钮。

【提示】在Excel单元格中输入公式可以完成计算功能，所有公式以“=”开头，通过单元格名称引用对应单元格数据参与运算。公式中引用单元格可以是范围，用“:”表示，比如上面“D4:H4”表示参与公式运算的单元格是D4到H4所有的单元格，还可以是多个单个单元格或单元格区域，每个之间用“,”分隔，比如公式“=SUM(D4:H4)”还可以写成“=SUM(D4,E4,F4,G4,H4)”。这里SUM函数的功能是求和，除了插入函数实现计算外，还可以自己手动输入计算公式，比如“=D4+E4+F4+G4+H4”也可以实现同样的计算总分操作。

Excel单元格引用方式有三种，分别是相对引用、绝对引用和三维引用。这里单元格引用“D4:H4”采用的就是相对引用方式，当把公式复制到其他位置时，引用的单元格会因为目标位置的变化而相对变化。比如复制I4单元格公式到I5时，公式将变为“=SUM(D5:H5)”，所以复制公式到该列下面的每个单元格，就可以计算每个学生的总分。

Excel提供了非常丰富的函数实现各种运算功能，常用函数的功能和用法，有兴趣的同学可参阅相关资料。

9. 选中D4到H68单元格区域，在“开始”选项卡“样式”组中，单击“条件格式”→“突出显示单元格规则”→“小于”，弹出“小于”对话框，如图7.2所示。

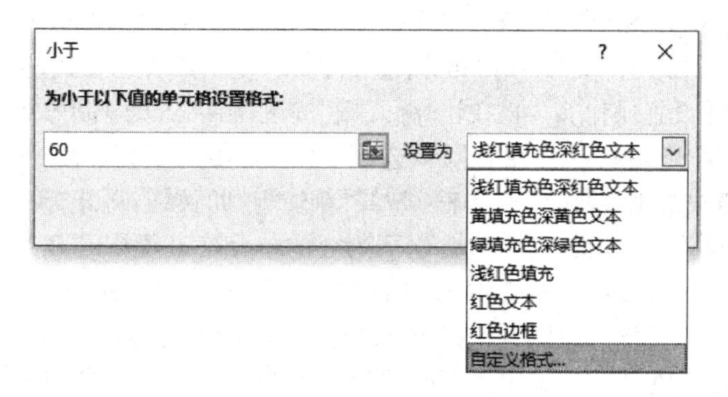

图 7.2　“小于”条件格式对话框

在左边文本框中输入 60，右边列表框中选择“自定义格式”，打开“设置单元格格式”对话框，如图 7.3 所示。单击“字体”选项卡，设置颜色为红色，加粗字形，单击“确定”按钮返回，再次单击“确定”按钮，设置所有小于 60 分的成绩用红色加粗显示。

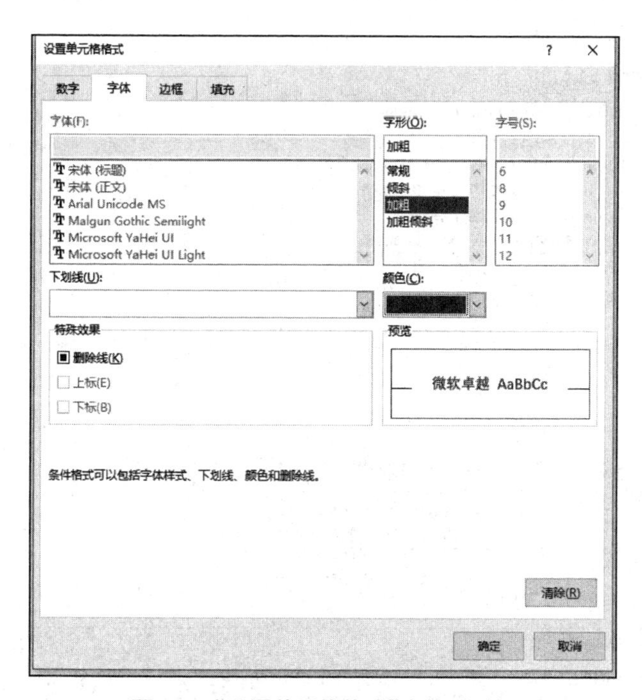

图 7.3　“设置单元格格式”字体对话框

选中 D4 到 D68 单元格区域，在“开始”选项卡“样式”组中，单击“条件格式”→“项目选取规则”→“前 10 项”，打开“前 10 项”对话框，设置数字为 1，在格式下拉列表框中选择“黄填充色深黄色文本”，如图 7.4 所示。

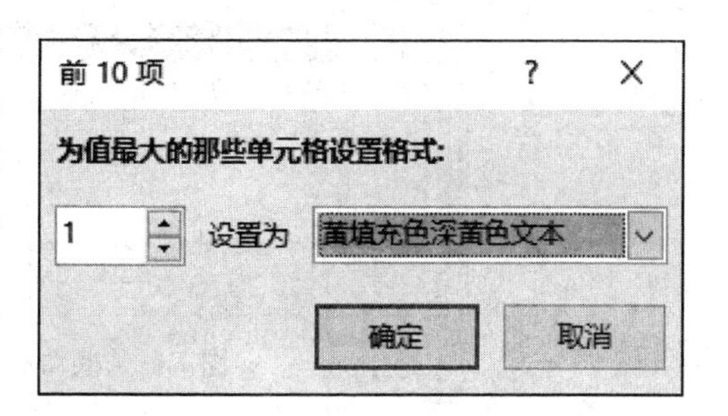

图 7.4　“前 10 项”对话框

单击“确定”按钮，完成语文第一名成绩的格式设置。

选中 D4 到 D68 单元格区域，在“开始”选项卡卡“剪贴板”组中，双击“格式刷”按钮，依次选中 E4 到 E68 单元格区域、F4 到 F68 单元格区域、G4 到 G68 单元格区域和 H4 到 H68 单元格区域，复制语文列格式，完成其他科目课程第一名成绩的格式设置操作。再次单击“格式刷”按钮，结束格式复制操作。

10. 选中 I4 到 I68 单元格，在“开始”选项卡“样式”组中，单击“条件格式”→“管理规则”，弹出“条件格式规则管理器”对话框，单击“新建规则”按钮，弹出“新建格式规则”对话框，在“选择规则类型”中选择“只为包含以下内容的单元格设置格式”，在“编辑规则说明”区域选择条件为“大于”，在右边文本框中输入“440”，如图 7.5 所示。单击“格式”按钮，打开“设置单元格格式”对话框。单击“填充”选项卡，设置背景色为黄色，单击“字体”选项卡，设置颜色为红色，单击“确定”按钮，可以将总分大于 440 分的单元格设置为黄底红字显示。

单击“确定”按钮返回“条件格式规则管理器”对话框，再单击“新建规则”按钮，以同样方法设置单元格值小于 370 的条件格式为蓝底红字，最终条件格式设置如图 7.6 所示，单击“确定”按钮完成设置。

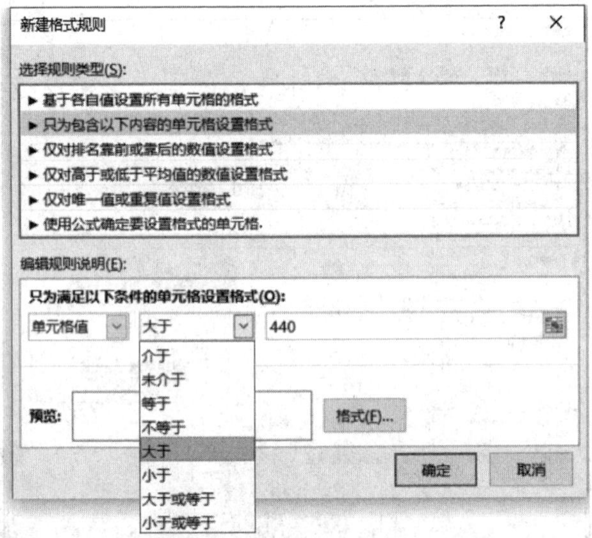

新建格式规则 ? ×

选择规则类型(S):

▶ 基于各自值设置所有单元格的格式
▶ 只为包含以下内容的单元格设置格式
▶ 仅对排名靠前或靠后的数值设置格式
▶ 仅对高于或低于平均值的数值设置格式
▶ 仅对唯一值或重复值设置格式
▶ 使用公式确定要设置格式的单元格

编辑规则说明(E):

只为满足以下条件的单元格设置格式(O):

单元格值 大于 440

介于
未介于
等于
不等于
大于
小于
大于或等于
小于或等于

预览: 格式(F)...

确定 取消

图 7.5 “新建格式规则”对话框

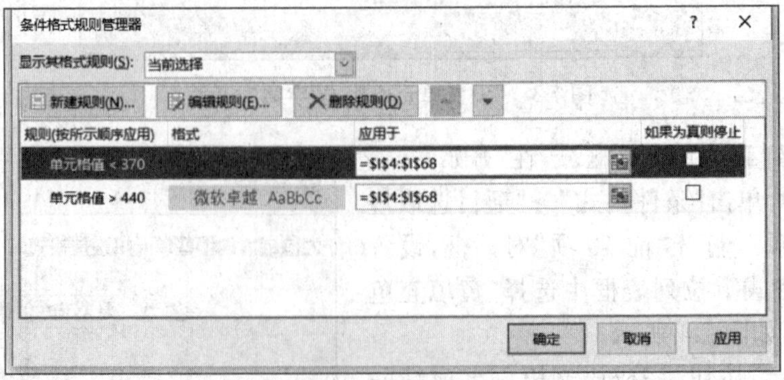

条件格式规则管理器 ? ×

显示其格式规则(S): 当前选择

新建规则(N)... 编辑规则(E)... 删除规则(D)

规则(按所示顺序应用)	格式	应用于	如果为真则停止
单元格值 < 370		=$I$4:$I$68	☐
单元格值 > 440	微软卓越 AaBbCc	=$I$4:$I$68	☐

确定 取消 应用

图 7.6 “条件格式规则管理器”对话框

11. 选中 J4 到 J68 单元格，在“开始”选项卡“样式”组中，单击“条件格式”→“图标集”→“三向箭头(彩色)”，实现用图标集标识平均分数据。

12. 单击 D69 单元格，在“开始”选项卡“编辑”组中，单击Σ 自动求和 ▾按钮的向下箭头，在弹出菜单中选择“最大值”，拖动鼠标选择 D4 到 D68 单元格，此时编辑栏显示公式为“=MAX(D4:D68)”，单击“输入”按钮或按下回车键，完成语文最高分的计算；拖动 D69 单元格的填充柄到 H69 释放，完成其他课程的最高分计算功能。

单击 D70 单元格，在“开始”选项卡“编辑”组中，单击Σ 自动求和 ▾按钮的向下箭头，在弹出菜单中选择“最小值”，拖动鼠标选择 D4 到 D68 单元格，此时编辑栏显示公式为“=MIN(D4:D68)”，单击“输入”按钮或按下回车键，完成语文最低分的计算；拖动 D70 单元格的填充柄到 H70 释放，完成其他课程的最低分计算功能。

13. 单击 D71 单元格，在“开始”选项卡“编辑”组中，单击Σ 自动求和 ▾按钮的向下箭头，在弹出菜单中选择“平均值”，拖动鼠标选择 D4 到 D68 单元格，此时编辑栏显示公式为“=AVERAGE(D4:D68)”，选中“AVERAGE(D4:D68)”，按 CTRL+C 复制该公式，单击编辑栏的取消按钮✕，取消本次操作。

单击 D71 单元格，在“公式”选项卡“函数库”组中，单击“插入函数”按钮，弹出“插入函数”对话框，在“选择类别”对应的下拉列表框中选择“数学与三角函数”，在“选择函数”对应的列表框中选择“ROUND”，单击“确定”按钮，弹出 ROUND 函数参数对话框，按 CTRL+V 将复制的公式粘贴至 Number 参数处，在 Num_digits 参数处输入“0”，如图 7.7 所示。

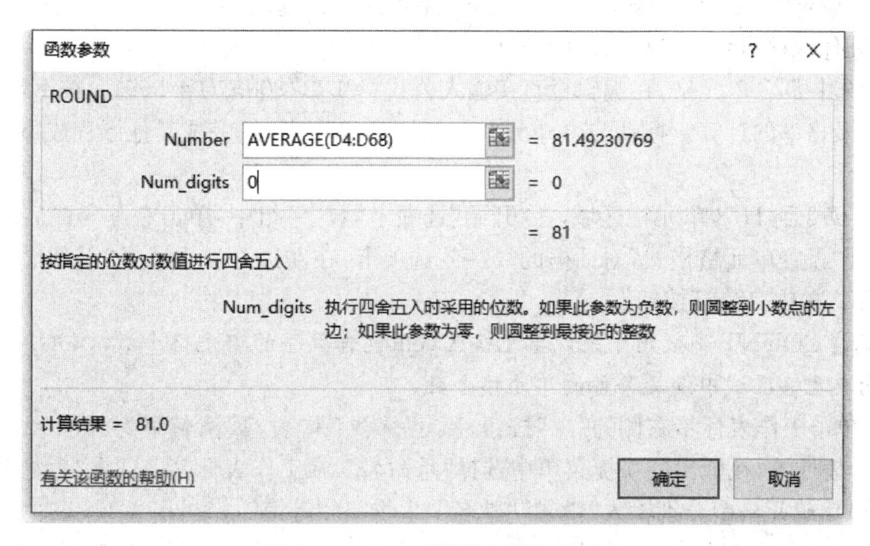

图 7.7　ROUND“函数参数”对话框

单击“确定”按钮，完成语文成绩平均分的计算，并按四舍五入取整。此时 D71 单元格编辑栏显示公式为“=ROUND(AVERAGE(D4:D68),0)”，拖动 D71 单元格的填充柄到 H71 释放，完成其他课程平均分的计算功能。

【提示】ROUND 函数用于实现数值按位数四舍五入操作，函数格式为 ROUND(Number, Num_digits)，第一个参数为要四舍五入的数字，第二个参数为四舍五入后保留的小数位数，小数位数为 0 表示四舍五入取整。

14. 选中D72单元格，在“公式”选项卡“函数库”组中，单击“其他函数”→“统计”→“COUNTIF”，弹出“函数参数”对话框，单击单元格范围参数Range后的收缩对话框按钮，拖动鼠标选中D4到D68单元格，再次单击收缩对话框按钮，回到“函数参数”对话框，在条件参数Criteria后的文本框中输入条件“<60”，如图7.8所示。

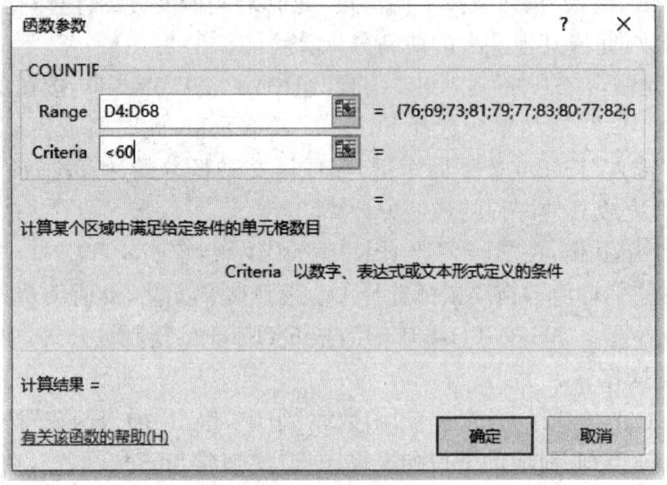

图7.8 COUNTIF“函数参数”对话框

单击“确定”按钮，完成语文成绩不及格人数的统计。拖动D72单元格填充柄到H72释放，完成其他课程成绩不及格人数的统计。

15. 选中D73单元格，在编辑栏直接输入公式“=D72/COUNT(D4:D68)”，按下回车键，完成语文不及格率的计算。拖动D73单元格填充柄到H73释放，完成其他课程成绩不及格率的计算操作。

选中D73到H73单元格区域，在“开始”选项卡“数字”组中，单击右下角的启动对话框按钮，打开“设置单元格格式”对话框的“数字”选项卡，在左边分类中选择“百分比”，设置小数位数为2，单击“确定”按钮。

【提示】 COUNT函数用于统计单元格区域中包含数字的单元格个数，COUNTIF函数用于统计单元格区域中满足条件的单元格个数。

16. 单击工作表标签右侧的“+”按钮，新建一个工作表，默认名字为“Sheet1”，右键单击Sheet1表标签，在弹出的快捷菜单中选择“重命名”，在工作表标签处输入“生物等第表”。在A1到D1单元格中分别输入“学号”“姓名”“生物”和“等第”。

选中A2单元格，输入“=”，单击“考试成绩表”标签，选中B4单元格，按下回车键，此时A2单元格编辑栏显示公式“=考试成绩表!B4”，A2单元格内容引用了“考试成绩表”表中B4单元格的学号列内容；拖动A2单元格右下角的填充柄到B2释放，此时B2单元格编辑栏显示公式“=考试成绩表!C4”，B2单元格内容引用了“考试成绩表”表中C4单元格的姓名列内容。选中A2和B2，拖动单元格右下角的填充柄到B66释放，完成剩下所有学生学号和姓名信息的引用。

选中C2单元格，输入“=”，单击“考试成绩表”标签，选中H4单元格，按下回车键，此时C2单元格编辑栏显示公式“=考试成绩表!H4”，C2单元格内容引用了“考试成绩表”表中

H4 单元格的生物成绩；双击 C2 单元格右下角的填充柄，完成剩下所有学生生物成绩的引用。

【提示】公式中引用的单元格除了是当前工作表单元格外，还可以是其他工作表或工作簿中的单元格，这种单元格引用方式称为三维引用，格式是“[工作簿]工作表名!单元格”。

17. 选中“生物等第表”数据区域任一单元格，在“开始”选项卡“样式”组中，单击“套用表格格式”→“表样式中等深浅 2”，弹出如图 7.9 所示对话框，选中“表包含标题”复选框，单击“确定”按钮。

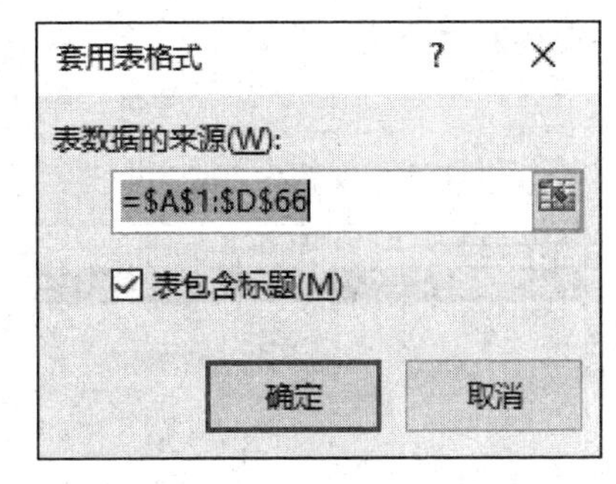

图 7.9　“套用表格式”对话框

【提示】将表格应用表样式，不仅可以使用系统预先定义好的样式对表格自动进行格式化操作，Excel 还会将表格的数据区域转换为表格块，可以更方便地查看表格数据和进行公式计算。

由于“生物等第表”应用了表格套用格式，默认情况下，在表格每列的任一单元格输入公式后，无须复制，Excel 会自动应用公式到该列的其他单元格中。

18. 在“生物等第表”中，单击 D2 单元格，在“公式”选项卡“函数库”组中，单击“逻辑”→“IF”，弹出“函数参数”对话框，在 Logical_test 参数处，选择 C2 单元格，系统显示为“[@成绩]”，在后面输入条件“>=60”，在 Value_if_true 参数处输入“合格”，在 Value_if_false 参数处输入“不合格”，如图 7.10 所示。

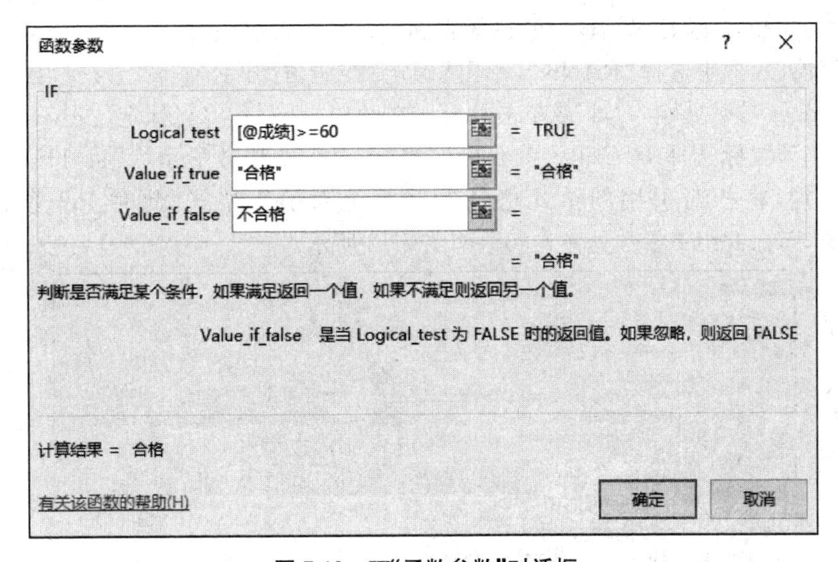

图 7.10　IF“函数参数”对话框

单击“确定”按钮，Excel 会根据公式自动计算生物成绩对应的等第列信息。此时等第列单元格编辑栏显示公式为“=IF([@成绩]>=60,"合格","不合格")”。

【提示】因为应用了表格样式，公式中选择引用单元格时不再显示单元格名称，而是显示表数据字段的名称，比如这里引用了成绩列的单元格，公式中显示的是[@成绩]，在该列任一单元格中输入公式，该列其他单元格会自动应用公式。

移动或复制工作表　?　×

将选定工作表移至

工作簿(T):

成绩单.xlsx

下列选定工作表之前(B):

考试成绩表

生物等第表

(移至最后)

☑建立副本(C)

确定　取消

图 7.11　“移动或复制工作表”对话框

这里 IF 函数用于逻辑判断，函数带 3 个参数，第一个参数 Logical_test 是判断条件，第二个参数是条件成立时函数的返回值，第三个参数是条件不成立时函数的返回值。公式“= IF([@成绩]>=60,"合格","不合格")”，表示如果对应成绩大于等于 60，结果为“合格”，否则为“不合格”。

对一些复杂条件的判断，可通过 IF 函数的嵌套完成。Excel 2016 最多可以使用 64 个 IF 函数嵌套。

19. 右键单击“考试成绩表”标签，在弹出的快捷菜单中选择“移动或复制(M)”，打开“移动或复制工作表”对话框，如图 7.11 所示。

在“下列选定工作表之前(B)”项中单击“生物等第表”，选中“建立副本”复选框，单击“确定”按钮，则在工作表“生物等第表”之前复制一张表，默认名称为“考试成绩表(2)”。右键单击“考试成绩表(2)”表，在弹出的快捷菜单中选择“重命名”，在工作表标签处输入“成绩名次表”。

右键单击“成绩名次表”工作表标签，在弹出的快捷菜单中单击“工作表标签颜色”→“红色”，设置标签颜色为红色。

20. 在“成绩名次表”中单击 A4 单元格，在“公式”选项卡“函数库”组中，单击“插入函数”按钮，弹出“插入函数”对话框，在“选择类别”对应的下拉列表框中选择“全部”，在“选择函数”对应的列表框中选择“RANK”，单击“确定”按钮，打开 RANK“函数参数”设置对话框。在 Number 参数处输入“I4”或单击总分所在的单元格 I4，将光标定位在 Ref 参数后的文本框中，拖动鼠标选择 I4 到 I68 单元格区域，此时 Ref 参数显示为“I4:I68”，选中“I4:I68”，按 F4 键，将相对引用的单元格范围改为绝对引用格式，此时 Ref 参数显示为“$I$4:$I$68”，在 Order 参数处输入“0”，如图 7.12 所示。

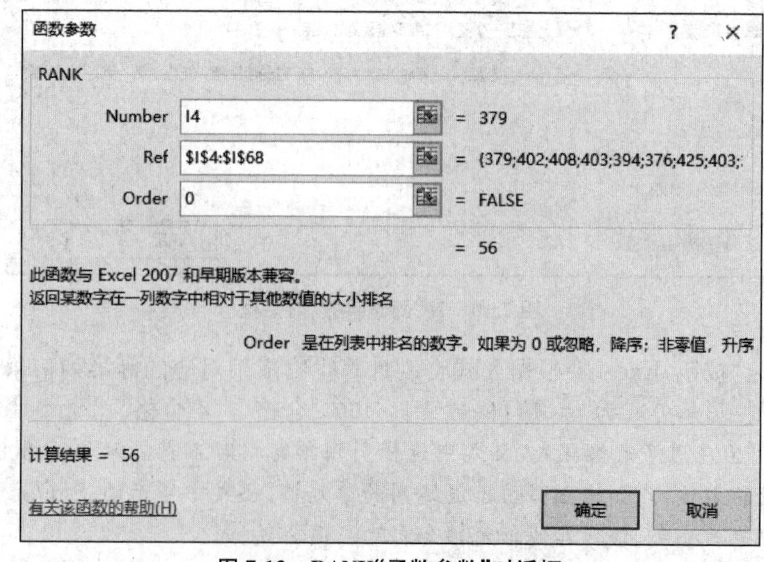

图 7.12　RANK“函数参数”对话框

单击“确定”按钮，完成第一个学生总分在年级中排名计算操作，此时 A4 单元格编辑栏显示公式为“=RANK(I4,$I$4:$I$68,0)”，单击 A4 单元格编辑栏，修改公式为

“="第"&RANK(I4,$I$4:$I$68,0)&"名"”。

拖动 A4 单元格填充柄到 A68 释放，完成所有学生排名的计算，并按“第 XX 名”样式显示结果，将 A3 单元格内容改为“名次”。

【提示】RANK 函数功能是返回一个数值在指定数值列表中的排名。第 1 个参数 Number 是参与排名的数值，比如学生的成绩总分，第 2 个参数是用于排名的数值范围，比如所有学生的总分数据，第 3 个参数 Order 决定排名按降序还是升序，默认为 0，表示是降序名次。这里将 Order 参数设置为 0，因为名次应该是按降序排，成绩越高，名次越靠前。

这里第二个参数引用的是所有学生的总分数值范围，应该是 I4 到 I68 的单元格区域，但不能直接写成“I4:I68”，因为这种引用方式称为相对引用，当复制公式到其他位置时，引用范围会根据目标位置的不同而相对变化。计算成绩排名时，用于计算排名的总分数值范围应该是固定的，公式中必须采用单元格的绝对引用方式。绝对引用是在引用的地址前插入符号“$”，表示为“$列标$行号”，如果公式中单元格采用绝对引用方式，当复制公式到其他位置时，其引用范围不会变化。这里的总分数值范围“$I$4:$I$68”就是绝对引用方式。通过多次按 F4 键，可以方便地把单元格引用方式在相对引用、绝对引用和混合引用之间进行切换。

& 是文本连接运算符，可以将多个内容连接在一起，构成新的文本串。

21. 在“页面布局”选项卡的“页面设置”组中，单击右下角的启动对话框按钮，打开“页面设置”对话框，单击“页边距”选项卡，设置页面上下边距为 2 厘米，左右边距为 1.5 厘米，选中“水平”居中方式复选框，如图 7.13 所示。

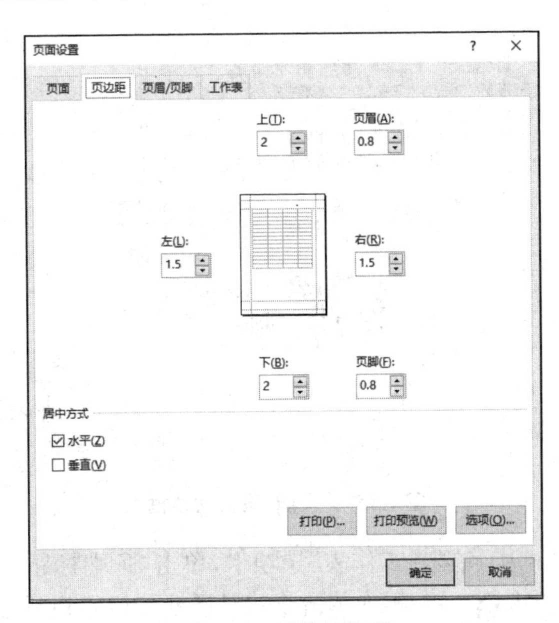

图 7.13　页边距设置

在“页面设置”对话框中，单击“页眉/页脚”选项卡，在“页脚”对应的下拉列表框中选择“第1页，共 ？ 页”，如图7.14所示。

页面设置 ? ×
页面 页边距 页眉/页脚 工作表
页眉(A):
(无)
自定义页眉(C)... 自定义页脚(U)...
页脚(F):
第1页，共？页
第 1 页，共 1 页
□ 奇偶页不同(D)
□ 首页不同(I)
☑ 随文档自动缩放(L)
☑ 与页边距对齐(M)
打印(P)... 打印预览(W) 选项(O)...
确定 取消

图 7.14 页脚设置

单击“自定义页眉”按钮，打开“页眉”设置对话框，在中间文本框中输入“清江市实验中学高三年级”，选中文本，单击“格式文本”按钮 A，在打开的“字体”对话框中，设置字号为18，加粗格式，单击“确定”按钮返回，最终效果如图7.15所示。单击“确定”按钮。

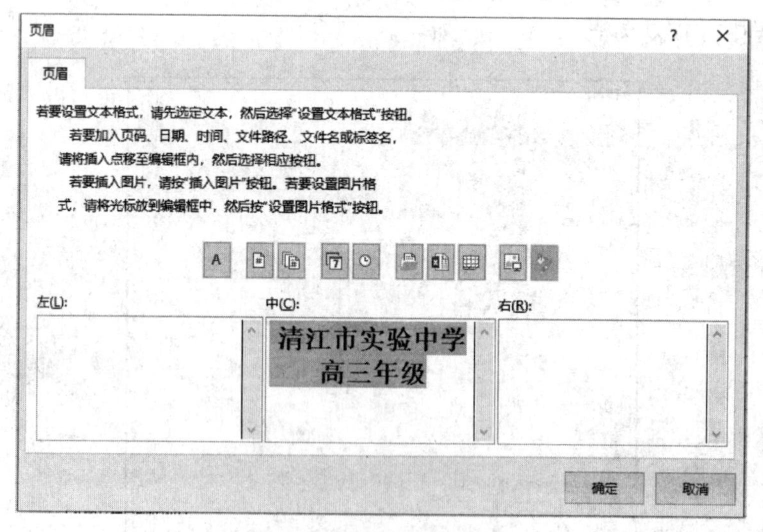

图 7.15 “页眉”设置对话框

在“页面设置”对话框中，单击“工作表”选项卡，单击“顶端标题行”后的收缩对话框按钮，在工作表中用鼠标选中第3行，再次单击收缩对话框按钮回到“页面设置”对话框，如图7.16所示。

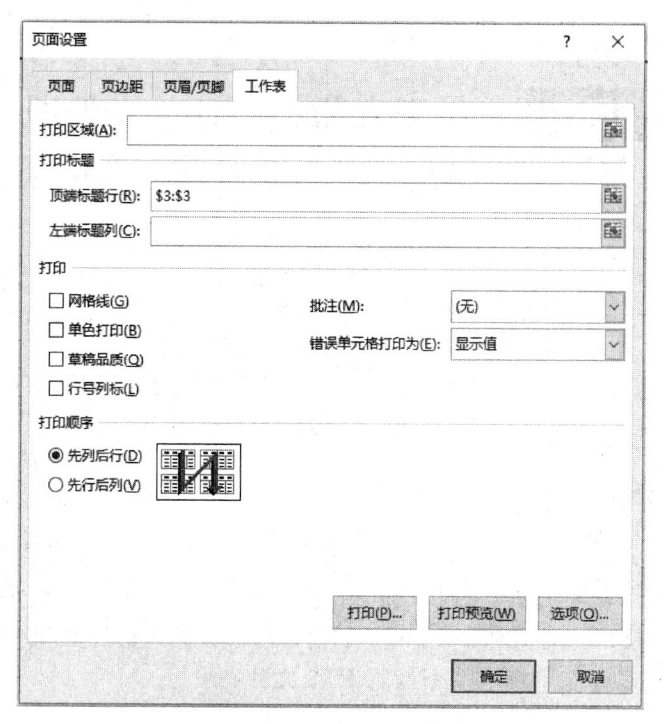

图 7.16　打印标题行设置

在“页面设置”对话框中，单击“打印预览”按钮，查看工作表打印的效果。

按 Ctrl+S 键保存文件。

实验八 员工表和销售订单表处理

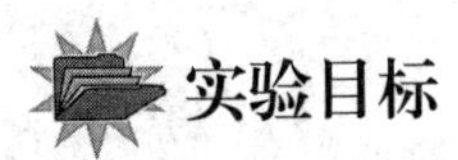

1. 掌握公式计算中单元格的相对引用、绝对引用和三维引用;

2. 掌握常用函数和公式的应用,主要包括 MID、MOD、IF、LEFT、TODAY、DATEDIF、VLOOKUP、SUMIF、SUMIFS、COUNTIFS、AVERAGEIFS 等函数。

场景和任务描述

张明是环宇电器公司的一名财务会计,负责处理公司的一些财务表格数据,包括员工的工资表和部门销售表等。创建员工工资表需要获取员工的基本信息,请帮助他对员工档案表进行处理,并对公司 2019 和 2020 两年的销售订单数据进行计算和统计操作。

【提示】本次实验所需的所有素材放在 EX8 文件夹中。

具体任务

打开"员工.xlsx"工作簿文件,在"员工花名册"工作表中完成以下操作。

1. 根据员工的身份证信息计算性别。性别的计算规则是:身份证号的倒数第 2 位是奇数的为男性,偶数的为女性。

2. 根据员工的身份证信息计算出生日期,并按"XXXX 年 XX 月 XX 日"形式显示。出生日期的计算规则是:身份证号的第 7—14 位分别代表出生日期的年月日。

3. 根据员工工号计算其所在的部门。工号和部门之间的对应关系是:工号最左边两位编号对应不同部门,11 表示财务处,12 表示销售一部,13 表示销售二部,14 表示销售三部,15 表示办公室。

4. 根据员工的入职日期,计算其工龄。

5. 根据电话号码长度填充电话类型列。如果长度为 11 位数字,电话类型为"手机",否则电话类型为"座机"。

6. 因涉及个人隐私,请自定义数字格式,将员工表中电话号码用一串" * "号隐藏显示,比如手机号显示为 11 个星号,座机号显示为 8 个星号。

7. 将员工表中所有奇数行(不含表头)设置为"蓝色,个性色 1,淡色 60%填充"。

8. 将"员工花名册"设为活动工作表,取消工作表标签。保存文件后关闭该工作簿。

打开"销售订单表.xlsx"工作簿文件,完成以下操作。

9. 在"销售明细"表中,根据商品名称在"商品定价"表中找到对应的单价,填充"单价"列内容。

10. 在"销售明细"表中,根据发货地址前 3 个字符的省市信息,在"城市对照"表中找到对应的销售区域,填充"区域"列内容。

11. 在“销售明细”表中按单价 * 数量计算销售额，设置为货币格式，带人民币符号￥，小数位为 0。

12. 在“统计报告”表中计算 2019—2020 年销售一部的销售总额，设置为会计专用格式，带人民币符号￥。

13. 在“统计报告”表中计算 2020 年第 3 季度(7 月 1 日—9 月 30 日)的销售总额，设置为会计专用格式，带人民币符号￥。

14. 在“统计报告”表中计算销售一部在东区销售格力空调的总金额，设置为会计专用格式，带人民币符号￥。

15. 在“统计报告”表中统计格力空调在东区成交的订单总数。

16. 在“统计报告”表中计算 2020 年 6 月以来空调订单的平均成交金额。

17. 在“统计报告”表中计算 2020 年销售一部销售额占公司销售总额的百分比，要求保留 2 位小数。

18. 在 B9 和 D9 单元格录入要查询的部门和区域，要求 D9 单元格只能是“销售一部”“销售二部”或“销售三部”，B9 单元格只能是“东区”“西区”“南区”或“北区”。

19. 根据条件区域录入的部门和区域，统计该部门在指定区域的销售额，填入 E8 单元格。

保存文件。

 操作步骤

启动 Excel，打开“员工.xlsx”工作簿文件。

1. 选中 C2 单元格，在编辑栏输入公式“=IF(MOD(MID(E2,17,1),2)=0,"女","男")”，按下回车键，完成性别的计算。双击 C2 单元格填充柄，Excel 根据公式自动填充性别列内容。

【提示】本题采用 MID、MOD 和 IF 三个函数的嵌套调用来实现，下面分别叙述每个函数的功能。

MID 函数格式为 MID(字符串，截取的起始位置，字符个数)，功能是从字符串截取的起始位置开始，截取指定个数的字符组成子串。这里 MID(E2,17,1)功能是对 E2 单元格的身份证号从第 17 位开始，截取 1 个字符，即获得身份证号的倒数第 2 位字符。

MOD 函数格式为 MOD(被除数，除数)，功能是返回两数相除的余数。表达式 MOD(n,2)就是获得 n 除以 2 的余数。根据余数是否为 0，可以判断数值是偶数还是奇数。

公式“=IF(MOD(MID(E2,17,1),2)=0,"女","男")”功能是判断身份证号的倒数第 2 位是否能够被 2 整除，即是否是偶数，如果是，则公式返回值为“女”，否则返回值为“男”。

2. 选中 D2 单元格，在编辑栏输入公式：

```
=MID(E2,7,4)&"年"&MID(E2,11,2)&"月"&MID(E2,13,2)&"日"
```

按下回车键，完成出生日期的计算。双击 D2 单元格填充柄，Excel 根据公式自动填充出生日期列内容。

【提示】本题需要截取身份证号的指定位的数值获得出生年月日，其中 MID(E2,7,4)可以获得身份证号的第 7 位开始的 4 个字符，即出生年份，MID(E2,11,2)可以获得出生日期的月份，MID(E2,13,2)可以获得出生日期所在的日，用连接运算符 & 将得到的年、月和日按

要求连接成“XXXX年XX月XX日”的样式。

3. 选中F2单元格，在编辑栏输入公式：

= IF(LEFT(A2,2) = "11","财务处",IF(LEFT(A2,2) = "12","销售一部", IF(LEFT(A2,2)= "13","销售二部",IF(LEFT(A2,2) = "14","销售三部",IF(LEFT(A2,2) = "15","办公室")))))

按下回车键，完成员工部门的计算。双击F2单元格填充柄，Excel根据公式自动填充部门列内容。

【提示】本题通过IF函数的嵌套调用实现多分段的条件判断。首先利用LEFT函数截取工号左边的两个字符，LEFT函数的调用格式为LEFT(字符串，字符个数)，功能是从字符串左边截取指定个数的字符组成子串，因此利用LEFT(A2,2)可以截取工号左边的两个字符组成子串，通过IF函数判断其值，如果值为“11”，则返回“财务处”，如果不是，在IF函数中再嵌套一层IF函数，继续判断是否是“12”，以此类推，通过IF函数的嵌套调用实现员工部门的计算。

这里公式还可以简写成：

= LOOKUP(LEFT(A2,2),{"11","12","13","14","15"},{"财务处","销售一部","销售二部","销售三部","办公室"})

关于LOOKUP函数的功能大家可以自行百度了解。

4. 选中H2单元格，在编辑栏输入公式“ = DATEDIF(G2,TODAY(),"Y")”，按下回车键，完成员工工龄的计算。双击H2单元格填充柄，Excel根据公式自动填充工龄列内容。

【提示】DATEDIF函数是EXCEL隐藏函数，在帮助和插入公式里查看不到该函数，只能纯手动输入，函数格式为DATEDIF(起始日期，结束日期，比较单位)，用于返回起始日期和结束日期之间的时间差，其中比较单位"Y"返回的是两者相差的年数，"M"返回的是两者相差的月数，"D"返回的是两者相差的天数；TODAY()函数的功能是获得系统当前日期，因此公式“ = DATEDIF(G2,TODAY(),"Y")”功能是返回当前日期到员工入职日期之间相差的年数，即员工的工龄。

本题还可以利用公式“ = ROUNDDOWN((TODAY() - G2)/365,0)”来实现。日期相减可以获得两个日期相隔的天数，这里首先用TODAY() - G2计算出当前日期到入职日期之间相差的天数，一年有365天，将天数除以365，最后用ROUNDDOWN函数向下取整获得相差的年数，大家可以试一试。

5. 选中J2单元格，在编辑栏输入公式“ = IF(LEN(I2) = 11,"手机","座机")”，按下回车键，完成电话类型的计算。双击J2单元格填充柄，Excel根据公式自动填充电话类型列内容。

【提示】LEN函数的功能是获得字符串的长度。这里LEN(I2)可以返回I2单元格中电话号码的长度。公式IF(LEN(I2) = 11,"手机","座机")功能是判断电话号码长度是否为11，如果是，返回“手机”，否则返回“座机”。

6. 选中I2到I86单元格，在“开始”选项卡“单元格”组中，单击“格式”→“设置单元格格式”，打开“设置单元格格式”对话框。单击“数字”选项卡，在“分类”中选择“自定义”，在“类型”文本框中输入[＞99999999]"***********";"********"，如图8.1所示。

图 8.1　自定义数字格式

单击“确定”按钮返回。

【提示】利用 Excel 自定义数字格式可以改变单元格的显示样式，但不会改变单元格实际存储的内容。除了 Excel 预设的格式代码外，用户也可以根据需求自定义格式代码。

自定义格式代码可以为 4 种类型的数值指定不同的格式：正数、负数、零和文本，在代码中用分号分隔不同的区段。完整格式代码的组成结构为：

“大于条件值”格式；“小于条件值”格式；“等于条件值”格式；文本格式没有特别指定条件值的时候，默认条件值为 0。如果指定条件值，条件格式代码写入[ ]中。

这里自定义格式代码[>99999999]"***********";"********"表示对单元格内容进行判断，如果大于 99999999，则显示为 11 个星号，否则显示为 8 个星号。

7. 选中 A2 到 J86 单元格，在“开始”选项卡“样式”组中，单击“条件格式”→“新建规则”，弹出“新建格式规则”对话框，选择规则类型为“使用公式确定要设置格式的单元格”，在“编辑规则说明”下的文本框中输入公式“=ISODD(ROW())”，如图 8.2 所示。

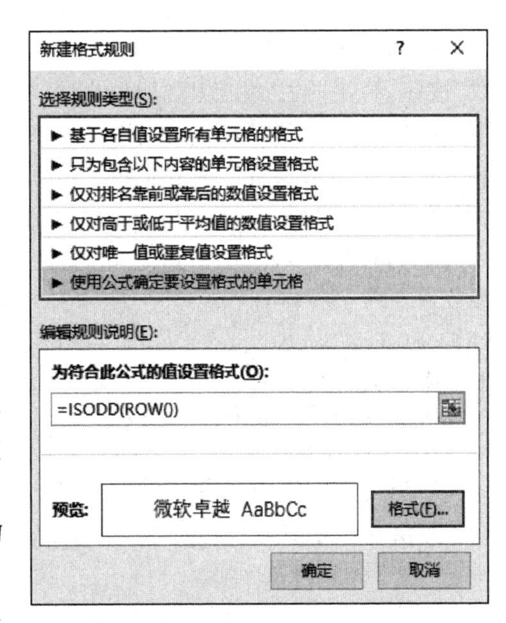

图 8.2　“新建格式规则”对话框

单击“格式”按钮，在弹出的“设置单元格格式”对话框中单击“填充”选项卡，选择背景色为

“蓝色，个性色 1，淡色 60%”，单击“确定”按钮返回。

【提示】 ROW()函数可以返回单元格所在的行号，ISODD 函数用于判断数值是否为奇数，如果是，返回 TRUE，否则返回 FALSE。这里公式“=ISODD(ROW())”的功能是对选中区域中，判断行号是否为奇数，如果是，则返回为 TRUE，否则返回 FALSE。

8. 单击“文件”→“选项”，打开“Excel 选项”对话框，在左侧列表中选择“高级”选项，在“此工作簿的显示选项”栏中取消对“显示工作表标签”复选框的勾选，如图 8.3 所示。

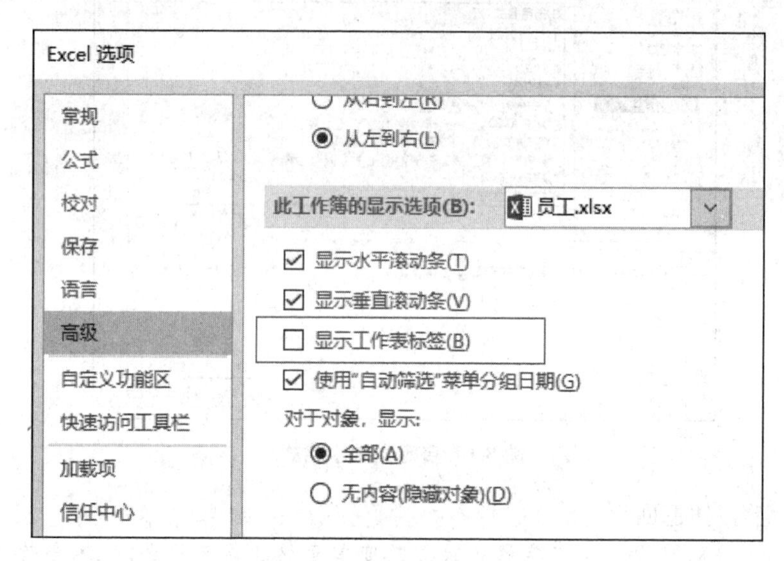

图 8.3 “Excel 选项”对话框

单击“确定”按钮返回。

按 Ctrl+S 键保存文件后关闭该工作簿文件。

启动 Excel，打开“销售订单表.xlsx”工作簿文件。

9. 在“销售明细”表中单击 E3 单元格，在“公式”选项卡“函数库”组中，单击“插入函数”按钮，弹出“插入函数”对话框，在“或选择类别”对应的下拉列表框中选择“查找与引用”，在“选择函数”对应的列表框中选择“VLOOKUP”，单击“确定”按钮，打开 VLOOKUP 函数参数设置对话框。光标定位在 Lookup_value 参数后的文本框中，单击商品名称所在的单元格 D3，在 Table_array 参数后的文本框中，单击“商品定价”表，拖动鼠标选中 A3 到 B15 单元格区域，此时参数文本框中显示为“商品定价! A3:B15”，选中该参数，按 F4 键切换为单元格绝对引用方式，将 Table_array 参数设置为“商品定价!$A$3:$B$15”，在Col_index_num 参数后的文本框中输入“2”，Range_lookup 参数后的文本框中输入“FALSE”，如图 8.4 所示。

单击“确定”按钮，E3 单元格获得返回的商品单价数值，此时编辑栏显示的公式为：

=VLOOKUP(D3,商品定价!$A$3:$B$15,2,FALSE)

双击 E3 单元格填充柄，Excel 根据商品名称自动填充单价列内容。

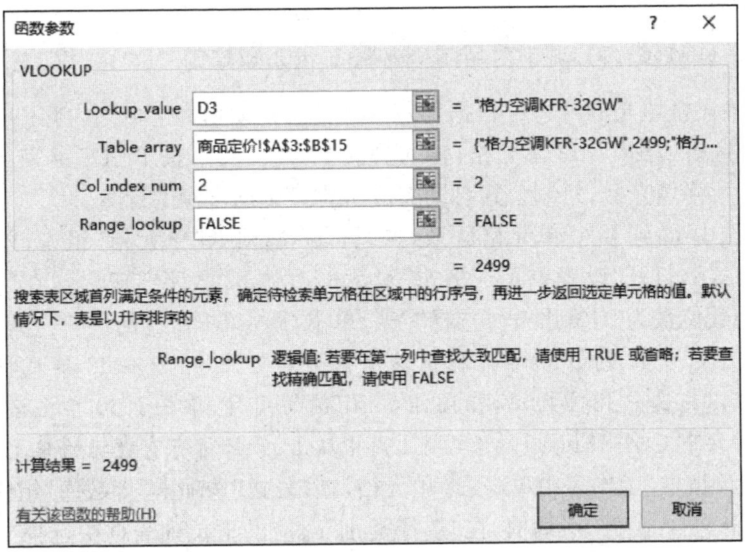

函数参数 ? ×

VLOOKUP

Lookup_value D3 = "格力空调KFR-32GW"

Table_array 商品定价!$A$3:$B$15 = {"格力空调KFR-32GW",2499;"格力...

Col_index_num 2 = 2

Range_lookup FALSE = FALSE

= 2499

搜索表区域首列满足条件的元素，确定待检索单元格在区域中的行序号，再进一步返回选定单元格的值。默认情况下，表是以升序排序的

Range_lookup 逻辑值：若要在第一列中查找大致匹配，请使用 TRUE 或省略；若要查找精确匹配，请使用 FALSE

计算结果 = 2499

有关该函数的帮助(H)　确定　取消

图 8.4　VLOOKUP“函数参数”对话框

【提示】 VLOOKUP 是按列查找函数，可以从一个数组或表格范围的最左列中查找指定值，找到后返回该值对应列的内容，函数格式为：

VLOOKUP(Lookup_value,Table_array,Col_index_num,[Range_lookup])

其中 Lookup_value 参数是要搜索的值；Table_array 是要搜索的范围，需要注意的是，要搜索的值必须在搜索范围的第 1 列；Col_index_num 是在 Table_array 中搜索到值后需返回数值所在的列号；Range_lookup 为可选参数，缺省为 TRUE 时，则返回近似匹配值，但要求 Table_array 第 1 列中的值必须按升序排序，否则无法返回正确的值，如果 Range_lookup 为 FALSE，则返回精确匹配值，如果找不到精确匹配值，则返回错误值 N/A。一般 Range_lookup 选 FALSE。

公式“=VLOOKUP(D3,商品定价!$A$3:$B$15,2,FALSE)”功能是在商品定价表中“A3:B15”单元格区域的第 1 列中查找 D3 单元格内容（即商品名称），如果找到，返回匹配行第 2 列的内容（即商品名称对应的单价）。

注意：一般情况下，搜索的范围都是固定的，所以在应用 VLOOKUP 函数时，搜索范围单元格引用都是绝对引用方式，比如本题搜索范围为“商品定价! $A$3:$B$15”，不能写成“商品定价! A3:B15”。

10. 在“销售明细”表中单击 H3 单元格，在“公式”选项卡“函数库”组中，单击“最近使用的函数”→“VLOOKUP”，打开 VLOOKUP 函数参数设置对话框。光标定位在 Lookup_value 参数后的文本框中，输入“LEFT(G3,3)”，在 Table_array 参数后的文本框中，单击“城市对照”表，拖动鼠标选中 A2 到 B24 单元格区域，此时参数文本框中显示为“城市对照!A2:B24”，选中该参数，按 F4 键切换为单元格绝对引用方式，将 Table_array 参数设置为“城市对照!$A$2:$B$24”，在 Col_index_num 参数后的文本框中输入“2”，Range_lookup 参数后的文本框中输入“FALSE”，单击“确定”按钮返回，此时 H3 单元格获得返回的销售区

域信息，编辑栏显示的公式为：

= VLOOKUP(LEFT(G3,3),城市对照!$A$2:$B$24,2,FALSE)

双击 H3 单元格填充柄，Excel 根据发货省市信息自动填充区域列内容。

11. 单击“销售明细”表 I3 单元格，输入公式“ = E3 * F3”，按下回车键完成销售额的计算。双击 I3 单元格填充柄，复制公式自动完成所有订单销售额的计算。

拖动鼠标选中 I3 到 I630 单元格区域，在“开始”选项卡“单元格”组中，单击“格式”→“设置单元格格式”，打开“设置单元格格式”对话框。单击“数字”选项卡，在“分类”中选择“货币”，设置小数位数为 0，货币符号选择“￥”，单击“确定”按钮返回。

【提示】 这里选中 I3 到 I630 单元格区域有很多种方法，可以从 I3 单元格拖动鼠标到 I630 释放；也可以先选中 I3 单元格，在按住 Shift 键的同时，单击 I630 单元格；还可以单击 I3 单元格，同时按下 Ctrl+Shift+↓键，将 I 列中从 I3 开始所有有数据的单元格选中。

12. 在“统计报告”工作表中单击 E2 单元格，在“公式”选项卡“函数库”组中，单击“插入函数”按钮，弹出“插入函数”对话框，在“选择类别”对应的下拉列表框中选择“全部”，在“选择函数”对应的列表框中选择“SUMIF”，单击“确定”按钮，打开 SUMIF 函数参数设置对话框，在 Range 参数处选择“销售明细”表中 C3 到 C630 单元格区域，在 Criteria 参数处输入“销售一部”，在 Sum_range 参数处选择“销售明细”表中 I3 到 I630 单元格区域，如图 8.5 所示。

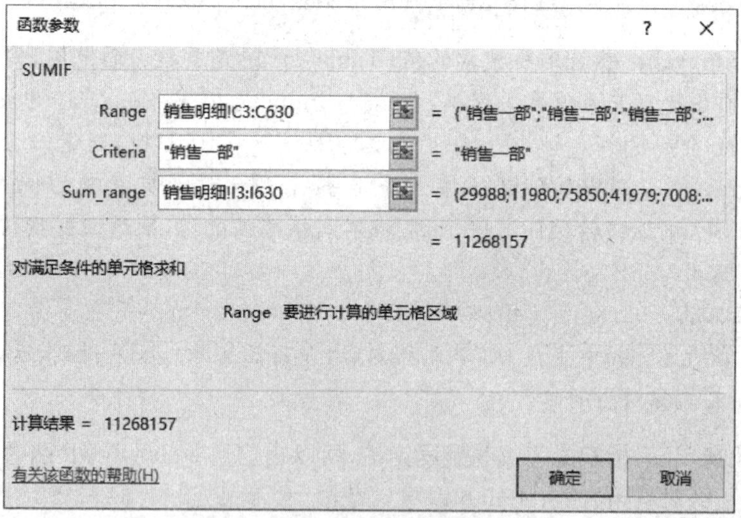

图 8.5 SUMIF“函数参数”对话框

单击“确定”按钮，完成销售一部销售总额的计算，此时 E2 单元格编辑栏显示公式为“ = SUMIF(销售明细!C3:C630,"销售一部",销售明细!I3:I630)”。

选中 E2 单元格，在“开始”选项卡“数字”组中，从数字格式下拉列表中选择“会计专用”。

【提示】 SUMIF 函数功能是求指定区域中满足给定条件的所有单元格数值的和，函数格式为 SUMIF(Range,Criteria,[Sum_range])，其中 Range 参数用于条件判断的单元格区域，Criteria 参数设置满足的条件，Sum_range 参数为可选参数，用于设置参与求和的单元格区域，如果省略，Excel 对 Range 参数中指定的单元格区域求和。

公式“=SUMIF(销售明细! C3:C630,"销售一部",销售明细! I3:I630)”中,销售明细! C3:C630 区域对应销售明细表的部门列,销售明细! I3:I630 对应销售明细表的销售额列,公式的功能是在销售明细表中,对部门是“销售一部”对应的销售额执行求和操作。

13. 单击 E3 单元格,在“公式”选项卡“函数库”组中,单击“插入函数”按钮,弹出“插入函数”对话框,在“选择类别”对应的下拉列表框中选择“全部”,在“选择函数”对应的列表框中选择“SUMIFS”,单击“确定”按钮,打开 SUMIFS 函数参数设置对话框,在 Sum_range 参数处选择“销售明细”表中 I3 到 I630 单元格区域,在 Criteria_Range1 参数处选择“销售明细”表中 B3 到 B630 单元格区域,在 Criteria1 参数处输入“>=2020-7-1”,在 Criteria_Range2 参数处选择“销售明细”表中 B3 到 B630 单元格区域,在 Criteria2 参数处输入“<=2020-9-30”,如图 8.6 所示。

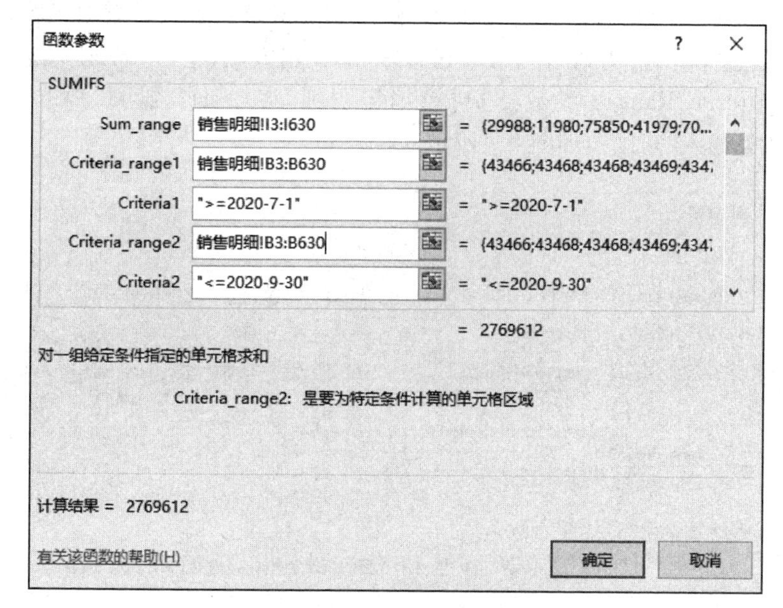

图 8.6　SUMIFS“函数参数”对话框

单击“确定”按钮,完成 2020 年第 3 季度销售总额的计算,此时 E3 单元格编辑栏显示公式为“=SUMIFS(销售明细! I3:I630,销售明细! B3:B630,">=2020-7-1",销售明细! B3:B630,"<=2020-9-30")”。

选中 E3 单元格,在“开始”选项卡“数字”组中,从数字格式下拉列表中选择“会计专用”。

【提示】 SUMIFS 函数用于实现多条件求和操作,函数格式为 SUMIFS(Sum_range, Criteria_range1, Criteria1 [, Criteria_range2, Criteria2, ……]),其中 Sum_range 参数设置参与求和的单元格区域,Criteria_range1 参数用于设置第 1 个条件判断的单元格区域,Criteria1 参数设置满足的第 1 个条件,Criteria_range2 参数用于设置第 2 个条件判断的单元格区域,Criteria2 参数设置满足的第 2 个条件,以此类推,最多可设置 127 个条件。

公式“=SUMIFS(销售明细! I3:I630,销售明细! B3:B630,">=2020-7-1",销售明细! B3:B630,"<=2020-9-30")”中,“销售明细! I3:I630”对应销售明细表的销售额列,“销售明细! B3:B630”对应销售明细表的日期列,公式的功能是在销售明细表中,对所有日期在 2020-7-1 和 2020-9-30 之间的销售额执行求和操作。

14. 单击E4单元格，在编辑栏输入公式“=SUMIFS(销售明细!I3:I630,销售明细!C3:C630,"销售一部",销售明细!H3:H630,"东区",销售明细!D3:D630,"格力空调*")”，完成销售一部在东区销售格力空调总金额的计算。

选中E4单元格，在“开始”选项卡“数字”组中，在数字格式下拉列表中选择“会计专用”。

【提示】本题操作与上一题类似，大家可以打开SUMIFS函数对话框操作，也可以直接输入公式。SUMIFS函数在实现多条件求和操作时，条件判断支持通配符，可以实现模糊匹配。常用通配符有*和?，其中*代表任意多个字符，?代表任意1个字符。这里条件值"格力空调*"可以匹配所有以格力空调开头的商品名称。

15. 单击E5单元格，在“公式”选项卡“函数库”组中，单击“插入函数”按钮，弹出“插入函数”对话框，在“选择类别”对应的下拉列表框中选择“统计”，在“选择函数”对应的列表框中选择“COUNTIFS”，单击“确定”按钮，打开COUNTIFS函数参数设置对话框，在Criteria_Range1参数处选择“销售明细”表中D3到D630单元格区域，在Criteria1参数处输入“格力空调*”，在Criteria_Range2参数处选择“销售明细”表中H3到H630单元格区域，在Criteria2参数处输入“东区”，如图8.7所示。

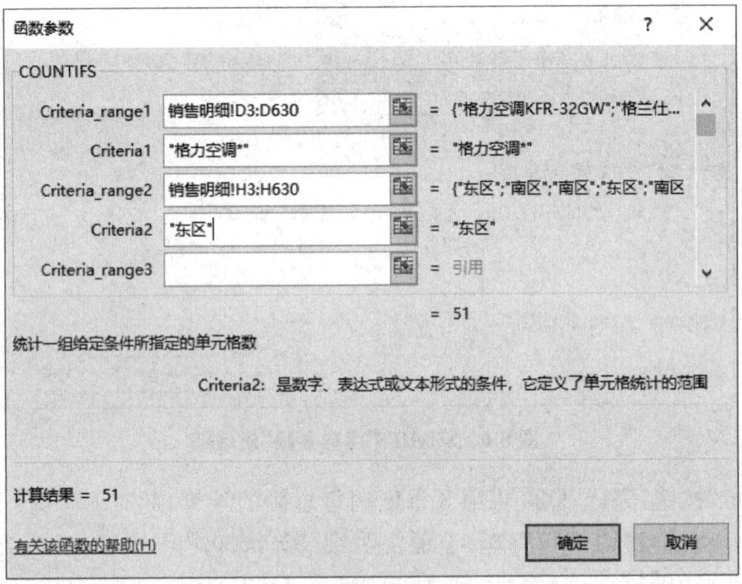

函数参数 ? ×
COUNTIFS
Criteria_range1 销售明细!D3:D630 = {"格力空调KFR-32GW";"格兰仕...
Criteria1 "格力空调*" = "格力空调*"
Criteria_range2 销售明细!H3:H630 = {"东区";"南区";"南区";"东区";"南区
Criteria2 "东区" = "东区"
Criteria_range3 = 引用
= 51
统计一组给定条件所指定的单元格数
Criteria2: 是数字、表达式或文本形式的条件，它定义了单元格统计的范围
计算结果 = 51
有关该函数的帮助(H) 确定 取消

图8.7 COUNTIFS“函数参数”对话框

单击“确定”按钮，完成格力空调在东区成交的订单数计算，此时E5单元格编辑栏显示公式为“=COUNTIFS(销售明细!D3:D630,"格力空调*",销售明细!H3:H630,"东区")”。

16. 单击E6单元格，在“公式”选项卡“函数库”组中，单击“插入函数”按钮，弹出“插入函数”对话框，在“选择类别”对应的下拉列表框中选择“统计”，在“选择函数”对应的列表框中选择“AVERAGEIFS”，单击“确定”按钮，打开AVERAGEIFS函数参数设置对话框，在Average_range参数处选择“销售明细”表中I3到I630单元格区域，在Criteria_Range1参数处选择“销售明细”表中B3到B630单元格区域，在Criteria1参数处输入“>=2020-6-1”，在Criteria_Range2参数处选择“销售明细”表中D3到D630单元格区域，在Criteria2参数处输入“*空调*”，如图8.8所示。

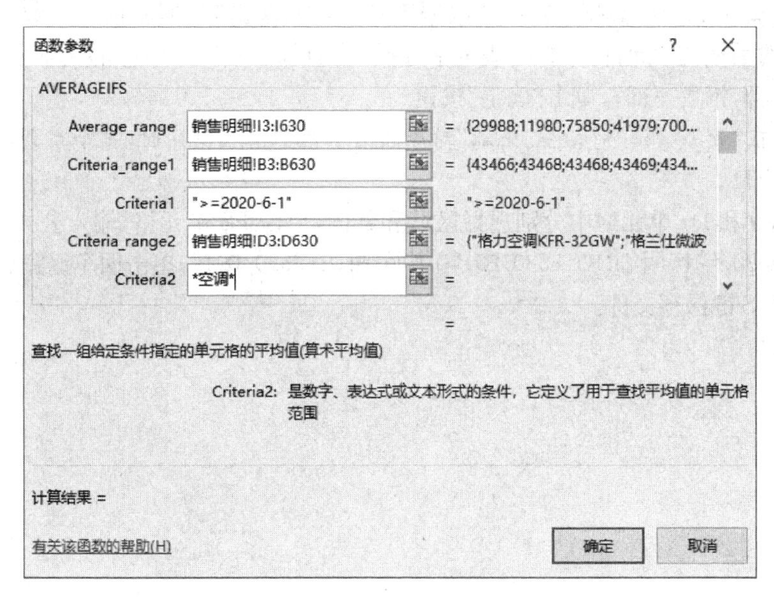

图 8.8　AVERAGEIFS“函数参数”对话框

单击“确定”按钮，完成 2020 年 6 月以来空调订单平均成交金额的计算，此时 E6 单元格编辑栏显示公式为“=AVERAGEIFS(销售明细！I3:I630，销售明细！B3:B630，">=2020-6-1"，销售明细！D3:D630，"*空调*")”。

17. 2020 年销售一部总销售额可用公式“SUMIFS(销售明细!I3:I630，销售明细!C3:C630，"销售一部"，销售明细!B3:B630，">=2020-1-1"，销售明细！B3:B630，"<=2020-12-31")”计算出来，公司 2020 年总销售额的计算公式为“SUMIFS(销售明细!I3:I630，销售明细!B3:B630，">=2020-1-1"，销售明细！B3:B630，"<=2020-12-31")”。单击 E7 单元格，在编辑栏输入公式：

=SUMIFS(销售明细!I3:I630,销售明细!C3:C630,"销售一部",销售明细!B3:B630,">=2020-1-1",销售明细!B3:B630,"<=2020-12-31")/SUMIFS(销售明细!I3:I630,销售明细!B3:B630,">=2020-1-1",销售明细!B3:B630,"<=2020-12-31")

完成 2020 年销售一部销售额占公司销售总额百分比的计算。

选中 E7 单元格，在“开始”选项卡“数字”组中，单击右下角的启动对话框按钮，打开“设置单元格格式”对话框的“数字”选项卡，在左边分类中选择“百分比”，设置小数位数为 2，单击“确定”按钮。

18. 选中 B9 单元格，在“数据”选项卡“数据工具”组中，单击“数据验证”→“数据验证”，弹出“数据验证”对话框，在“允许”下拉列表框中选择“序列”，在“来源”对应的文本框中输入“东区，西区，南区，北区”，如图 8.9 所示。

单击“确定”按钮。

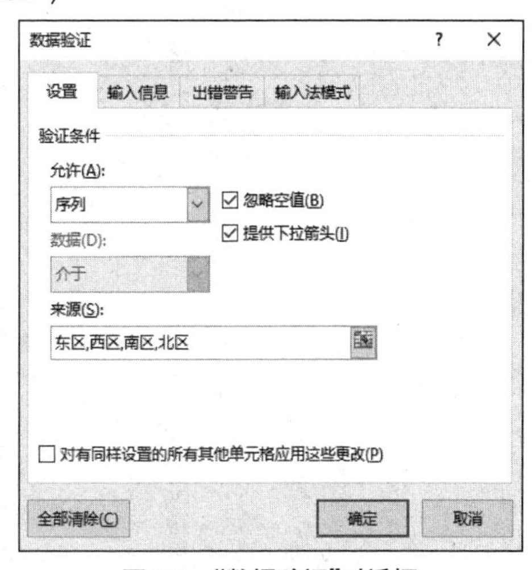

图 8.9　“数据验证”对话框

选中D9单元格，在“数据”选项卡“数据工具”组中，单击“数据验证”→“数据验证”，弹出“数据验证”对话框，在“允许”下拉列表框中选择“序列”，在“来源”对应的文本框中输入“销售一部，销售二部，销售三部”，单击“确定”按钮。

【提示】 在“数据验证”对话框“来源”对应的文本框中输入系列时，每个系列之间必须用英文半角逗号分隔。

19. 在B9和D9单元格中分别选择区域和部门，单击E8单元格，输入公式“=SUMIFS(销售明细!I3:I630,销售明细!H3:H630,B9,销售明细!C3:C630,D9)”，单击回车键完成计算操作。

按Ctrl＋S键保存文件。

实验九　销售订单数据管理与分析

实验目标

1. 掌握数据排序操作；
2. 掌握自动筛选和高级筛选操作；
3. 掌握分类汇总操作；
4. 掌握图表的创建；
5. 掌握数据透视表和数据透视图的创建。

场景和任务描述

上一实验我们帮助张明完成了员工档案表和公司销售订单数据的计算和统计操作。在实际工作中，张明还需要针对销售订单数据进行筛选查看以及分类汇总等操作，并希望将统计结果用图表进行直观展示。请帮助他完成以下任务。

【提示】本次实验所需素材为实验八操作完成的销售订单表。

具体任务

1. 复制“销售订单表.xlsx”工作簿文件中的“销售明细”工作表到新工作簿文件中，将工作簿文件命名为“2019—2020 销售订单表.xlsx”，并将“销售明细”表中所有出现公式的单元格内容用相应的数值数据替换。

2. 将“销售明细”表按商品名称升序排序。

3. 在“销售明细”表中按商品名汇总每个商品的销售数量和销售额的总和。

4. 新建一张工作表，命名为“商品分类汇总表”，复制“销售明细”表中的汇总数据到“商品分类汇总表”A1 开始的单元格区域。

5. 在“销售明细”表中删除汇总信息，恢复原始数据。

6. 在“销售明细”表中对部门按“销售一部”“销售二部”和“销售三部”顺序排序，如果部门相同，再按订单编号从小到大排序。

7. 在“销售明细”表中按部门先分类汇总销售额总和，再分类汇总各部门销售额的最大值。

8. 新建一张工作表，命名为“部门分类汇总表”，复制“销售明细”表中的汇总数据到“部门分类汇总表”A1 开始的单元格区域。在“销售明细”表中删除汇总信息，恢复原始数据。

9. 在“销售明细”表中筛选出北区所有销售金额大于等于 10 万元的订单，复制到新工作表“北区≥10 万”中，并在“销售明细”表中取消筛选。

10. 在“销售明细”表中筛选出所有“格力空调”2020 年第一季度在东区的销售订单，

复制到新工作表“格力空调 2020 第一季度东区销售”中，并在“销售明细”表中取消筛选。

11. 在“销售明细”表中筛选出销售一部在东区销量大于 45，其他地区销量大于 40 的所有订单信息，复制筛选结果到新工作表“高级筛选(1)”中，并在“销售明细”表中取消筛选。

12. 在“销售明细”表中筛选出 2020 年第二季度在东区销售空调和在北区销售微波炉的所有订单，复制筛选结果到新工作表“高级筛选(2)”中，并在“销售明细”表中取消筛选。

13. 在“商品分类汇总表”中，根据格力空调销售订单汇总后的销售额数据，创建一个二维饼图，要求图表放在“C20：H35”单元格区域中，标题为“2019—2020 年格力空调销售额统计图”，底部显示图例，数据标签显示值和百分比，并放置在最佳位置。

14. 根据“销售明细”表的销售数据创建数据透视表，统计各部门在不同地区销售各种商品的最大数量，要求部门作为筛选字段，商品名称作为行标签，区域作为列标签，数量作为数值字段，汇总方式为“最大值”。将完成后的数据透视表放置在新工作表中，并将工作表命名为“数据透视表”。

15. 在“数据透视表”A22 单元格处插入一个数据透视图，统计不同部门在不同地区的销售额总和，要求部门作为行标签，区域作为列标签，销售额作为数值字段，汇总方式为“求和”，要求部门按“销售一部”“销售二部”和“销售三部”顺序显示，图表类型为三维簇状柱形图，在图表上方显示标题“2019—2020 年销售情况图”。

保存文件。

操作步骤

启动 Excel，打开“销售订单表.xlsx”工作簿文件。

1. 启动 Excel，打开“销售订单表.xlsx”工作簿文件，右键单击“销售明细”表标签，在弹出的快捷菜单中选择“移动或复制(M)”，打开“移动或复制工作表”对话框，在“将选定工作表移至工作簿”下拉列表中选择“(新工作簿)”，选中“建立副本”复选框，单击“确定”按钮，则新建了一个工作簿文件，包含 “销售明细”工作表，单击“文件”→“另存为”，选择保存位置，将工作簿文件命名为“2019—2020 销售订单表.xlsx”。关闭“销售订单表.xlsx”工作簿文件。

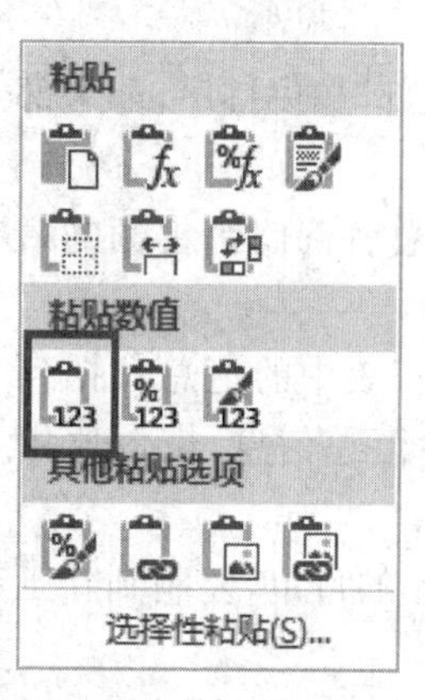

图 9.1 粘贴值按钮

在“销售明细”表中，选中 A2 到 I630 单元格区域，在“开始”选项卡“剪贴板”组中，单击“复制”按钮。单击 A2 单元格，在“开始”选项卡“剪贴板”组中，单击“粘贴”按钮下的“值”按钮，可以用复制的数值数据替换表中原来的内容。粘贴值按钮如图 9.1 中方框标识所示。

2. 在“销售明细”表中，将光标定位在“商品名称”列的任一单元格，在“开始”选项卡“编辑”组中，单击“排序和筛选”→“升序”，完成按商品名称的升序排序。

3. 光标定位在“销售明细”表中数据区域的任一单元格，在“数据”选项卡“分级显示”组中，单击“分类汇总”按钮，弹出“分类汇总”对话框，在分类字段中选择“商品名称”，汇总方式选择“求和”，汇总项选择“数量”和“销售额”，如图 9.2 所示。

单击“确定”按钮，完成按商品名称分类汇总操作。

【提示】执行分类汇总操作前，必须保证数据已按分类字段排序，否则无法实现分类汇总。在分类汇总表中，可以通过单击左边的分级显示按钮显示不同级别的分类汇总数据。

4. 单击工作表标签右侧的“+”按钮，新建一个工作表，默认名字为“Sheet1”，右键单击 Sheet1 表标签，在弹出的快捷菜单中选择“重命名”，在工作表标签处输入“商品分类汇总表”。

在“销售明细”表中，单击左边的分级显示按钮 2，折叠每个商品销售明细信息，只显示每个商品销售数量和销售额的汇总数据，如图 9.3 所示。

分类汇总
分类字段(A):
商品名称
汇总方式(U):
求和
选定汇总项(D):
☐商品名称
☐单价
☑数量
☐发货地址
☐区域
☑销售额
☑替换当前分类汇总(C)
☐每组数据分页(P)
☑汇总结果显示在数据下方(S)
全部删除(R)　确定　取消

图 9.2　按商品名称分类汇总

环宇电器公司2019-2020年销售订单明细表

订单编号	日期	部门	商品名称	单价	数量	发货地址	区域	销售额
			格兰仕微波炉G238 汇总		1714			¥925,560
			格兰仕微波炉HC83503 汇总		1186			¥710,414
			格力空调KFR-23GW 汇总		1212			¥2,242,200
			格力空调KFR-26GW 汇总		1298			¥3,439,700
			格力空调KFR-32GW 汇总		1068			¥2,668,932
			格力空调KFR-35GW 汇总		1229			¥2,888,150
			美的电饭煲FS3018 汇总		1088			¥238,272
			美的电饭煲WFD4015 汇总		1055			¥209,945
			美的电饭煲WFS4065 汇总		1736			¥692,664
			美的电饭煲WFZ4099 汇总		1849			¥996,611
			美的空调KFR-23GW 汇总		934			¥1,867,066
			美的空调KFR-26GW 汇总		1060			¥2,491,000
			美的空调KFR-32GW 汇总		2015			¥6,042,985
			总计		17444			¥25,413,499

图 9.3　商品分类汇总结果显示

在“开始”选项卡“编辑”组中，单击“查找和选择”→“定位条件”，弹出“定位条件”对话框，选中“可见单元格”选项，如图 9.4 所示。

单击“确定”按钮，再单击“开始”选项卡“剪贴板”组的“复制”按钮。在“商品分类汇总表”中，选中 A1 单元格，单击“开始”选项卡“剪贴板”组的“粘贴”按钮，完成汇总数据的复制操作。

【提示】这里复制汇总数据时若未设置选择对象为“可见单元格”，会将所有明细数据也一并粘贴到目标单元格中。

5. 在“销售明细”表中，单击数据区域的任一单元格，取消区域选中状态。单击“数据”选项卡“分级显示”组中的“分类汇总”按钮，在弹出的“分类汇总”对话框中，单击“全部删除”按钮，则在“销售明细”表中删除所有汇总数据，恢复表格原有数据。

6. 将光标定位在“销售明细”表数据区域的

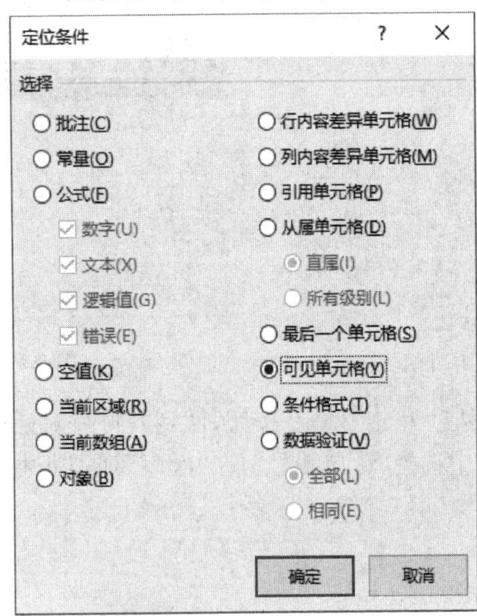

图 9.4　“定位条件”对话框

任一单元格，在“开始”选项卡“编辑”组中，单击“排序和筛选”→“自定义排序”，打开“排序”对话框，选择主要关键字为部门，在“次序”对应的列表框中选择“自定义序列”，如图9.5所示。

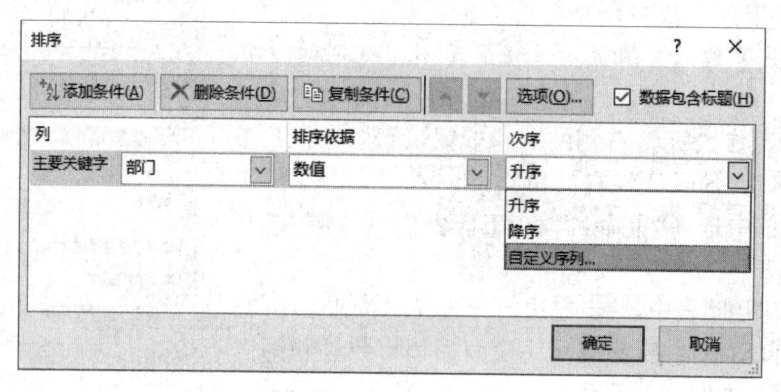

图 9.5 自定义序列排序

打开“自定义序列”对话框，在右边的“输入序列”文本框中输入三行文本，分别是“销售一部”“销售二部”和“销售三部”，单击“添加”按钮，将新序列“销售一部，销售二部，销售三部”添加到自定义序列中，如图9.6所示。

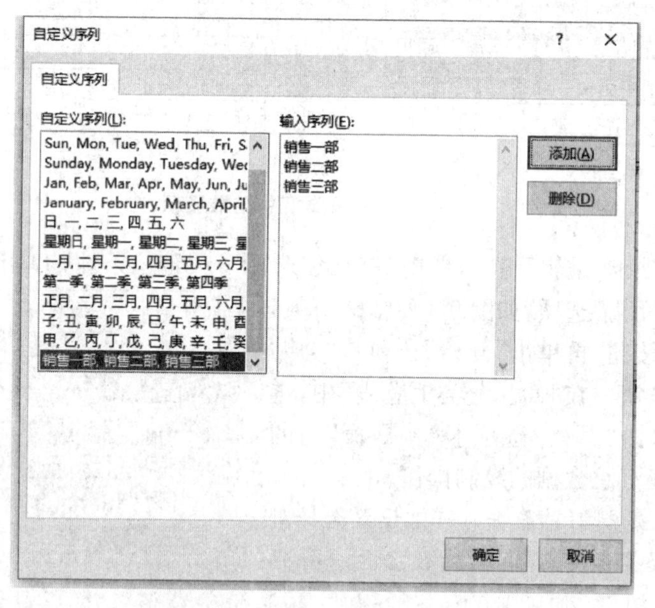

图 9.6 “自定义序列”对话框

单击“确定”按钮，回到“排序”对话框中，单击“添加条件”按钮，在“次要关键字”列表框中选择“订单编号”，在“次序”列表框中选择“升序”，如图9.7所示。

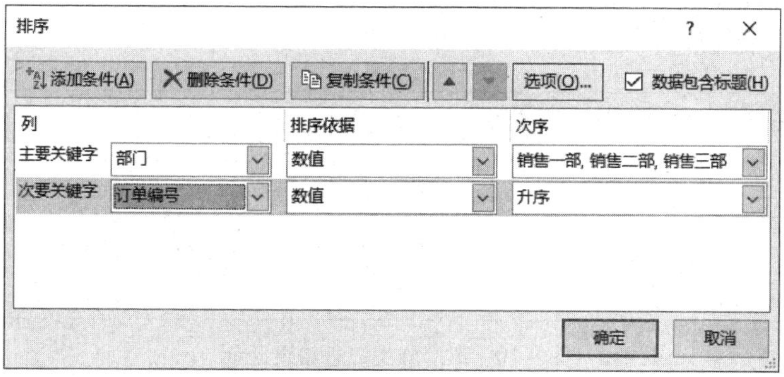

图 9.7　按部门和订单编号排序

单击“确定”按钮，完成将订单数据按部门排序，若部门相同，则按订单编号升序排序。

7. 将光标定位在“销售明细”表数据区域的任一单元格，在“数据”选项卡“分级显示”组中，单击“分类汇总”按钮，弹出“分类汇总”对话框，在“分类字段”中选择“部门”，“汇总方式”中选择“求和”，“选定汇总项”选择“销售额”，如图 9.8 所示。单击“确定”按钮。

将光标定位在“销售明细”表数据区域的任一单元格，在“数据”选项卡“分级显示”组中，单击“分类汇总”按钮，弹出“分类汇总”对话框，在“分类字段”中选择“部门”，“汇总方式”中选择“最大值”，“选定汇总项”选择“销售额”，取消“替换当前分类汇总”复选框，如图 9.9 所示。

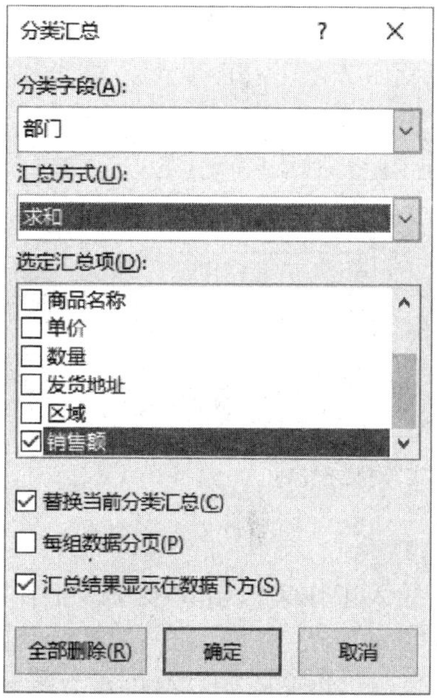

图 9.8　按部门销售额求和汇总

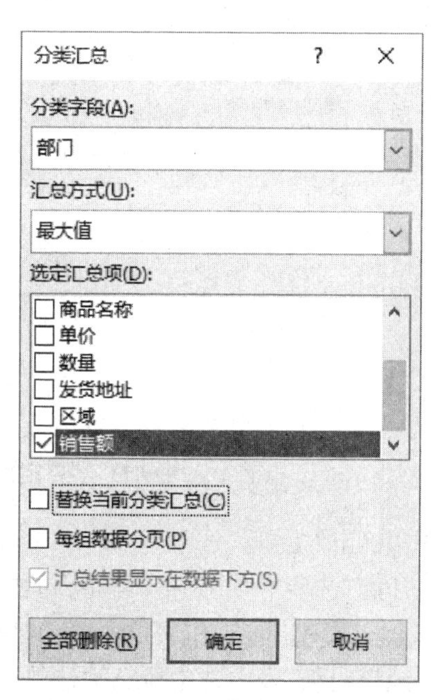

图 9.9　按部门销售额最大值汇总

单击“确定”按钮，完成每个部门销售额最大值的分类汇总操作。

8. 单击工作表标签右侧的“＋”按钮，新建一个工作表，默认名字为“Sheet1”，右键单击 Sheet1 表标签，在弹出的快捷菜单中选择“重命名”，在工作表标签处输入“部门分类汇总表”。

在“销售明细”表中，单击左边的分级显示按钮3，显示每个部门销售额最大值和销售总和的汇总数据，如图9.10所示。

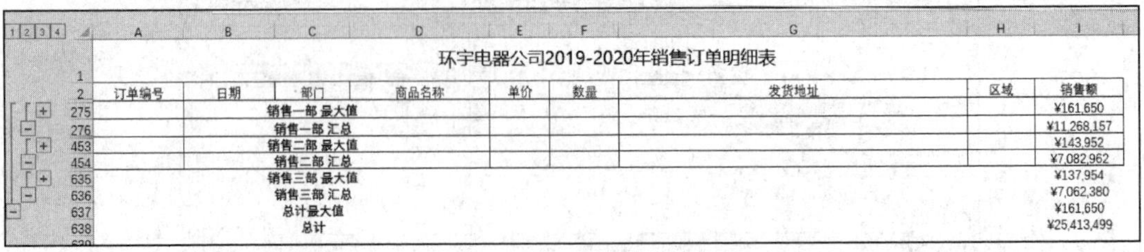

图9.10　部门分类汇总结果显示

在“开始”选项卡“编辑”组中，单击“查找和选择”→“定位条件”，弹出“定位条件”对话框，选中“可见单元格”选项，单击“确定”按钮，再单击“开始”选项卡“剪贴板”组的“复制”按钮。在“部门分类汇总表”中，选中A1单元格，单击“开始”选项卡“剪贴板”组的“粘贴”按钮，完成汇总数据的复制操作。

在“销售明细”表中，单击数据区域的任一单元格，取消区域选中状态。单击“数据”选项卡“分级显示”组中的“分类汇总”按钮，在弹出的“分类汇总”对话框中，单击“全部删除”按钮，则在“销售明细”表中删除所有汇总数据，恢复表格原有数据。

9. 在“销售明细”表中，单击“数据”选项卡“排序和筛选”组中的“筛选”按钮。在“区域”列的下拉列表中选择“北区”，在“销售额”列的下拉列表中选择“数字筛选”→“大于或等于”，弹出“自定义自动筛选方式”对话框，在文本框中输入“100000”，如图9.11所示。

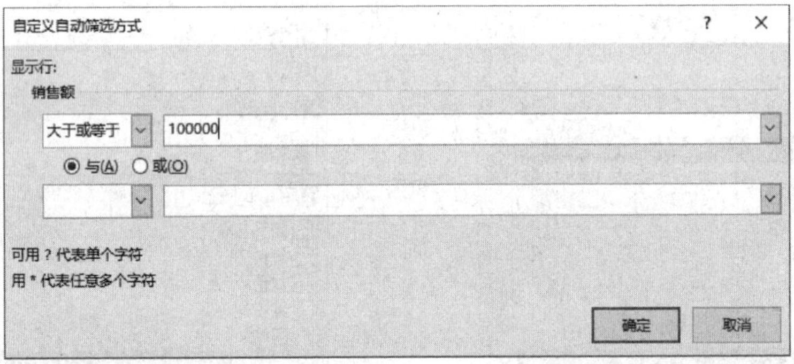

图9.11　“自定义自动筛选方式”对话框(1)

单击“确定”按钮。

在“开始”选项卡“单元格”组中，单击“插入”→“插入工作表”，新建一张新工作表。双击新建工作表标签，将工作表重命名为“北区≥10万”。

在“销售明细”表中选中所有筛选数据，按CTRL＋C复制，在“北区≥10万”表中选中A1单元格，按CTRL＋V粘贴，复制筛选结果数据。

在“销售明细”表中，再次单击“数据”选项卡“排序和筛选”组中的“筛选”按钮，则取消筛选状态，恢复原始数据。

10. 在“销售明细”表中，单击“数据”选项卡“排序和筛选”组中的“筛选”按钮。在“区域”列的下拉列表中选择“东区”；在“商品名称”列的下拉列表中选择“文本筛选”→“开头是”，弹出“自定义自动筛选方式”对话框，在文本框中输入“格力空调”，单击“确定”按钮；在“日期”列的下拉列表中选择“日期筛选”→“介于”，弹出“自定义自动筛选方式”对话框，在对应文本框中输入需要筛选日期的开始和结束时间，如图 9.12 所示。

自定义自动筛选方式　?　×

显示行:

日期

在以下日期之后或与之相同　2020-1-1

◉ 与(A)　○ 或(O)

在以下日期之前或与之相同　2020-3-31

可用 ? 代表单个字符

用 * 代表任意多个字符

确定　取消

图 9.12　“自定义自动筛选方式”对话框(2)

单击“确定”按钮。

在“开始”选项卡“单元格”组中，单击“插入”→“插入工作表”，新建一张新工作表。双击新建工作表标签，将工作表重命名为“格力空调 2020 第一季度东区销售”。

在“销售明细”表中选中所有筛选数据，按 CTRL+C 复制，在“格力空调 2020 第一季度东区销售”表中选中 A1 单元格，按 CTRL+V 粘贴，复制筛选结果数据。

在“销售明细”表中，再次单击“数据”选项卡“排序和筛选”组中的“筛选”按钮，则取消筛选状态，恢复原始数据。

11. 选中“销售明细”表第 1 行到第 4 行，在“开始”选项卡“单元格”组中，单击“插入”→“插入工作表行”，则在“销售明细”表顶部插入 4 个空行作为高级筛选条件区域，在 A1、B1 和 C1 单元格中分别输入“部门”“数量”和“区域”，按图 9.13 所示输入筛选条件。

部门	数量	区域
销售一部	>45	东区
销售一部	>40	<>东区

图 9.13　高级筛选条件区域(1)

单击“数据”选项卡“排序和筛选”组中的“高级”按钮，弹出“高级筛选”对话框，在列表区域选择销售数据所在区域“$A$6:$I$634”，条件区域选择“$A$1:$C$3”，如图 9.14 所示。

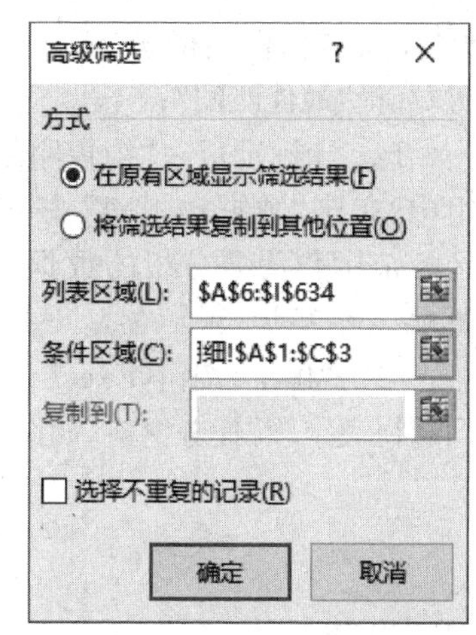

图 9.14　“高级筛选”对话框

单击“确定”按钮。

在“开始”选项卡“单元格”组中，单击“插入”→“插入工作表”，新建一张新工作表。双击新建工作表标签，将工作表重命名为“高级筛选(1)”。

在“销售明细”表中选中所有筛选数据，按 CTRL+C 复制，在“高级筛选(1)”表中选中 A1 单元格，按 CTRL+V 粘贴，复制筛选结果数据。

在“销售明细”表中，单击“数据”选项卡“排序和筛选”组中的“清除”按钮，则取消高级筛选结果，恢复原始数据。

【提示】 由于自动筛选对多列条件只能实现“与”操作，不能实现“或”操作，所以复杂条件的筛选必须采用高级筛选。高级筛选通过条件区域设置筛选条件，其中条件区域必须有列标题，且与包含在数据列表中的列标题一致，表示“与”条件的多个条件必须位于同一行，表示“或”条件的多个条件必须位于不同行。

12. 在“销售明细”表中删除A1到C3单元格区域中的高级筛选条件内容，按图9.15所示输入高级筛选条件。

日期	日期	商品名称	区域
>=2020-4-1	<=2020-6-30	*空调*	东区
>=2020-4-1	<=2020-6-30	*微波炉*	北区

图9.15 高级筛选条件区域(2)

单击“数据”选项卡“排序和筛选”组中的“高级”按钮，弹出“高级筛选”对话框，在列表区域选择销售数据所在区域“$A$6:$I$634”，条件区域选择“$A$1:$D$3”，单击“确定”按钮。

在“开始”选项卡“单元格”组中，单击“插入”→“插入工作表”，新建一张新工作表。双击新建工作表标签，将工作表重命名为“高级筛选(2)”。

在“销售明细”表中选中所有筛选数据，按CTRL＋C复制，在“高级筛选(2)”表中选中A1单元格，按CTRL＋V粘贴，复制筛选结果数据。

在“销售明细”表中，单击“数据”选项卡“排序和筛选”组中的“清除”按钮，则取消高级筛选结果，恢复原始数据。

13. 在“商品分类汇总表”中选中“D5:D8”和“I5:I8”单元格内容，在“插入”选项卡“图表”组中，单击“饼图”→“二维饼图”，将生成的图表拖放到“C20:H35”单元格区域中。单击图表标题文本框，将其修改为“2019—2020年格力空调销售额统计图”；右键单击图例，在弹出的快捷菜单中选择“设置图例格式”，打开“设置图例格式”任务窗格，在“图例选项”的“图例位置”中选择“靠下”，设置图例显示位置在底部；在“图表工具”的“设计”选项卡上的“图表布局”组中，单击“添加图表元素”→“数据标签”→“其他数据标签选项”，打开“设置数据标签格式”任务窗格，选中“标签选项”下的“值”和“百分比”复选框，“标签位置”选择“最佳匹配”。

14. 光标定位在“销售明细”表数据区域的任一单元格，在“插入”选项卡的“表格”组中，单击“数据透视表”按钮，打开“创建数据透视表”对话框，选择“销售明细”表数据区域范围作为要分析的数据，选择“新工作表”作为放置数据透视表的位置，如图9.16所示。

单击“确定”按钮，Excel会将空的数据透视表添加到新建工作表中，并在右侧显示“数据透视表字段”任务窗格，如图9.17所示。

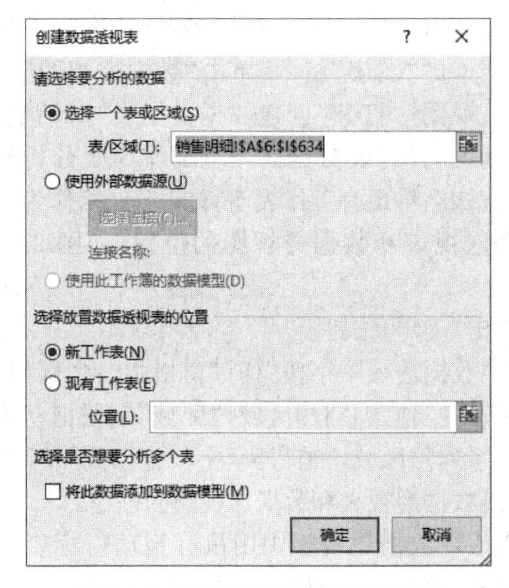

图 9.16　“创建数据透视表”对话框

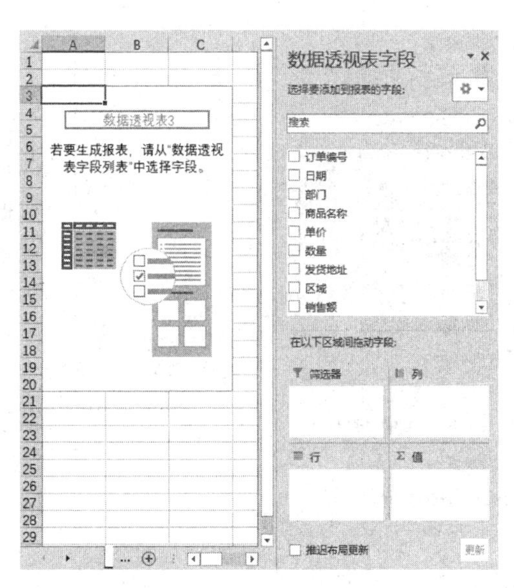

图 9.17　数据透视表操作窗口

双击新建工作表标签，将其重命名为“数据透视表”。

在“数据透视表字段”窗格中，将“部门”字段拖动到“筛选器”区域，“商品名称”字段拖动到“行”标签区域，“区域”字段拖动到“列”标签区域，“数量”字段拖动到“值”区域。在“值”区域单击“数量”右侧的箭头，在弹出的快捷菜单中选择“值字段设置”，弹出“值字段设置”对话框，在“值字段汇总方式”列表框中选择计算类型为“最大值”，如图 9.18 所示。

单击“确定”按钮，完成数据透视表的创建，如图 9.19 所示。

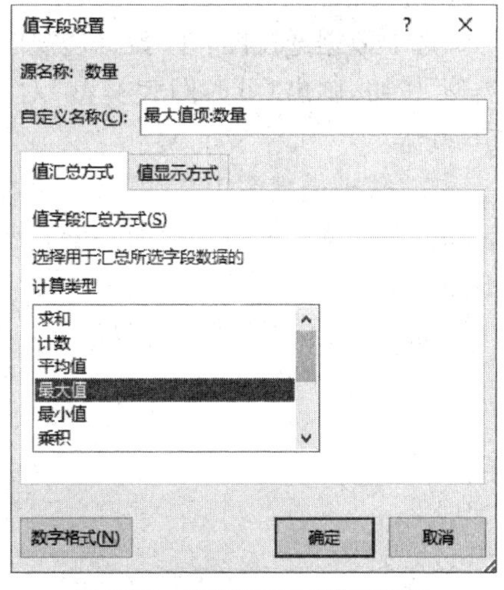

图 9.18　“值字段设置”对话框

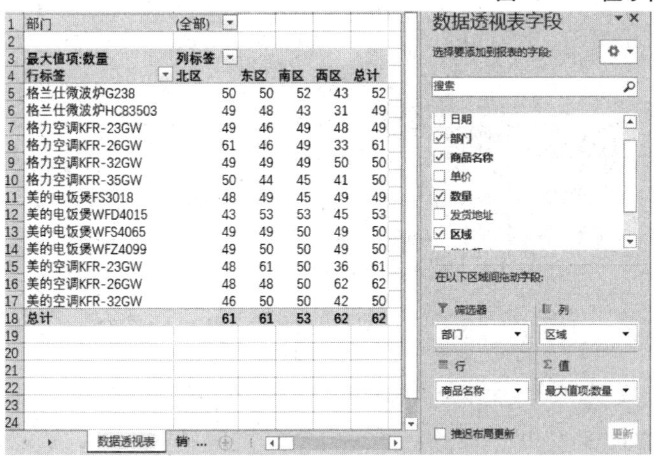

部门	(全部)				
最大值项:数量	列标签				
行标签	北区	东区	南区	西区	总计
格兰仕微波炉G238	50	50	52	43	52
格兰仕微波炉HC83503	49	48	43	31	49
格力空调KFR-23GW	49	46	49	48	49
格力空调KFR-26GW	61	46	49	33	61
格力空调KFR-32GW	49	49	49	50	50
格力空调KFR-35GW	50	44	45	41	50
美的电饭煲FS3018	48	49	45	49	49
美的电饭煲WFD4015	43	53	53	45	53
美的电饭煲WFS4065	49	49	50	49	50
美的电饭煲WFZ4099	49	50	50	49	50
美的空调KFR-23GW	48	61	50	36	61
美的空调KFR-26GW	48	48	50	62	62
美的空调KFR-32GW	46	50	50	42	50
总计	61	61	53	62	62

图 9.19　数据透视表操作结果窗口

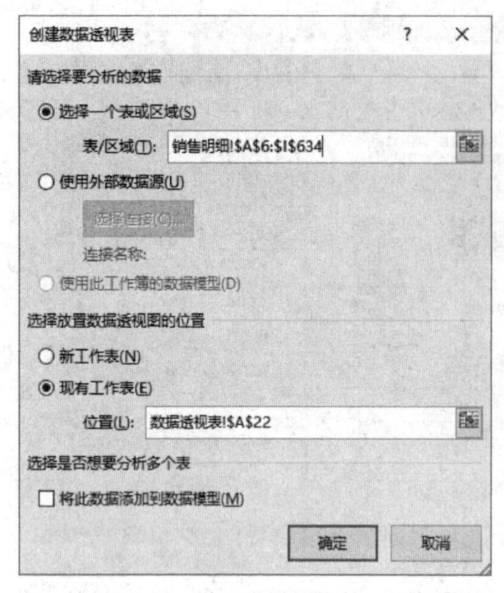

图 9.20 “创建数据透视表”对话框

15. 选中“数据透视表”A22 单元格，在“插入”选项卡的“图表”组中，单击“数据透视图”→“数据透视图”，打开“创建数据透视表”对话框，选择“销售明细”表数据区域范围作为要分析的数据，默认已将现有工作表 $A$22 单元格作为放置数据透视表和数据透视图的位置，如图 9.20 所示。

单击“确定”按钮。

在“数据透视图字段”任务窗格中，将“部门”字段拖动到“轴(类别)”区域，“区域”字段拖动到“图例(系列)”区域，“销售额”字段拖动到“值”区域，完成数据透视表和数据透视图的创建。

直接在数据透视表中用鼠标拖动行标签中部门字段，使其按“销售一部”“销售二部”和“销售三部”顺序显示。

选中数据透视图，在“数据透视图工具”的“设计”选项卡的“类型”组中，单击“更改图表类型”按钮，弹出“更改图表类型”对话框，选择“柱形图”下的“三维簇状柱形图”，单击“确定”按钮。

在“数据透视图工具”的“设计”选项卡的“图表布局”组中，单击“添加图表元素”→“图表标题”→“图表上方”，在图表上方添加图表标题，单击图表标题，输入“2019—2020 年销售情况图”。

按 Ctrl+S 键保存该文件。

实验十　Excel 高级应用

实验目标

1. 掌握 Excel 导入外部数据基本操作；
2. 掌握 Excel 合并计算操作；
3. 熟悉 Excel 数据查询的基本操作；
4. 掌握迷你图和切片器的创建和使用；
5. 掌握复合图表的创建。

场景和任务描述

2020 年由于新冠疫情的影响，环宇电器公司实体店的销量大幅下降，公司销售部经理陈华紧急成立网络销售小组，要求各销售分部加大网络销售的宣传力度。年终他需要对 2020 年公司在实体和网络销售的订单进行统计和管理，并希望对统计的结果用图表进行比较。请帮助他完成以下任务。

【提示】本次实验所需的所有素材放在 EX10 文件夹中。

具体任务

1. 打开“2020 销售订单表.xlsx”工作簿文件，导入“网络订单.csv”文件内容到新工作表中，同时删除外部连接，重命名该工作表为“网络销售明细”。

2. 将“网络销售明细”表中 C 列内容按“部门”和“商品名称”分成两列。

3. 为更好地区分网络订单和门店订单，将“网络销售明细”表中订单编号列的内容统一添加前缀“WL”。

4. 对“网络销售明细”表自动套用格式“表样式浅色 10”，表包含标题。

5. 在“网络销售明细”表中删除订单编号重复的记录，只保留第一次出现的那条记录。

6. 利用合并计算统计每个商品的门店和网络订单销售总量和销售总额，存放在“合并统计”工作表 A2 开始的单元格区域，最终只保留商品名称、数量和销售额三列信息，并自定义数量列数据格式，要求数值后统一显示后缀“台”。

7. 利用合并计算统计每个部门的门店和网络订单销售额总和，存放在“合并统计”工作表 E2 开始的单元格区域，最终只显示部门和销售额两列信息。

8. 将“网络销售明细”表和“门店销售明细”表内容合并生成新表，取名为“2020 销售明细总表”。

9. 在“2020 销售明细总表”中将整个数据列表区域定义名称为“销售订单”，将每个列标题转换为名称。

10. 在“2020 年销售分析”表中按要求分别统计各个商品每个月的销售额。

11. 在“2020年销售分析”表中根据各个商品每个月的销售额，在N4到N11单元格中分别插入迷你折线图，显示对应商品1月到12月的销售趋势，并标记出销量的最大值和最小值，其中最大值标记颜色设置为红色，最小值标记颜色设置为黄色。

12. 在“2020销售明细总表”中插入三个切片器，分别是“部门”“商品名称”和“区域”，用于选择显示各部门指定商品在指定区域的销售情况。

13. 根据“2020销售明细总表”数据创建数据透视表，放置于新工作表“2020数据透视表”A1单元格，要求部门、商品名称作为行标签，日期作为列标签，统计各个部门每个商品每个季度的销售额总和以及销售额在该季度所占的百分比，修改值字段名称分别为“销售额”和“销售额所占百分比”，并插入“区域”作为切片器，要求无统计结果的空单元格设置显示结果为0。

14. 在“合并统计”表中，根据商品销售数据统计信息，创建一个复合图表，要求图表放在“A20:E35”单元格区域中，图表底部显示图例，图表标题为“商品销售统计图”，其中销售数量显示在主坐标轴，图表类型为簇状柱形图；销售额显示在次坐标轴，类型为折线图，且设置纵轴数字缩小1万倍显示；水平坐标轴文本设置文字方向为竖排。

15. 为方便查看数据，设置冻结“网络销售明细”和“门店销售明细”两张表的首行。

16. 设置“网络销售明细”和“门店销售明细”两张表的数据不能被修改，并设置取消保护的密码为123。

保存文件。

操作步骤

启动Excel，打开“2020销售订单表.xlsx”工作簿文件。

1. 在“数据”选项卡的“获取外部数据”组中，单击“自文本”按钮，打开“导入文本文件”对话框，选择“网络订单.csv”文件，单击“导入”按钮，打开“文本导入向导”对话框，如图10.1所示。

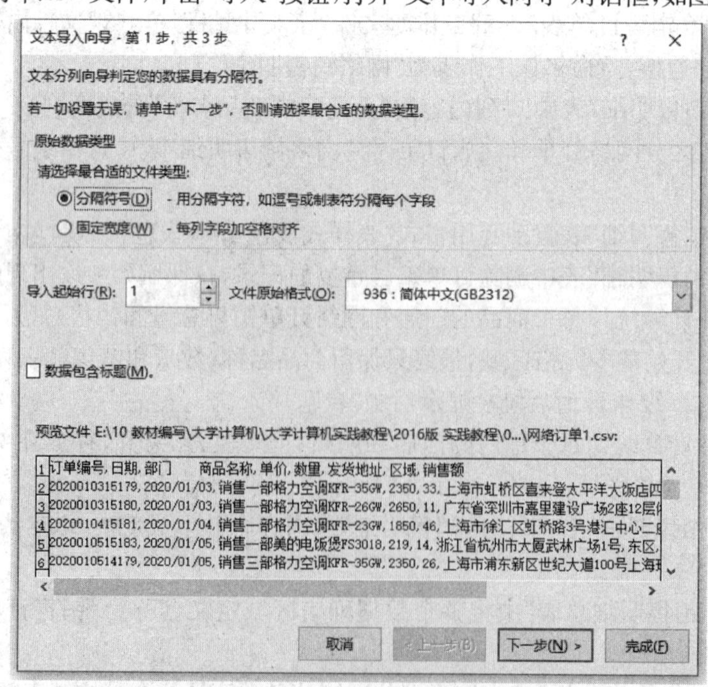

图10.1 “文本导入向导”第1步对话框

设置“文件原始格式”为“简体中文(GB2312)”，单击“下一步”按钮，进入向导的第 2 步，选中“逗号”数据的分隔符号复选框，预览分列后的效果，如图 10.2 所示。

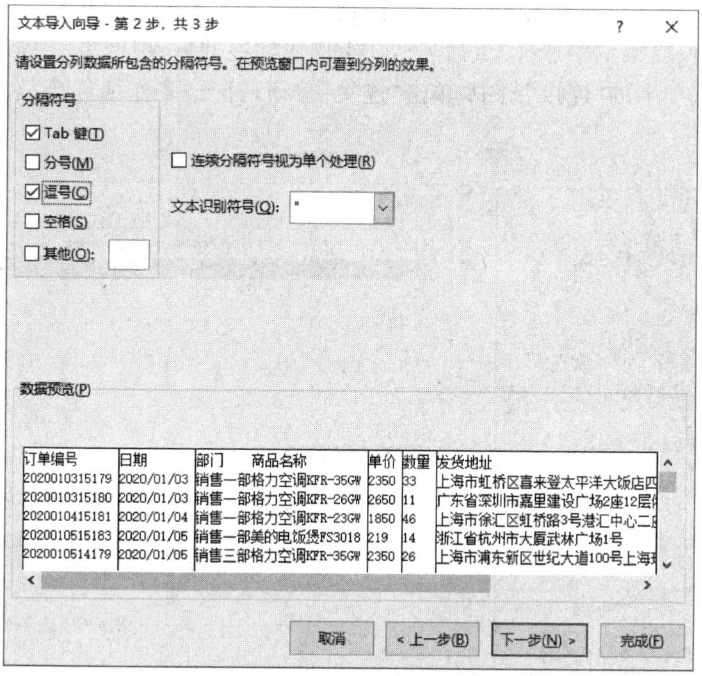

文本导入向导 - 第 2 步，共 3 步　?　×

请设置分列数据所包含的分隔符号。在预览窗口内可看到分列的效果。

分隔符号

☑ Tab 键(T)

☐ 分号(M)

☑ 逗号(C)

☐ 空格(S)

☐ 其他(O):

☐ 连续分隔符号视为单个处理(R)

文本识别符号(Q): "

数据预览(P)

订单编号	日期	部门	商品名称	单价	数量	发货地址
2020010315179	2020/01/03	销售一部	格力空调KFR-35GW	2350	33	上海市虹桥区喜来登太平洋大饭店四
2020010315180	2020/01/03	销售一部	格力空调KFR-26GW	2650	11	广东省深圳市嘉里建设广场2座12层(
2020010415181	2020/01/04	销售一部	格力空调KFR-23GW	1850	46	上海市徐汇区虹桥路3号港汇中心二
2020010515183	2020/01/05	销售一部	美的电饭煲FS3018	219	14	浙江省杭州市大厦武林广场1号
2020010514179	2020/01/05	销售三部	格力空调KFR-35GW	2350	26	上海市浦东新区世纪大道100号上海

取消　< 上一步(B)　下一步(N) >　完成(F)

图 10.2　“文本导入向导”第 2 步对话框

单击“下一步”按钮，进入向导的第 3 步，为每列数据指定其数据格式，默认为“常规”，这里要单击“订单编号”列，设置其列数据格式为“文本”，否则将会以数字格式导入，如图 10.3 所示。

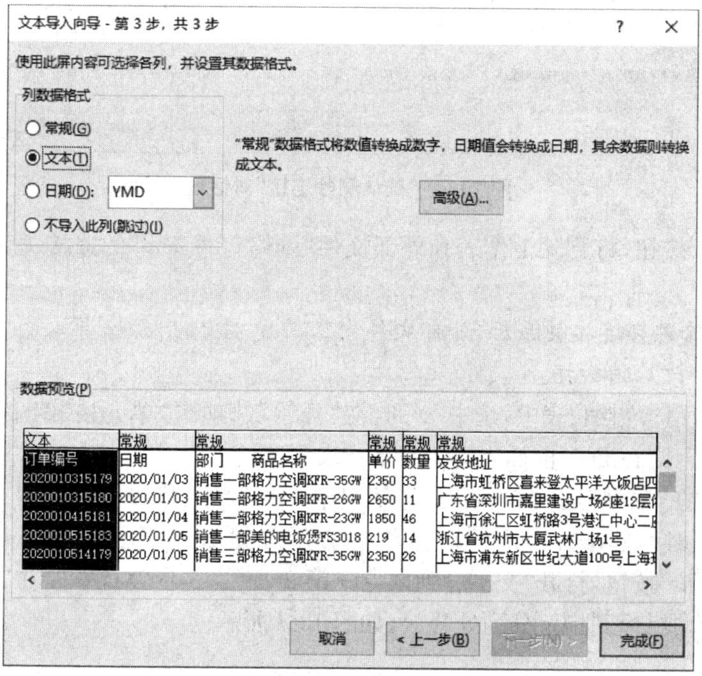

文本导入向导 - 第 3 步，共 3 步　?　×

使用此屏内容可选择各列，并设置其数据格式。

列数据格式

○ 常规(G)

◉ 文本(T)

○ 日期(D): YMD

○ 不导入此列(跳过)(I)

“常规”数据格式将数值转换成数字，日期值会转换成日期，其余数据则转换成文本。

高级(A)...

数据预览(P)

文本	常规	常规		常规	常规	常规
订单编号	日期	部门	商品名称	单价	数量	发货地址
2020010315179	2020/01/03	销售一部	格力空调KFR-35GW	2350	33	上海市虹桥区喜来登太平洋大饭店四
2020010315180	2020/01/03	销售一部	格力空调KFR-26GW	2650	11	广东省深圳市嘉里建设广场2座12层(
2020010415181	2020/01/04	销售一部	格力空调KFR-23GW	1850	46	上海市徐汇区虹桥路3号港汇中心二
2020010515183	2020/01/05	销售一部	美的电饭煲FS3018	219	14	浙江省杭州市大厦武林广场1号
2020010514179	2020/01/05	销售三部	格力空调KFR-35GW	2350	26	上海市浦东新区世纪大道100号上海

取消　< 上一步(B)　下一步(N) >　完成(F)

图 10.3　“文本导入向导”第 3 步对话框

单击“完成”按钮，弹出“导入数据”对话框，选择数据放置位置为“新工作表”，如图 10.4 所示。

单击“确定”按钮，系统将新建一个工作表，存放导入的网络订单信息。右键单击该工作表，在弹出的快捷菜单中选择“重命名”，在工作表标签处输入“网络销售明细”。

在“数据”选项卡的“连接”组中，单击“连接”按钮，打开“工作簿连接”对话框，如图 10.5 所示。

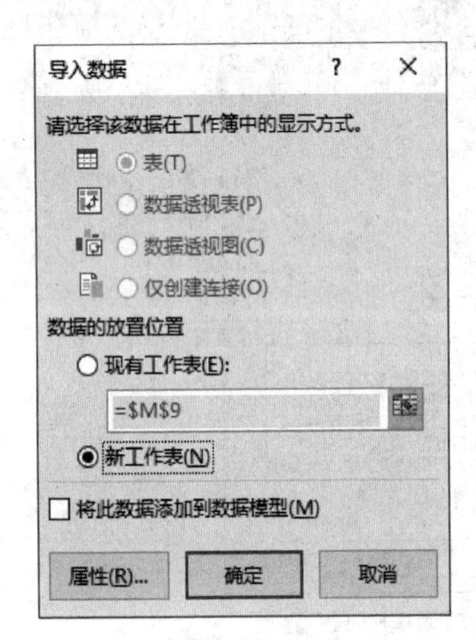

图 10.4 选择“导入数据”位置对话框

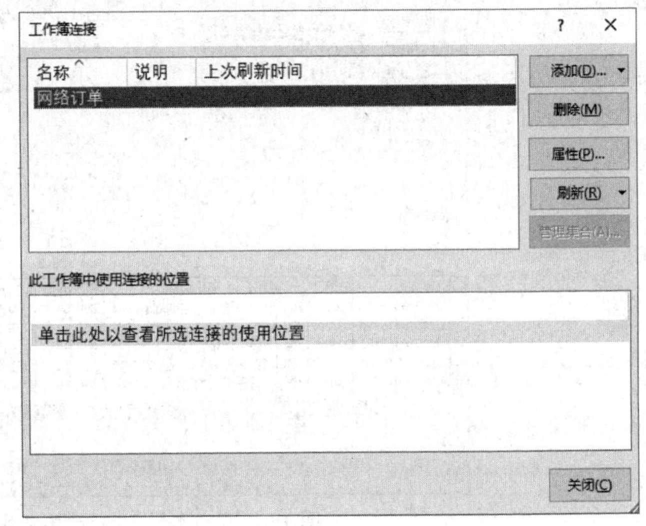

图 10.5 “工作簿连接”对话框

单击“删除”按钮，弹出如图 10.6 所示的对话框。

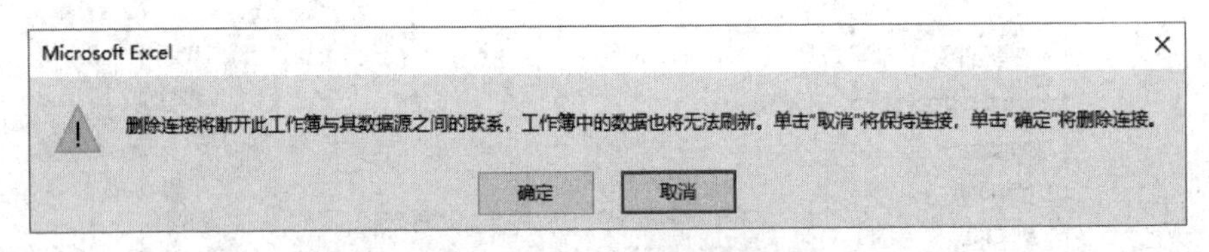

图 10.6 “确认删除连接”对话框

单击“确定”按钮，将删除工作表和外部文件“网络订单.csv”的连接关系。单击“关闭”按钮。

【提示】删除外部连接关系后，外部文件内容若发生变化，原来导入的工作表将不可以通过刷新获得修改后的数据。

2. 在“网络销售明细”表中，选中 D 列，在“开始”选项卡“单元格”组中，单击“插入”→“插入工作表列”，则在 D 列前插入一个新工作表列。

选中 C 列，在“数据”选项卡“数据工具”组中，单击“分列”按钮，打开“文本分列向导—第 1 步 共 3 步”对话框，选择“固定宽度”单选按钮，如图 10.7 所示。

单击“下一步”按钮，打开“文本分列向导—第 2 步 共 3 步”对话框，在“数据预览”标尺中单击鼠标，拖动鼠标到指定分列处释放，如图 10.8 所示。

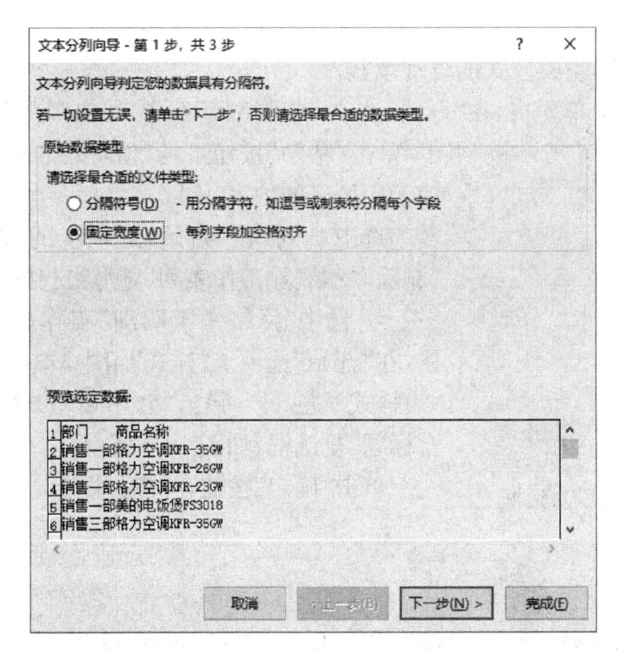

图 10.7　"文本分列向导"对话框(1)

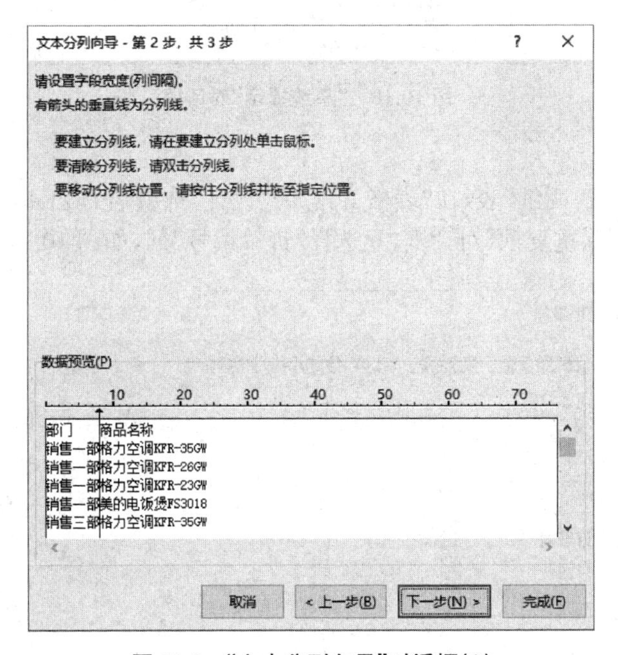

图 10.8　"文本分列向导"对话框(2)

单击"下一步"按钮，打开"文本分列向导—第 3 步 共 3 步"对话框，设置列数据格式为"常规"，单击"完成"按钮。

3. 在"网络销售明细"表中选中 B 列，在"开始"选项卡的"单元格"组中，单击"插入"→"插入工作表列"，则在 A 列后插入一个新列，设置该列数据格式为"常规"，在 B2 单元格中输入公式：

```
= "WL" & A2
```

双击B2填充柄，完成公式的自动填充。

选中B2到B247单元格，在“开始”选项卡“剪贴板”组中，单击“复制”按钮。单击A2单元格，在“开始”选项卡“剪贴板”组中，单击“粘贴”按钮下的“值”按钮，用复制的数值数据替换表中原来的内容。

选中B列，在“开始”选项卡的“单元格”组中，单击“删除”→“删除工作表列”，删除工作表的B列。

4. 选中“网络销售明细”工作表数据区域任一单元格，在“开始”选项卡“样式”组中，单击“套用表格格式”→“表样式浅色10”，弹出“套用表格式”对话框，选中“表包含标题”复选框，如图10.9所示。

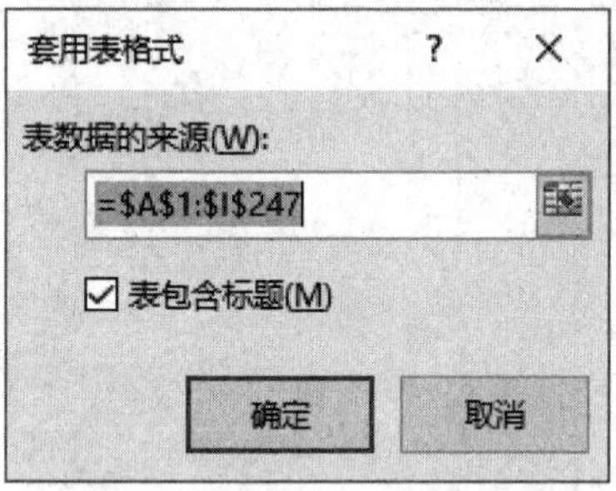

图10.9 “套用表格式”对话框

单击“确定”按钮，弹出如图10.10所示的对话框。

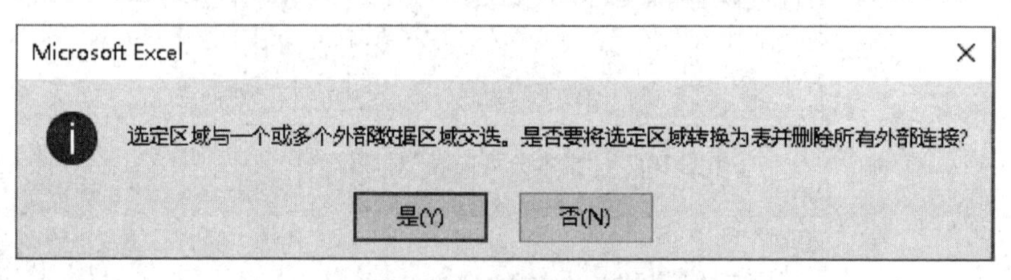

图10.10 “系统提示”对话框

单击“是”按钮。

5. 选择“网络销售明细”表，在“表格工具”的“设计”选项卡的“工具”组中，单击“删除重复项”按钮，弹出“删除重复项”对话框，只选择“订单编号”列，如图10.11所示。

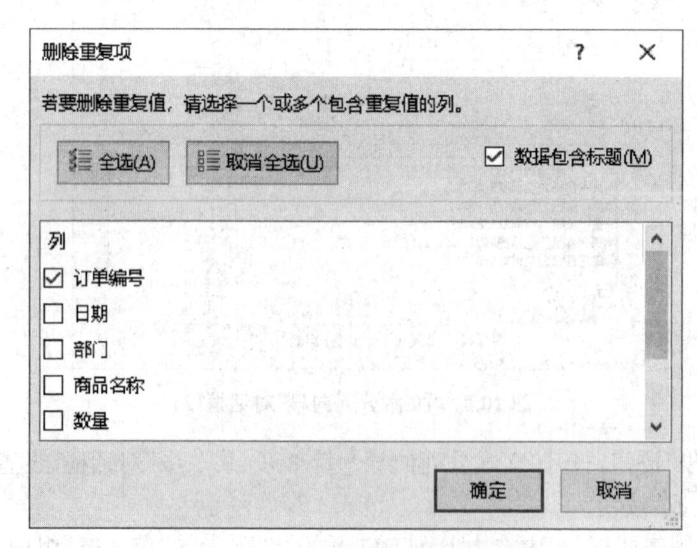

图10.11 “删除重复项”对话框

单击“确定”按钮，Excel弹出对话框，提示发现的重复值数量，并已将重复值删除，如图10.12所示。

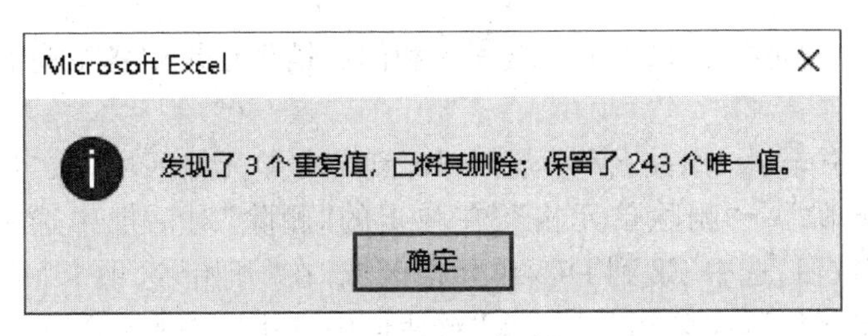

图 10.12 “提示删除重复项”对话框

单击“确定”按钮返回。

6. 在“合并统计”表中单击 A2 单元格，在“数据”选项卡“数据工具”组中，单击“合并计算”按钮，弹出“合并计算”对话框，如图 10.13 所示。

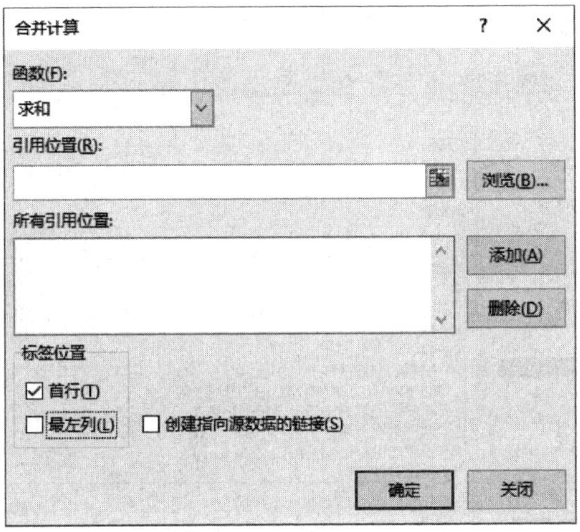

图 10.13 “合并计算”对话框(1)

在引用位置处选择“网络销售明细”表中 D1 到 I244 单元格区域，单击“添加”按钮，继续在引用位置处选择“门店销售表”中 D1 到 I200 单元格区域，单击“添加”按钮，在“标签位置”处选中“首行”和“最左列”，如图 10.14 所示。

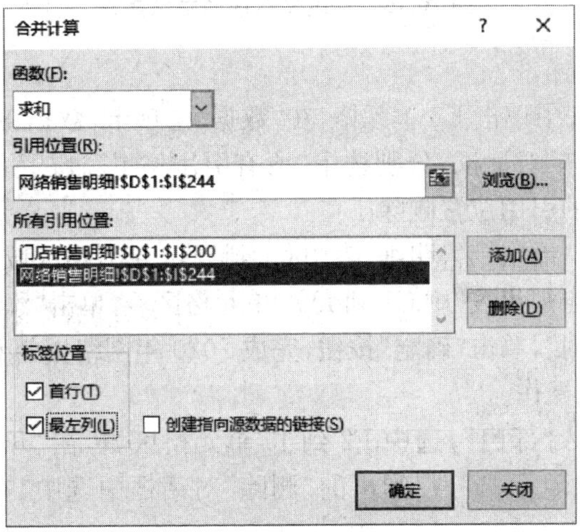

图 10.14 “合并计算”对话框(2)

单击“确定”按钮，完成2020年网络销售和门店销售记录中各个商品销量的合并计算操作。

在A2单元格中输入“商品名称”，选中B2到B15单元格区域，在“开始”选项卡“单元格”组中，单击“删除”→“删除单元格”，在弹出的“删除”对话框中选中“右侧单元格左移”，单击“确定”按钮；选中C2到D15单元格区域，在“开始”选项卡“单元格”组中，单击“删除”→“删除单元格”，在弹出的“删除”对话框中选中“右侧单元格左移”，单击“确定”按钮。

选中B3到B15单元格区域，在“开始”选项卡“单元格”组中，单击“格式”→“设置单元格格式”，打开“设置单元格格式”对话框。单击“数字”选项卡，在“分类”中选择“自定义”，在“类型”文本框中输入“0"台"”，如图10.15所示。

图10.15　自定义数字加后缀格式

单击“确定”按钮返回。

7. 在“合并统计”表中单击E2单元格，在“数据”选项卡“数据工具”组中，单击“合并计算”按钮，弹出“合并计算”对话框，分别选中“所有引用位置”处的引用位置，单击“删除”按钮，将上一操作中选中的引用位置删除。

在引用位置处选择“网络销售明细”表中C1到I244单元格区域，单击“添加”按钮，继续在引用位置处选择“门店销售表”中C1到I200单元格区域，单击“添加”按钮，在“标签位置”处选中“首行”和“最左列”，单击“确定”按钮，完成2020年网络销售和门店销售记录中各个部门销售额的合并计算操作。

在E2单元格中输入“部门”，选中F2到J5单元格区域，在“开始”选项卡“单元格”组中，单击“删除”→“删除单元格”，在弹出的“删除”对话框中选中“右侧单元格左移”，单击“确定”按钮。

【提示】由于上一操作执行过合并计算功能，打开“合并计算”对话框时，“所有引用位置”处默认显示上一操作选择的合并计算区域，在执行本次合并计算之前，需要选中每个引用位置，单击“删除”按钮删除原有引用位置。

8. 单击“保存”按钮保存文件。在“数据”选项卡“获取和转换”组中，单击“新建查询”→“从文件”→“从工作簿”，弹出“导入数据”对话框，选择“2020 销售订单表.xlsx”工作簿文件，单击“导入”按钮，打开“导航器”对话框，选中“选择多项”复选框，选择“网络销售明细”和“门店销售明细”两张表，如图 10.16 所示。

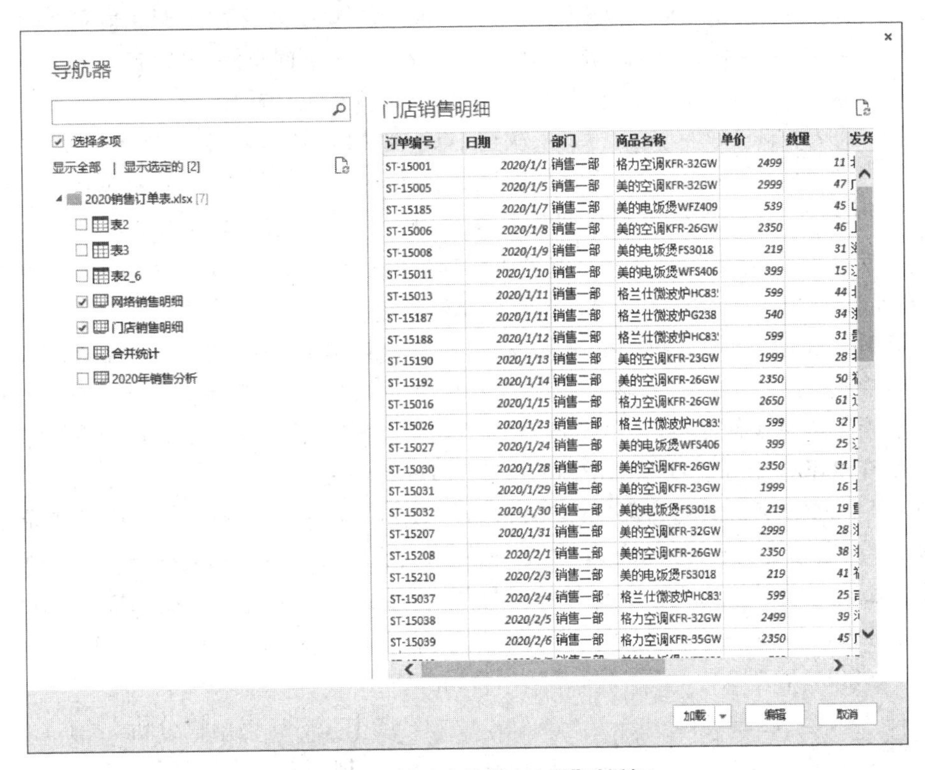

图 10.16　新建查询“导航器”对话框

单击“加载”按钮，新建了两个查询。

单击“新建查询”→“合并查询”→“追加”，打开“追加”对话框，在“选择想要将更多数据追加到的主表”下拉列表中选择“门店销售明细”，在“选择要与主表一起追加的表”下拉列表中选择“网络销售明细”，单击“确定”按钮，打开“查询编辑器”对话框，在“开始”选项卡“关闭”组中，单击“关闭并上载”按钮，合并后的查询结果保存在新工作表中，双击工作表标签，将工作表名重命名为“2020 销售明细总表”。

【提示】本题利用 Excel 提供的查询功能，实现将两个工作表合并为一个工作表，实际应用中，利用该功能，不仅可以将一个工作簿中的多张工作表合并为一个工作表，也可以将来自多个工作簿中的工作表合并为一个工作表。

9. 在“2020 销售明细总表”表中，选中 A2 到 I443 单元格区域，在“公式”选项卡“定义的名称”组中，单击“定义名称”→“定义名称”，弹出“新建名称”对话框，在“名称”文本框中输入“销售订单”，单击“确定”按钮。

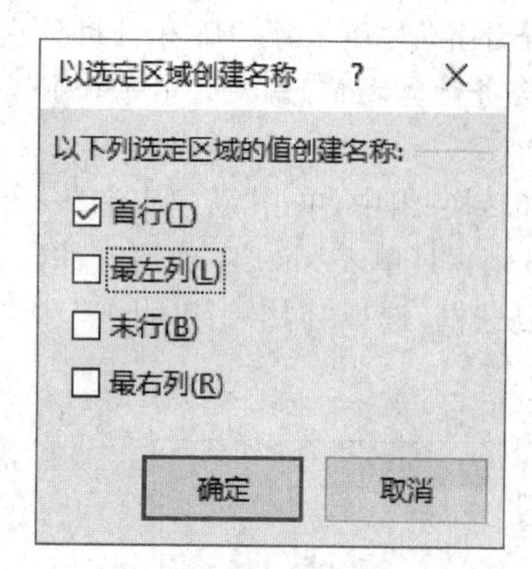

图 10.17　“以选定区域创建名称”对话框

选中 A1 到 I443 单元格区域，在“公式”选项卡“定义的名称”组中，单击“根据所选内容创建”按钮，弹出“以选定区域创建名称”对话框，只选中“首行”复选框，如图 10.17 所示。

单击“确定”按钮，实现将表格所有列的标题转换为名称。

10. 选中“2020 年销售分析”表 B4 单元格，在编辑栏输入公式“= SUMPRODUCT(销售额 *(商品名称 = A4) *(MONTH(日期) = 1))”，按下回车键，系统自动完成各个商品在 2020 年 1 月的销售额统计操作。

依次选中 C4 到 M4 单元格，参考 B4 单元格公式，输入公式分别计算 2020 年 2 月到 12 月的每月销售总额。

【提示】由于前面对“2020 销售明细总表”中的列定义了名称，所以本题公式单元格引用时可以直接采用名称引用，比如这里的名称“销售额”对应“2020 销售明细总表”中的销售额列，日期对应“2020 销售明细总表”中的日期列。

函数 SUMPRODUCT 功能很强大，既可用于求和、计数，又可用于求乘积之和，它分为数组和多条件两种表达式，本题采用了多条件表达用于求满足指定条件的和，这里星号“*”把求和区域和条件连接，条件之间用“*”表示“与”关系，用“+”表示“或”关系。感兴趣的同学可以课后上网查阅 SUMPRODUCT 函数的相关用法。

公式“= SUMPRODUCT(销售额 *(商品名称 = A4) *(MONTH(日期) = 1))”的功能是求满足商品名称为“格力空调 KFR—32GW”(A4 单元格内容)，并且日期的月份为 1 月的销售额总和。本题公式也可以采用大家熟悉的 SUMIFS 来完成，比如计算 A4 单元格指定的商品在 1 月的销售额，可以采用公式“= SUMIFS(销售额,商品名称,A4,日期,">= 2020/1/1",日期,"<= 2020/1/31")”。

图 10.18　“创建迷你图”对话框

11. 选中“2020 年销售分析”表 N4 单元格，在“插入”选项卡的“迷你图”组中，单击“折线图”按钮，弹出“创建迷你图”对话框，在“数据范围”后的文本框中输入“B4:M4”，如图 10.18 所示。

单击“确定”按钮。

在“迷你图工具”的“设计”选项卡“显示”组中，选中“高点”和“低点”复选框，在“样式”组中，单击“标记颜色”→“高点”，选择颜色为“红色”，再次单击“标记颜色”→“低点”，选择颜色为“黄色”。

拖动 N4 单元格的填充柄到 N11 释放，完成 A 列所有商品 1 到 12 月销售趋势迷你图的创建操作。

12. 光标定位在“2020 销售明细总表”数据区域的任一单元格，在“表格工具”的“设计”选项卡的“工具”组中，单击“插入切片器”按钮，弹出“插入切片器”对话框，选中“部门”“商品名称”和“区域”复选框，如图 10.19 所示。

单击“确定”按钮返回。

【提示】利用切片器可以方便地对表格数据进行筛选显示。在切片器对象的右上角，有两个按键，左边的是多选按键，点一下这个按键可以进行多选筛选，再按一下这个按键可以取消多选；后面的按键是取消筛选的按键，按下这个按键可以取消利用切片器的筛选结果，将表格内容恢复到原始数据。

如果想删除切片器，只要选择切片器后按 Delete 键，就可以关闭切片器对象。

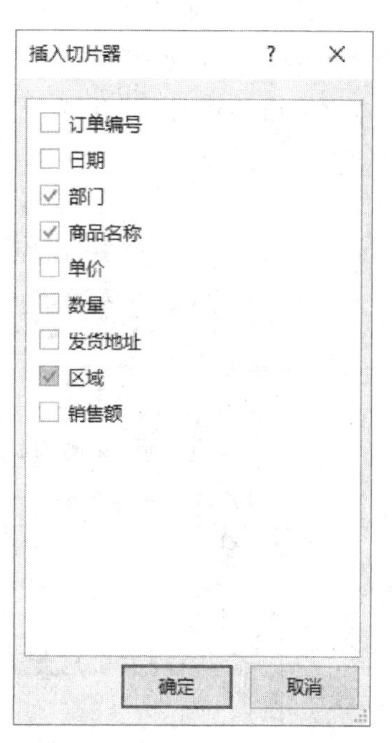

图 10.19　“插入切片器”对话框

13. 将光标定位在“2020 销售明细总表”数据区域的任一单元格，在“插入”选项卡的“表格”组中，单击“数据透视表”按钮，打开“创建数据透视表”对话框，选择 2020 销售明细总表数据区域范围作为要分析的数据，选择“新工作表”作为放置数据透视表的位置，单击“确定”按钮，Excel 会将空的数据透视表添加到新建工作表中，并在右侧显示“数据透视表字段”任务窗格，双击新建工作表标签，将其重命名为“2020 数据透视表”。

数据透视表默认显示在 A3 单元格开始的位置，拖动鼠标，选中数据透视表，移动光标到选中区域的边框线，当光标变为四个小箭头样式时，拖动到 A1 单元格释放，则将该数据透视表放置在 A1 单元格。

在“数据透视表字段”任务窗格中，分别将“部门”字段、“商品名称”字段拖动到“行”标签区域，“日期”字段拖动到“列”标签区域，两次拖动“销售额”字段到“值”区域。

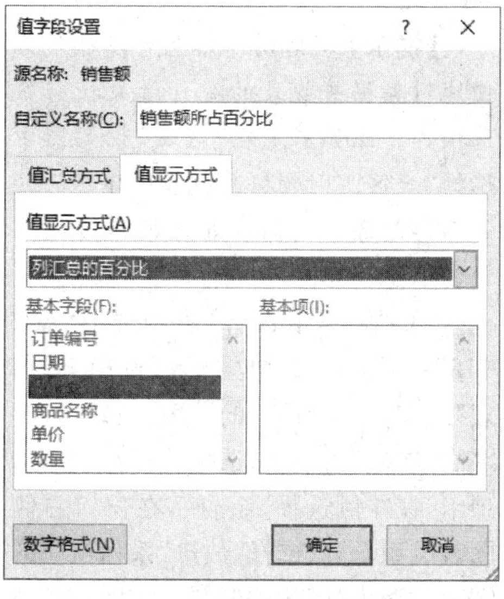

在“数据透视表字段”任务窗格的“值”区域，单击“求和项：销售额”右侧的箭头，在弹出的快捷菜单中选择“值字段设置”，弹出“值字段设置”对话框，在“自定义名称”后的文本框中输入“季度销售额”，单击“确定”按钮返回；单击“求和项：销售额 2”右侧的箭头，在弹出的快捷菜单中选择“值字段设置”，弹出“值字段设置”对话框，在“自定义名称”后的文本框中输入“销售额所占百分比”，在“值显示方式”列表框中选择计算类型为“列汇总的百分比”，如图 10.20 所示。单击“确定”按钮。

图 10.20　数据透视表值字段设置

将光标定位在列标签的任一字段，在“数据透视表工具”的“分析”选项卡的“分组”组中，单击“组字段”按钮，弹出“组合”对话框，设置“起始于”日期为“2020/1/1”，“终止于”日期为“2020/12/31”，“步长”为“季度”，如图 10.21 所示。

单击“确定”按钮，完成 2020 年各部门各商品每个季度销售额及其占比的统计操作。

选中B4到K45单元格区域，在“数据透视表工具”“分析”选项卡的“数据透视表”组中，单击“选项”→“选项(T)”，弹出“数据透视表选项”对话框，在“对于空单元格，显示”后的文本框中输入0，如图10.22所示。

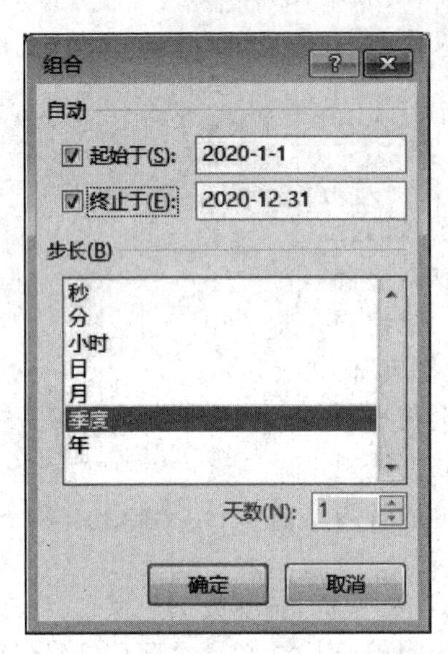

图10.21 列标签字段组合

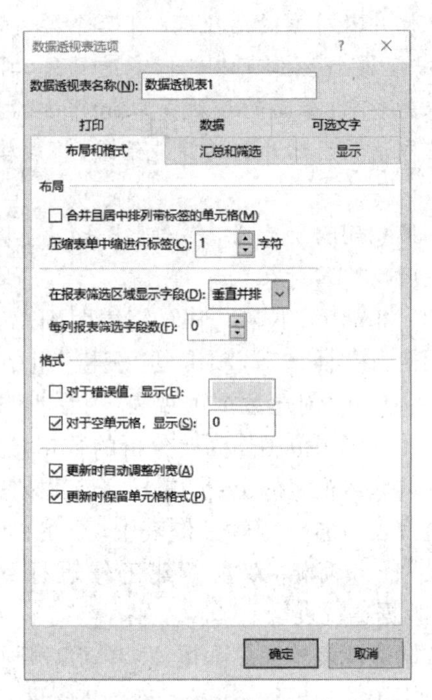

图10.22 “数据透视表选项”对话框

单击“确定”按钮返回。

在“数据透视表工具”“分析”选项卡的“筛选”组中，单击“插入切片器”按钮，在弹出的“插入切片器”对话框，选中“区域”复选框，单击“确定”按钮返回。

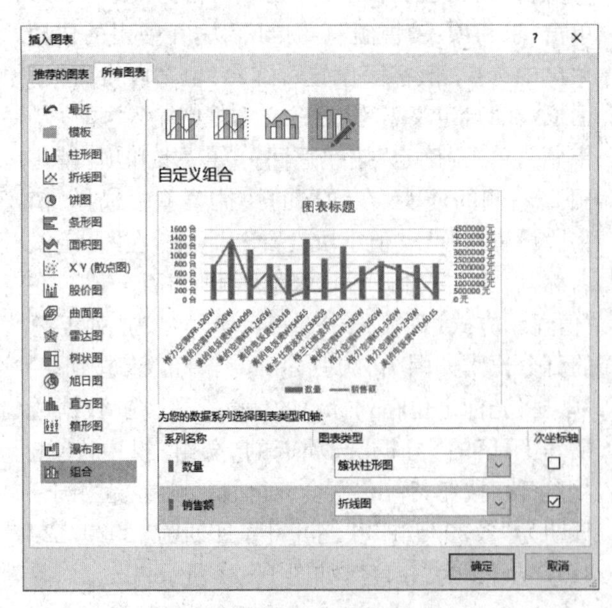

图10.23 “插入图表”类型对话框

【提示】利用切片器也可以非常方便地对数据透视表的统计结果执行筛选操作。比如本题在“区域”切片器中选择“北区”，则数据透视表中显示的就是各部门每个商品在北区按季度销售额的汇总情况。

14. 在“合并统计”表中选中“A2:C15”单元格内容，在“插入”选项卡“图表”组中，单击“推荐的图表”按钮，打开“插入图表”对话框，选择“所有图表”选项卡，在左侧选择“组合”，在窗口右侧图表类型部分，选择“数量”系列对应的图表类型为“簇状柱形图”，“销售额”系列对应的图表类型为“折线图”，并选中“次坐标轴”复选框，如图10.23所示。

单击“确定”按钮返回。

将生成的图表拖放到“A20:E35”单元格区域中。单击图表标题文本框，将其修改为“商品销售统计图”；右键单击图例，在弹出的快捷菜单中选择“设置图例格式”，打开“设置图例格式”任务窗格，在“图例选项”的“图例位置”中选择“靠下”，设置图例显示位置在底部；右键单击次坐标轴垂直(值)轴，在弹出的快捷菜单中选择“设置坐标轴格式”，打开“设置坐标轴格式”任务窗格，在“坐标轴选项”的“显示单位”下拉列表中选择“10000”，设置纵轴数值缩小1万倍显示。

右键单击水平(类别)轴，在弹出的快捷菜单中选择“设置坐标轴格式”，打开“设置坐标轴格式”任务窗格，单击“坐标轴选项”下的“大小与属性”图标，在“文字方向”列表框中选择“竖排”。

15. 分别选择“网络销售明细”和“门店销售明细”表，在“视图”选项卡的“窗口”组中，单击“冻结窗口”→“冻结首行”，可设置浏览表格数据时，保持首行锁定。

16. 分别选择“网络销售明细”和“门店销售明细”表，在“审阅”选项卡的“更改”组中，单击“保护工作表”按钮，打开“保护工作表”对话框，在“取消工作表保护时使用的密码”文本框中输入123，单击“确定”按钮，弹出“确认密码”对话框，重新输入密码123，单击“确定”按钮返回。

按Ctrl+S保存该文件。

【微信扫码】
相关资源

单元四

演示文稿软件 PowerPoint 2016

PowerPoint 2016 是一款功能强大的演示文稿制作软件，可以将文字、图形、图像、声音、动画等多种媒体对象集于一体，把学术交流、辅助教学、广告宣传、产品演示等信息以更轻松、更高效的方式表达出来。

PowerPoint 2016 中创建的演示文稿由若干张按一定顺序排列的幻灯片组成。在幻灯片中可插入文本、图形、表格、插图、链接、公式、特殊符号及多媒体对象，还可以设置播放时幻灯片中各种对象的动画效果。演示文稿文件默认扩展名为.pptx。

PowerPoint 2016 中有多种视图方式，分别有不同功能。

(1) 普通视图

进入 PowerPoint 2016 后，系统默认为普通视图方式，制作幻灯片的工作就是在此视图中进行。可以编辑、查看每张幻灯片页面内容及备注，并且可以移动幻灯片上的对象和备注页方框，或调整它们的大小。

(2) 大纲视图

在该视图方式下，大纲窗格中显示演示文稿的文本内容和组织结构，不显示图形、图像、图表等对象。在大纲窗格中，可以方便地调整一张幻灯片内标题的层次级别和前后次序；可以将某幻灯片的文本复制或移动到其他幻灯片中。

(3) 幻灯片浏览视图

该视图方式下，演示文稿的所有幻灯片以缩略图方式按顺序排列在窗口中。便于查看幻灯片的背景设计、配色方案、所用模板等效果，检查各个幻灯片是否前后协调、图标的位置是否合适等问题。在此视图方式下，还可以轻松地添加、删除或移动幻灯片。

(4) 备注页视图

进入该视图方式后，可以在幻灯片的备注区输入说明性文字，但无法对幻灯片的内容进行编辑。

(5) 阅读视图

在该视图方式下，以窗口形式(不是全屏形式)查看幻灯片制作完成后放映的效果。

需要注意的是，在 PowerPoint 2016 状态栏右侧的“视图”按钮中，没有大纲视图和备注页视图按钮，要切换到这两种视图方式，需在“视图”选项卡中选择“大纲视图”或

“备注页”。

本单元从实际生活案例出发，设计了 2 个实验项目，包括 PowerPoint 2016 中幻灯片的基本操作、主题应用、动画、电子相册、幻灯片切换效果以及母版设置等。通过本单元的学习，学生不仅可以掌握简单演示文稿的制作，还可以进一步掌握 PowerPoint 2016 的高级应用。

实验十一 “初识人工智能”演示文稿制作

实验目标

1. 了解 PowerPoint 2016 的基本功能和基本操作，掌握幻灯片的组织与管理；
2. 掌握演示文稿的视图模式和使用；
3. 掌握演示文稿的背景设置和主题应用；
4. 掌握幻灯片中文本、图形、图像、SmartArt、艺术字等对象的编辑应用；
5. 掌握电子相册的制作；
6. 掌握幻灯片中对象动画、幻灯片切换效果、链接操作等交互设置。

场景和任务描述

人工智能社团的团长张丰准备为社团新成员做一次主题为“初识人工智能”的培训，他准备了一些素材，包括文字、图片、音频等内容，文字素材保存在文件“人工智能简介.docx”中。请按如下要求帮助小张组织材料完成培训课件制作，样张如图 11.1 所示。

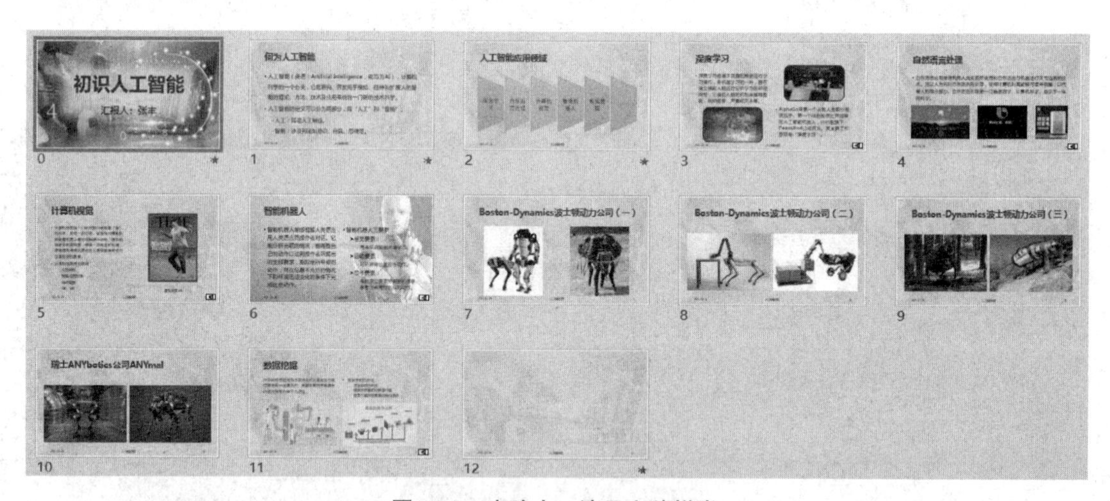

图 11.1 实验十一演示文稿样张

【提示】本次实验所需的所有素材放在 EX11 文件夹中

具体任务

1. 新建一份演示文稿，设置首页幻灯片的标题为“初识人工智能”，副标题为“汇报人：张丰”，设置字号分别是“72”和“36”，文本中部对齐。

2. 添加一张版式为“标题和内容”的幻灯片，标题为“何为人工智能”。文本区域从素材文件“人工智能简介.docx”中复制关于人工智能定义的内容，设置为 1.5 倍行距。将后两个段落降级，字号保持不变，并应用一种自定义项目符号格式。

3. 再添加一张版式为“标题和内容”的幻灯片，标题为“人工智能应用领域”，文本区域内容分别为“深度学习”“自然语言处理”“计算机视觉”“智能机器人”“数据挖掘”“……”。

4. 添加一张版式为“两栏内容”的幻灯片，标题输入“深度学习”，参考样张插入图片和文字。为两个内容文本框设置 1.2 倍行距。

5. 添加一张版式为“标题和内容”的幻灯片，标题输入“自然语言处理”，参考样张插入图片和文字。适当修改内容文本框的字号、行距。三张图片顶端对齐且分布均匀，在幻灯片中整体居中。

6. 参考样张添加不同版式的幻灯片，依次完成“计算机视觉”“智能机器人”“数据挖掘”等技术的介绍，每种介绍占用一张幻灯片。编辑相关内容和插图，插图用形状填充等多种方式实现插入，使多张图排列对齐。

7. 在“计算机视觉”幻灯片中右侧图片的下方插入一个文本框，输入文字“虚拟现实 VR”，文本水平居中，要求文本框和图片水平居中对齐。

8. 将第 3 张幻灯片中的文本内容转换为一个“梯形列表”样式的 SmartArt 对象，并将 SmartArt 对象更改颜色为“彩色范围—个性色 5 至 6”中的“细微效果”。

9. 为 SmartArt 对象中各元素创建超链接，使得单击“深度学习”……“数据挖掘”等标注形状可跳转至对应的幻灯片。

10. 在第 4 至 8 张幻灯片中右下角添加动作按钮，使得在放映时单击该按钮，能返回到第 3 张幻灯片，为动作按钮设置预设样式“彩色轮廓—黑色，深色 1”。

11. 在幻灯片末尾再添加一张版式为“空白”的幻灯片。插入艺术字“人工智能，我们一起探索！”，艺术字样式选择第三行第二个，设置为 66 号字，形状效果为预设 2。

12. 为整个演示文稿应用设计主题为素材文件夹中的主题文件“相册主题.thmx”。

13. 将“智能机器人”幻灯片背景设置为图片“人工智能.jpg”，透明度为 60%。

14. 将演示文稿保存为“人工智能简介.pptx”，观看放映效果。

15. 使用 PowerPoint 创建一个相册，包含文件夹中文件名以数字开头的共 8 张图片。设置每张幻灯片中包含标题和 2 张图片，并将每张图片设置为“居中矩形阴影”相框形状。

16. 将标题幻灯片的标题设置为“智能机器人相册”，副标题设置为“创建人：×××”（此处×××写自己的名字）；将第 2、3、4、5 张幻灯片的标题依次设置为“Boston-Dynamics 波士顿动力公司(一)”“Boston-Dynamics 波士顿动力公司(二)”“Boston-Dynamics 波士顿动力公司(三)”和“瑞士 ANYbotics 公司 ANYmal”。

17. 保存相册为“智能机器人相册.pptx”。

18. 复制相册中第 2～5 张幻灯片插入至“人工智能简介.pptx”中的第 7 张幻灯片后面，要求所有幻灯片使用目标主题。

以下操作在“人工智能简介.pptx”中完成。

19. 将幻灯片中所有的中文字体替换为“微软雅黑”。

20. 为第 2 张幻灯片内容添加动画：标题“何为人工智能”伴随着“打字机”声音以“淡出”方式在 1 秒内自动进入；为文本区域中的内容添加自顶部“擦除”动画，放映时单击一次显示一个段落，文本按字/词出现。

21. 为第3张幻灯片内容添加动画：为标题“人工智能应用领域”添加与第2张幻灯片标题相同的动画，为SmartArt图形添加“缩放”进入动画效果，要求单击鼠标后其中的每个形状以幻灯片为中心自动逐个进入。

22. 为第1张幻灯片的标题和副标题分别指定动画效果，其顺序为单击时标题以“浮入”方式进入，1秒后副标题自动以“中央向左右展开”的“劈裂”方式在1秒内进入，3秒后标题自动以“飞出”方式退出到左上部，同时副标题自动以“飞出”方式退出到右下部，1.5秒后标题与副标题再以0.5秒的时差先后以“缩放”方式进入，紧接着以“脉冲”方式强调。

23. 为最后一张幻灯片中的艺术字添加动作路径动画，使得艺术字自动从屏幕右侧匀速移动到屏幕左侧，重复该动画一直到演示文稿放映结束。为其他幻灯片内容添加适当动画，使其具有良好的放映效果。观看放映效果。

24. 除标题幻灯片外，为其他幻灯片插入页脚“人工智能社团”，要求包含幻灯片编号、自动更新的日期和时间，其中幻灯片编号从0开始。

25. 设置所有幻灯片的切换效果为“擦除”。

26. 在演示文稿中创建两个演示方案，第一个演示方案包含第0、1、2、3、4、5、6、11、12页幻灯片，并将该演示方案命名为“放映方案1”。第二个演示方案包含第0、6、7、8、9、10、12页幻灯片，命名为“放映方案2”。

27. 保存文件。

操作步骤

1. 启动PowerPoint2016，系统自动生成一张标题幻灯片。

在幻灯片编辑区域中单击“单击此处添加标题”并输入“初识人工智能”，设置字号为72。

在“单击此处添加副标题”处单击并输入“汇报人：张丰”，设置字号为36。在“开始”选项卡“段落”组中，单击“对齐文本”→“中部对齐”。

2. 在“开始”选项卡“幻灯片”组中，单击“新建幻灯片”→“标题和内容”，从而新建一张幻灯片。上方标题输入“何为人工智能”。从素材文件“人工智能简介.docx”中复制“何为人工智能”相关文字，在下方文本区域中右击鼠标，在出现的快捷菜单中选择“粘贴选项”中的“只保留文本”。

单击文本区域的边框，将整个文本框选中。单击“开始”选项卡“段落”组右下角的小箭头，在弹出的“段落”对话框中将行距设置为1.5倍行距。

选中文本区域中的最后两个段落，单击“开始”选项卡“段落”组中的“提高列表级别”，使段落降级，自动向右缩进；然后单击“开始”选项卡“字体”组中的“增大字号”，使其与上级文本一样大；在“开始”选项卡“段落”组中，单击“项目符号”→“项目符号和编号”，在弹出的“项目符号和编号”对话框（如图11.2所示）中单击“自定义”按钮，在弹出的“符号”对话框（如图11.3所示）中选择合适的符号，例如“—”，单击“确定”，然后再“确定”完成设置。

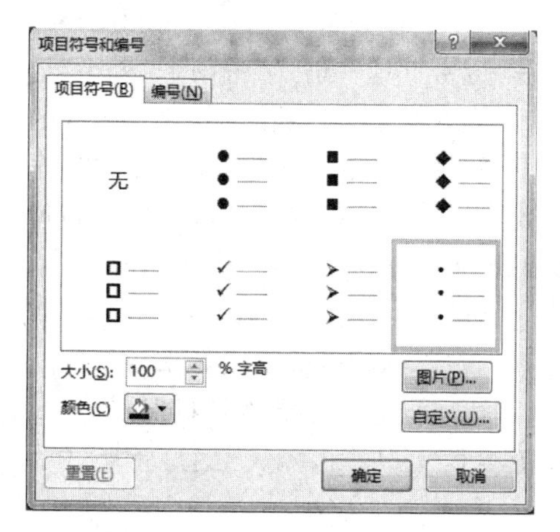

图 11.2　“项目符号和编号”对话框

图 11.3　“符号”对话框

3. 在左侧幻灯片缩略图窗格中单击第 2 张幻灯片的缩略图，按下回车键，则在第 2 张幻灯片的后面新建了一张同样版式的幻灯片。根据素材文件内容，设置第 3 张幻灯片的标题为“人工智能应用领域”，文本区域内容为“深度学习”“自然语言处理”“计算机视觉”“智能机器人”“数据挖掘”“……”，共六个段落。适当调整行距。

4. 在“开始”选项卡“幻灯片”组中，单击“新建幻灯片”→“两栏内容”。将标题设置为“深度学习”；从素材文件中将“深度学习”的两段相关文字分别复制到幻灯片的左右两个文本区域中。按住 Shift 键或 Ctrl 键并分别单击两个文本框，将其同时选中，设置行距为多倍行距，值为 1.2。适当调整两个文本框的大小和位置，使其一个在左上方，另一个在右下方。

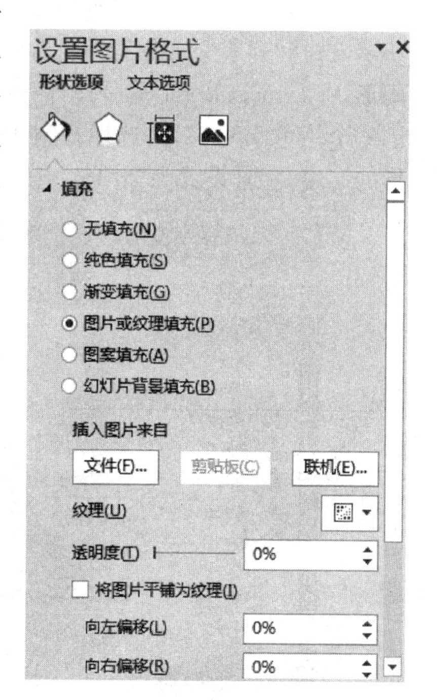

图 11.4　“设置图片格式”对话框

在“插入”选项卡“插图”组中，单击“形状”→“矩形”→“圆角矩形”，鼠标在幻灯片上变成“＋”号，按住鼠标左键在幻灯片左下方空白处画出一个“圆角矩形”。右键单击该图形，选择快捷菜单中的“设置形状格式”，在窗口右侧出现“设置形状格式”窗格，单击“填充”将其展开，选择“图片或纹理填充”，此时窗格名称变为“设置图片格式”，如图 11.4 所示。单击“插入图片来自”下方的“文件”按钮，选择“深度学习.jpg”图片插入。将圆角矩形复制一份，选中该副本，在“设置形状格式”窗格中再次单击“文件”按钮，选择“深度学习——AlphaGo.jpg”图片插入。

5. 再次新建一张幻灯片。在“开始”选项卡“幻灯片”组中，单击“版式”→“标题和内容”，即可修改当前幻灯片的版式。将标题设置为“自然语言处理”；从素材文件中将自然语言处理的一段文字复制到幻灯片的文本区域中，适当修改字号（如 24）、行距（如 1.2 倍）。

在“插入”选项卡“图像”组中单击“图片”按钮，在“插入图片”对话框中，按住 Ctrl 键的同时依次选择三张图片："自然语言处理——Siri.jpg""自然语言处理——三星 Bixby.jpg""自然语言处理——小爱音箱.jpg"，单击"插入"按钮；在"图片工具""格式"选项卡"大小"组的"高度"框中输入 6，按回车后三张图片的高度皆被修改为 6 厘米，且等比例修改了图片的宽度；分别移动图片至文字下方，使三张图片位置不重叠，然后再次选中三张图片，在"排列"组中单击"对齐"→"顶端对齐"，再单击"对齐"→"横向分布"，使三张图片对齐且分布均匀；在"排列"组中单击"组合"→"组合"，将三张图片组合为一个整体，再单击"对齐"→"水平居中"，使三张图片在当前幻灯片中整体居中。

【提示】 可以在"排列"组中单击"组合"→"取消组合"，使三张图片分离成独立的个体。

6. 参照样张，按照上述方法依次完成"计算机视觉""智能机器人""数据挖掘"等幻灯片的制作，每种应用领域使用一张幻灯片。其中"计算机视觉""智能机器人"幻灯片版式为"两栏内容"；"数据挖掘"幻灯片版式为"比较"。

7. 选中"计算机视觉"幻灯片，在"插入"选项卡"文本"组中单击"文本框"→"横排文本框"，鼠标指针会变成竖线形状，按住鼠标左键在幻灯片右侧图片下方画出一个文本框，输入文字"虚拟现实 VR"，设置为水平居中格式；同时选中该文本框和图片，在"图片工具""格式"选项卡"排列"组中单击"对齐"→"水平居中"。

8. 选中第 3 张幻灯片，在下方内容文本框中单击，在"开始"选项卡"段落"组中，单击"转换为 SmartArt"→"其他 SmartArt 图形"，弹出"选择 SmartArt 图形"对话框，如图 11.5 所示，选择"列表"→"梯形列表"并确定。单击 SmartArt 图形的外框，选中整个 SmartArt 图形，在"SmartArt 工具—设计"选项卡"SmartArt 样式"组中，单击"更改颜色"→"彩色范围—个性色 5 至 6"，再选择右侧效果列表框中的"细微效果"。适当缩小整个 SmartArt 图形的高度，字号设置为 28 号。幻灯片效果参见样张。

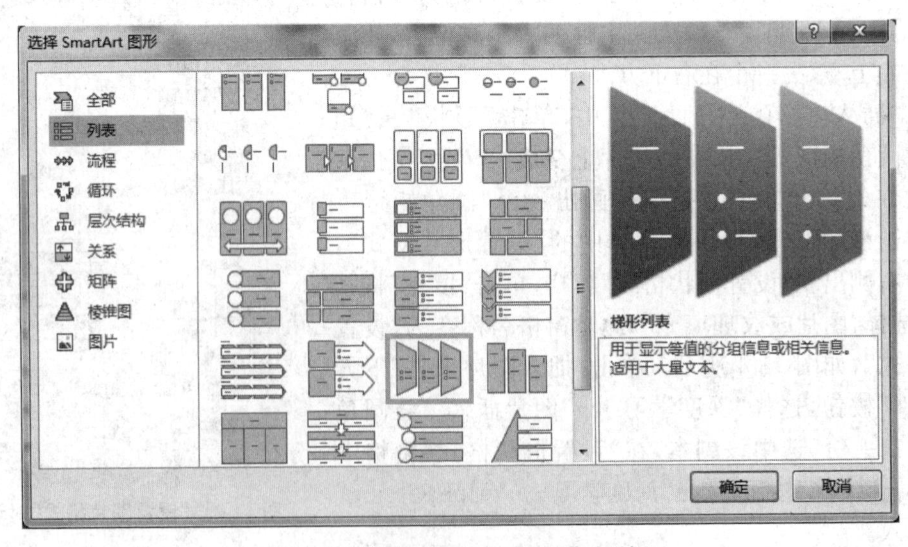

图 11.5 "选择 SmartArt 图形"对话框

9. 右击"深度学习"标注形状的边框，选择"超链接"，在弹出的"插入超链接"窗口中选择"本文档中的位置"，在"请选择文档中的位置"列表中选择"4.深度学习"，如图 11.6 所示，单击"确定"。

用同样方法为"自然语言处理"……"数据挖掘"四个标注形状插入相对应的超链接。

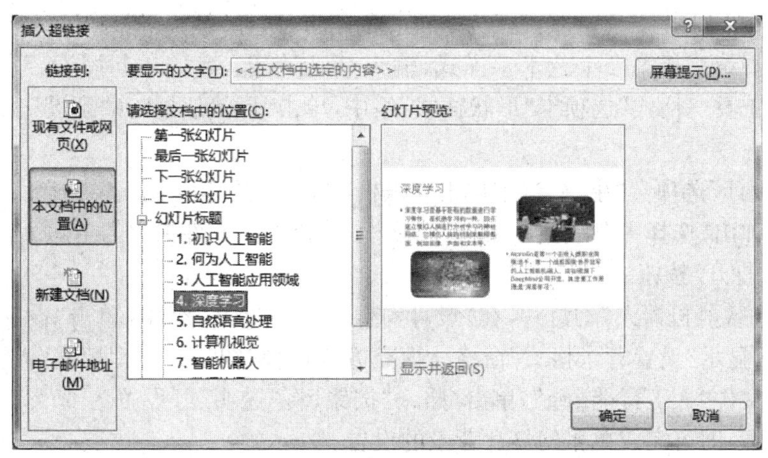

图 11.6　“插入超链接”对话框

在“幻灯片放映”选项卡“开始放映幻灯片”组中，单击“从当前幻灯片开始”，播放幻灯片，单击 SmartArt 图形观看超链接效果。

10. 选择“深度学习”幻灯片，在“插入”选项卡“插图”组中，单击“形状”→“动作按钮”→“◁”，按住鼠标左键在幻灯片右下角绘制出一个较小的矩形区域。弹出“操作设置”对话框，在对话框中选择“超链接到”→“幻灯片…”，如图 11.7 所示，弹出“超链接到幻灯片”对话框，在“幻灯片标题”列表中选择第 3 张幻灯片，如图 11.8 所示，单击“确定”，完成动作按钮的创建。

在“绘图工具—格式”选项卡“形状样式”组中选择预设样式“彩色轮廓—黑色，深色 1”。复制刚刚建立的动作按钮，在后面四张幻灯片上分别粘贴。

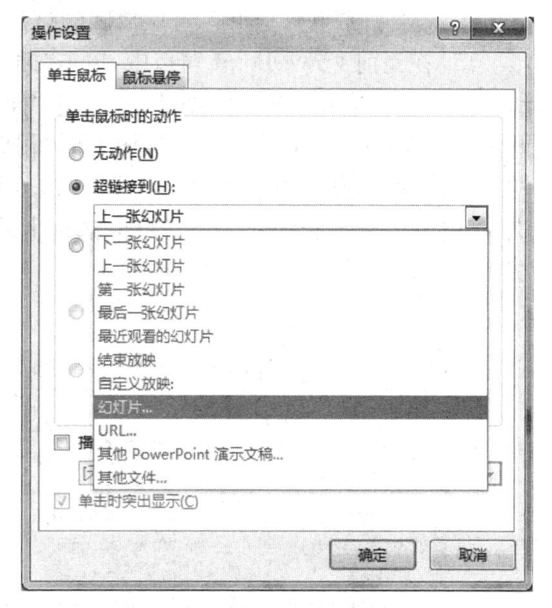

图 11.7　“操作设置”对话框

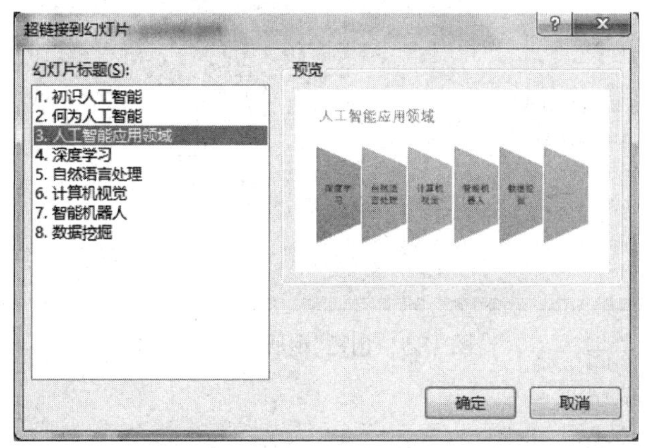

图 11.8　“超链接到幻灯片”对话框

11. 在幻灯片末尾新建一张版式为“空白”的幻灯片，在“插入”选项卡“文本”组中，单击“艺术字”，选择第三行第二个艺术字样式，输入“人工智能，我们一起探索!”，设置为66号字。在“绘图工具—格式”选项卡“形状样式”组中，单击“形状效果”→“预设”，选择“预设2”效果。

12. 在“设计”选项卡“主题”组中单击列表框右下角的“其他”按钮，展开所有主题，单击“浏览主题”，弹出“选择主题或主题文档”对话框，选择素材文件夹中的主题文件“相册主题.thmx”，单击“打开”按钮。

13. 选择“智能机器人”幻灯片，在“设计”选项卡“自定义”组中，单击“设置背景格式”，则在窗口右侧显示“设置背景格式”窗格。填充方式选择“图片或纹理填充”，单击“文件”按钮，选择图片文件“人工智能.jpg”，单击“插入”按钮；将“透明度”设置为60%；勾选“隐藏背景图形”复选框，即可完成单张幻灯片背景的设置。

14. 单击“文件”→“保存”，将演示文稿保存为“人工智能简介.pptx”。

在“幻灯片放映”选项卡“开始放映幻灯片”组中，单击“从头开始”，观看放映效果。

15. 在当前PowerPoint窗口中，单击“插入”选项卡“图像”组中的“相册”，在弹出的“相册”对话框中，单击“文件/磁盘”按钮，弹出“插入新图片”对话框，选择素材文件夹中以数字开头的共8张图片，单击“插入”按钮返回“相册”对话框。设置图片版式为“2张图片(带标题)”、相框形状为“居中矩形阴影”，如图11.9所示；单击“创建”按钮，成功创建了新的演示文稿，其中包含5张幻灯片，在“视图”选项卡的“演示文稿视图”组中，单击“幻灯片浏览”，将切换至幻灯片浏览视图，如图11.10所示。

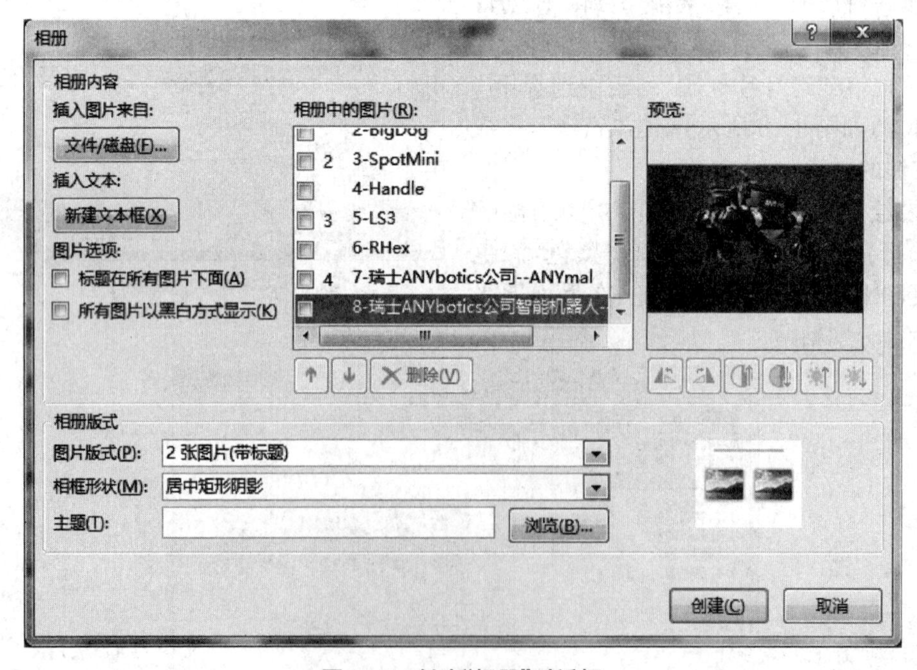

图11.9 创建“相册”对话框

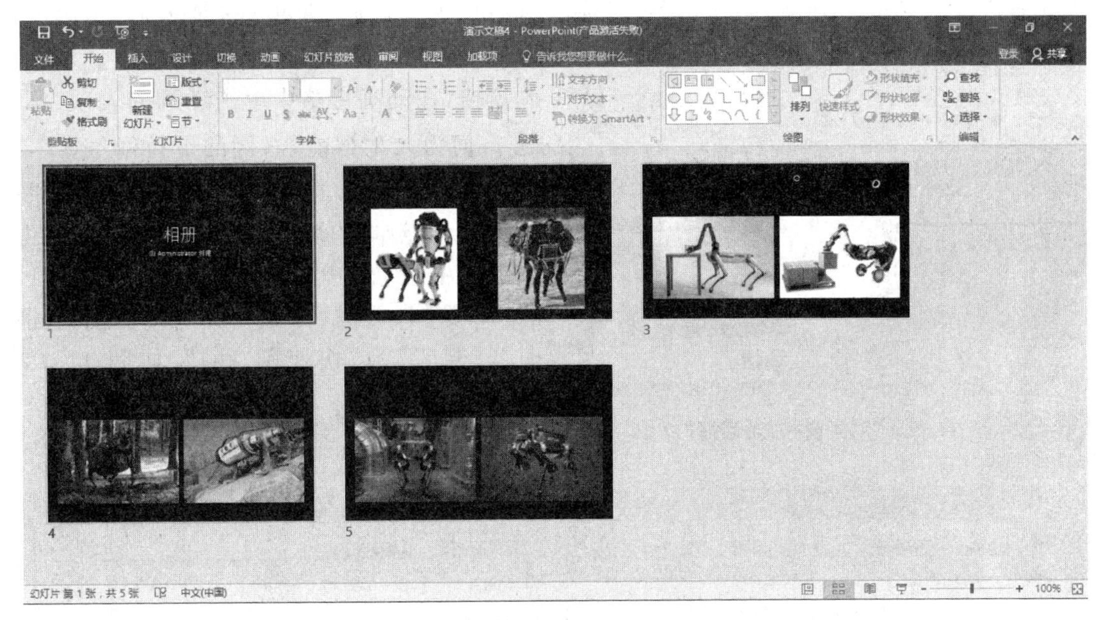

图 11.10　相册幻灯片浏览图

16. 双击第 1 张幻灯片，返回普通视图。将标题设置为“智能机器人相册”，副标题设置为“创建人：×××”(此处×××写自己的名字)；选中第 2 张幻灯片，将标题设置为“Boston-Dynamics 波士顿动力公司(一)”；第 3 张幻灯片标题设置为“Boston-Dynamics 波士顿动力公司(二)”；第 4 张幻灯片标题设置为“Boston-Dynamics 波士顿动力公司(三)”；第 5 张幻灯片标题设置为“瑞士 ANYbotics 公司 ANYmal”。

17. 单击“文件”→“保存”，将相册保存为“智能机器人相册.pptx”。

18. 在左侧幻灯片缩略图窗格中单击第 2 张幻灯片，按住 Shift 键的同时单击第 5 张幻灯片，从而选中连续四张幻灯片，按 CTRL+C 复制。切换回“人工智能简介.pptx”演示文稿窗口，在左侧幻灯片缩略图窗格中，右击第 7 张与第 8 张幻灯片之间的空隙处，选择快捷菜单中的“粘贴选项”→“使用目标主题”。

19. 在“开始”选项卡“编辑”组中单击“替换”右侧的下拉箭头→“替换字体”，在弹出的“替换字体”对话框中，在“替换”下拉列表中选择一种中文字体，例如“等线”，在“替换为”下拉列表中选择字体“微软雅黑”，如图 11.11 所示，单击“替换”按钮。按相同方法将其他中文字体都替换为“微软雅黑”。单击“关闭”按钮。

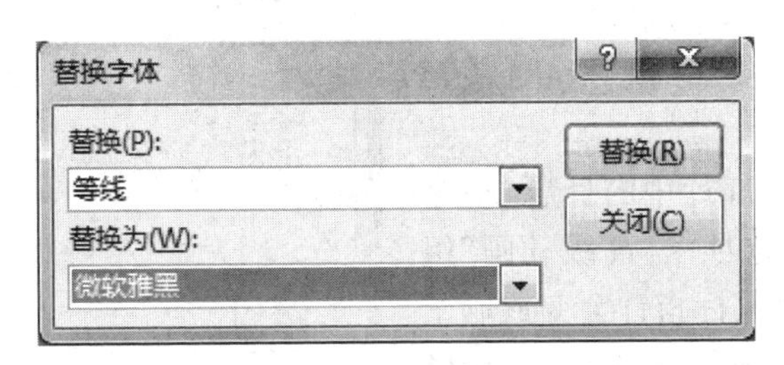

图 11.11　“替换字体”对话框

20. 选中第 2 张幻灯片中的标题“何为人工智能”，在“动画”选项卡“动画”组中选择

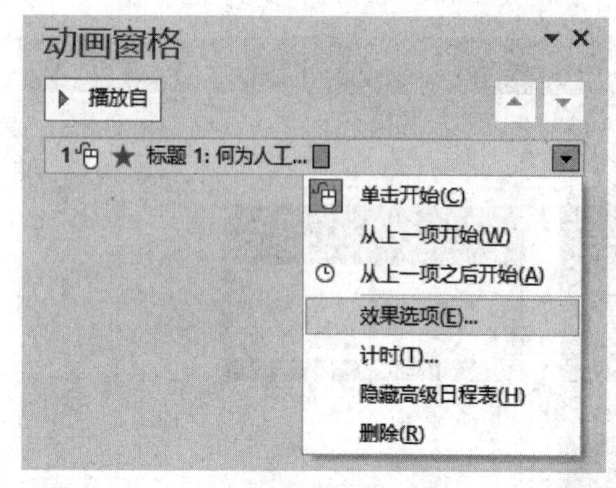

图 11.12 “动画窗格”对话框(1)

“淡出”进入动画；单击“高级动画”组中的“动画窗格”，则在幻灯片界面右侧显示动画窗格，在动画窗格中单击动画列表项“标题 1：何为人工智能”右侧的下拉箭头 ，如图 11.12 所示，在下拉菜单中选择“效果选项”，将会弹出“淡出”对话框。在“效果”选项卡中设置“声音”为“打字机”，在“计时”选项卡中设置“开始”为“与上一动画同时”，“期间”为“快速（1 秒）”，如图 11.13 所示。

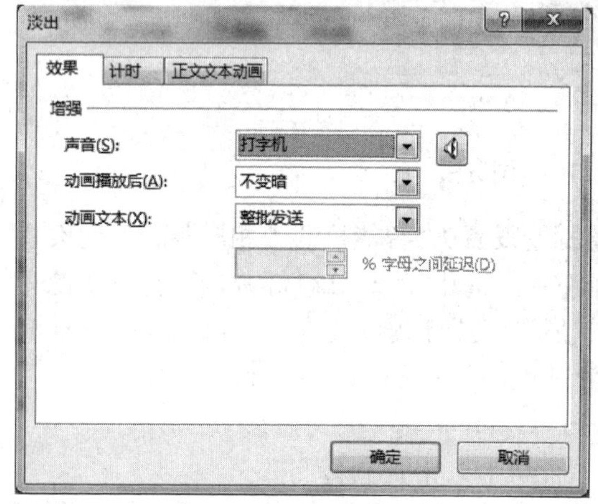

(a) “效果”选项卡设置

(b) “计时”选项卡设置

图 11.13 “淡出”动画效果设置

选中下方文本框，用上述方法添加“擦除”进入动画，效果选项选为“自顶部”，在动画窗格中单击第二行动画列表项右侧的下拉箭头，选择“效果选项”，弹出“擦除”对话框，在“效果”选项卡中将“文本动画”改为“按字/词”，在“正文文本动画”选项卡中将“组合文本”改为“按第二级段落”，如图11.14 所示。

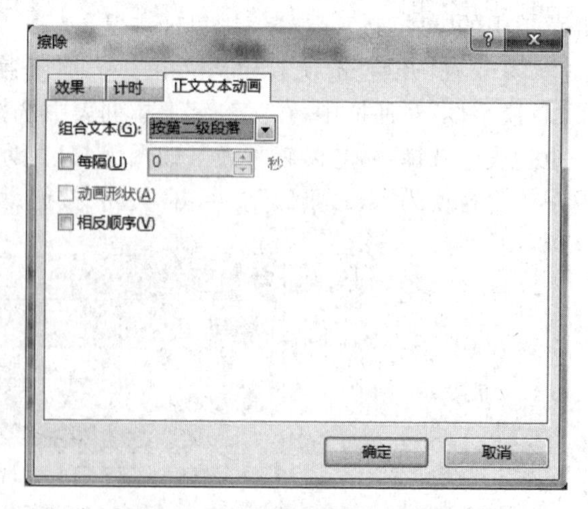

图 11.14 “擦除”动画效果设置

21. 选中第 2 张幻灯片中的标题“何为人工智能”，在“动画”选项卡“高级动画”组中单击“动画刷”，此时鼠标指针会变成刷子形状，切换至第 3 张幻灯片，单击标题“人工智能应用领域”，即可将第 2 张幻灯片中的标题动画复制给第 3 张幻灯片中的标题。

单击 SmartArt 图形的外框，选中整个 SmartArt 图形，在“动画”选项卡“动画”组中选择“缩放”进入动画，单击“效果选项”，选择“幻灯片中心”以及“逐个”；在“动画窗格”中单击第二行（动画顺序号为 1）动画列表项下方左侧箭头 将其展开，单击第三行（动画顺序号为 2）动画列表项，按住 Shift 键的同时单击第七行（动画顺序号为 6）动画列表项，选中连续的多个动画列表项，如图 11.15 所示。在“动画”选项卡“计时”组中设置“开始”为“上一动画之后”。

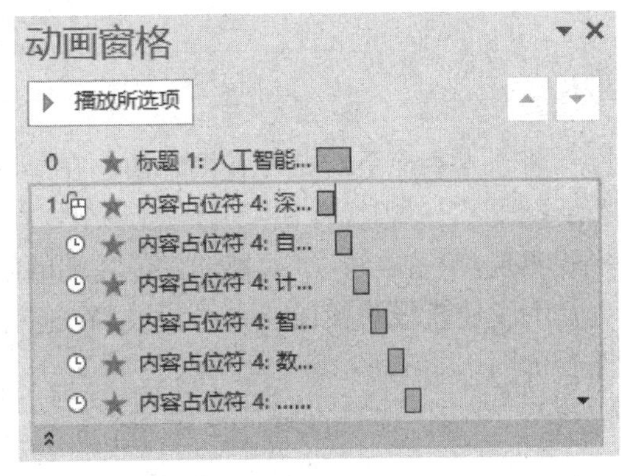

图 11.15　“动画窗格”对话框(2)

22. 在第一张幻灯片中，选中标题文本框，在“动画”选项卡“动画”组中选择“浮入”进入动画，将选项卡右侧“计时”组中的“开始”设置为“单击时”。

选中副标题文本框，在“动画”选项卡“动画”组中选择“劈裂”进入动画，单击“效果选项”→“中央向左右展开”；在选项卡右侧“计时”组中，将“开始”设置为“上一动画之后”，将“持续时间”设置为“01.00”，“延迟”设置为“01.00”。

选中标题文本框，在“动画”选项卡“高级动画”组中单击“添加动画”，选择退出动画“飞出”，在左侧“动画”组中单击“效果选项”→“到左上部”，在右侧“计时”组中将“开始”设置为“上一动画之后”，将“延迟”设置为“03.00”。

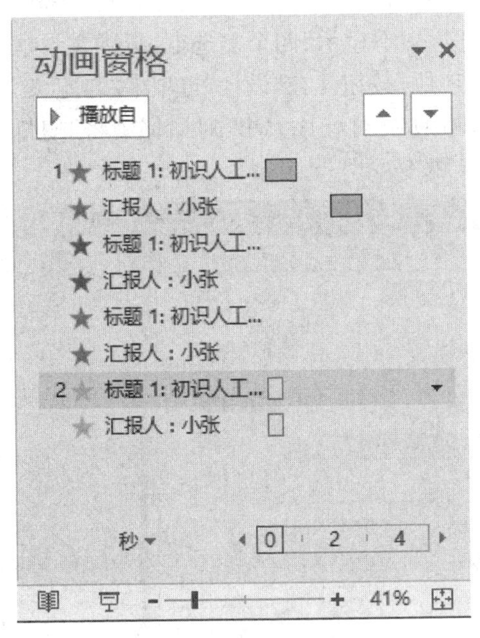

图 11.16　“动画窗格”对话框(3)

选中副标题文本框，在“动画”选项卡“高级动画”组中单击“添加动画”，选择退出动画“飞出”，单击“效果选项”→“到右下部”，在右侧“计时”组中将“开始”设置为“与上一动画同时”（“延迟”值会自动被设置为“03.00”）。

选中标题文本框，在“动画”选项卡“高级动画”组中单击“添加动画”，选择进入动画“缩放”，在右侧“计时”组中将“开始”设置为“上一动画之后”，将“延迟”设置为“01.50”。

选中副标题文本框，在“动画”选项卡“高级动画”组中单击“添加动画”，选择进入动画“缩放”，在右侧“计时”组中将“开始”设置为“与上一动画同时”，将“延迟”设置为“02.00”。

同时选中标题和副标题文本框，在“动画”选项卡“高级动画”组中单击“添加动画”，选择强调动画“脉冲”。在动画窗格的动画列表中单击标题文本框的强调动画（列表项左侧为黄色五角星标记），如图 11.16 所示。在“动画”选项卡“计时”组中将“开始”设置为“上一动画之后”。

23. 选中最后一张幻灯片，拖曳状态栏右侧的缩放滑块，适当降低幻灯片的显示比例，如图 11.17 所示。

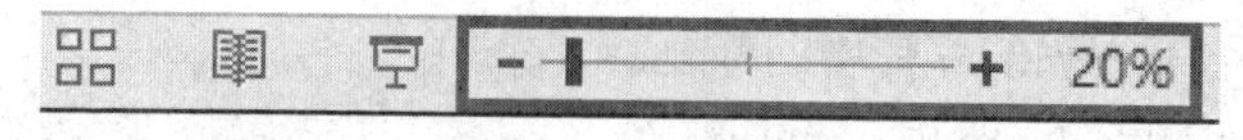

图 11.17 缩放滑块

将艺术字拖至幻灯片右侧外面。在“动画”选项卡“高级动画”组中，单击“添加动画”→“动作路径”→“直线”，在“动画”组中单击“效果选项”→“靠左”，这时动作路径会以虚线的形式出现，单击虚线，然后拖动虚线左端的红色边框圆形端点，向左拖至幻灯片左侧外面某处。为了使直线路径保持水平，可以在拖动路径端点的同时按住 Shift 键。完成后的动画路径如图 11.18 所示。

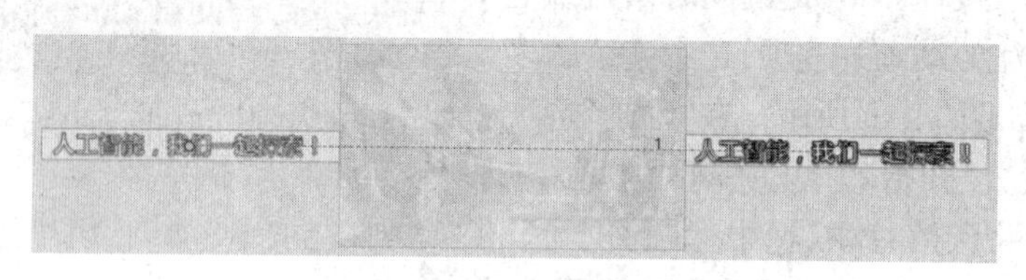

图 11.18 自定义路径动画

用前面的方法打开该动画的效果选项，在“效果”选项卡中设置“平滑开始”与“平滑结束”皆为 0；“计时”选项中设置“开始”为“与上一动画同时”，同时“期间”输入“10 秒”，“重复”为“直到幻灯片末尾”。

依次为其他幻灯片设置合适的动画，使其具有良好的放映效果。

按 F5 键，从头开始播放幻灯片，观看动画效果。

24. 在“插入”选项卡“文本”组中，单击“页眉和页脚”，在弹出的“页眉和页脚”对话框中勾选“日期和时间”“幻灯片编号”“页脚”和“标题幻灯片中不显示”四个复选框，页脚文本框内输入“人工智能社团”，如图 11.19 所示，单击“全部应用”按钮。在“设计”选项卡“自定义”组中单击“幻灯片大小”→“自定义幻灯片大小”，在弹出的“幻灯片大小”对话框中将“幻灯片编号起始值”设置为 0，如图 11.20 所示，单击“确定”按钮。

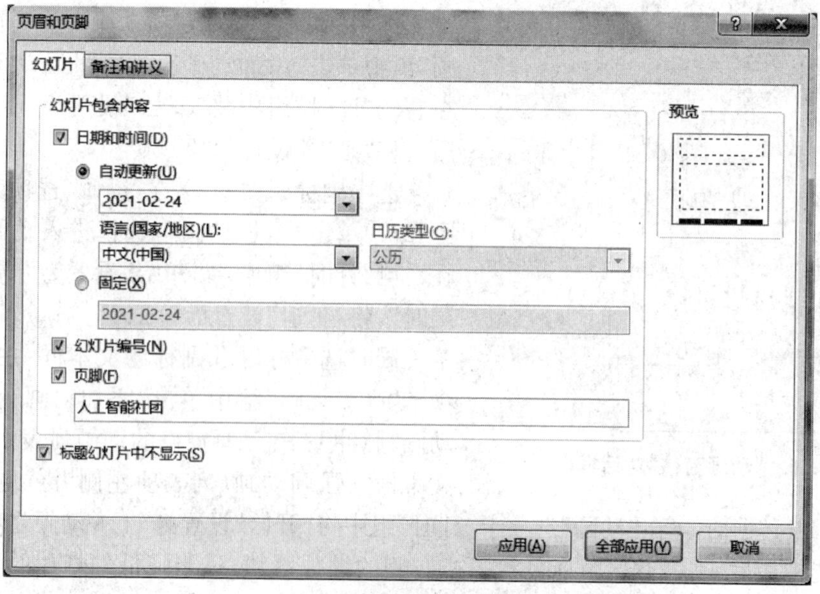

图 11.19 “页眉页脚”对话框

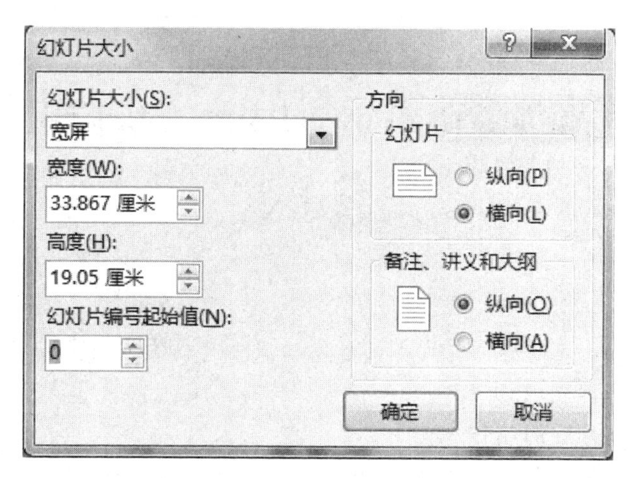

图 11.20　“幻灯片大小”对话框

25. 在“切换”选项卡“切换到此幻灯片”组中，选择切换效果“擦除”，“效果选项”为“自右侧”，单击“计时”组中的“全部应用”。

放映幻灯片观察切换效果。

26. 在“幻灯片放映”选项卡“开始放映幻灯片”组中单击“自定义幻灯片放映”→“自定义放映”命令，弹出“自定义放映”对话框；单击“新建”按钮，弹出“定义自定义放映”对话框。在“幻灯片放映名称”文本框中输入“放映方案 1”，在“在演示文稿中的幻灯片”列表框中勾选第 0、1、2、3、4、5、6、11、12 页幻灯片，然后单击“添加”按钮，将选中的幻灯片添加到“在自定义放映中的幻灯片”列表框中，如图 11.21 所示。单击“确定”按钮后返回到“自定义放映”对话框。

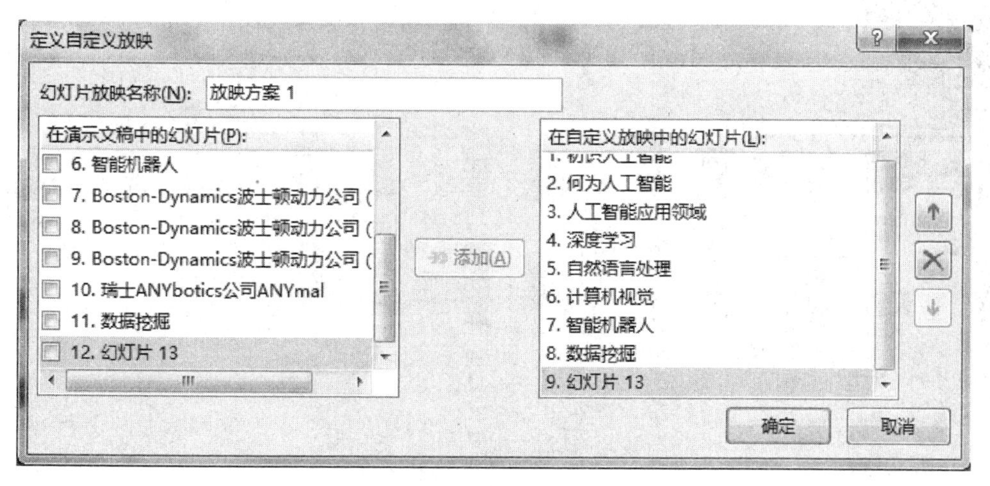

图 11.21　“定义自定义放映”对话框

用相同的方法创建名为“放映方案 2”的演示方案。单击关闭按钮。

在“幻灯片放映”选项卡“开始放映幻灯片”组中单击“自定义幻灯片放映”，在其下拉菜单中能看到最新创建的两个演示方案，单击其中一个，即可按演示方案进行自定义放映。

27. 单击“ ”按钮保存演示文稿。

实验十二 PowerPoint 高级应用

实验目标

1. 掌握根据 Word 文档提供的大纲内容创建演示文稿的方法；
2. 掌握幻灯片的拆分、合并；
3. 掌握演示文稿母版的制作和使用；
4. 掌握幻灯片中表格、图表、音频、视频对象的编辑和应用；
5. 掌握节的创建和编辑；
6. 掌握演示文稿的放映设置。

场景和任务描述

人工智能社团新社员小李在上次的集中学习后，对智能机器人产生了极大的兴趣，他在网上下载了关于某世界知名公司智能机器人产品介绍的 Word 文档，进行展示。现在请你帮他用该 Word 文档作为素材创建演示文稿，在 PowerPoint 中完成制作和美化工作，样张如图 12.1 所示。

【提示】本次实验所需的所有素材放在 EX12 文件夹中。

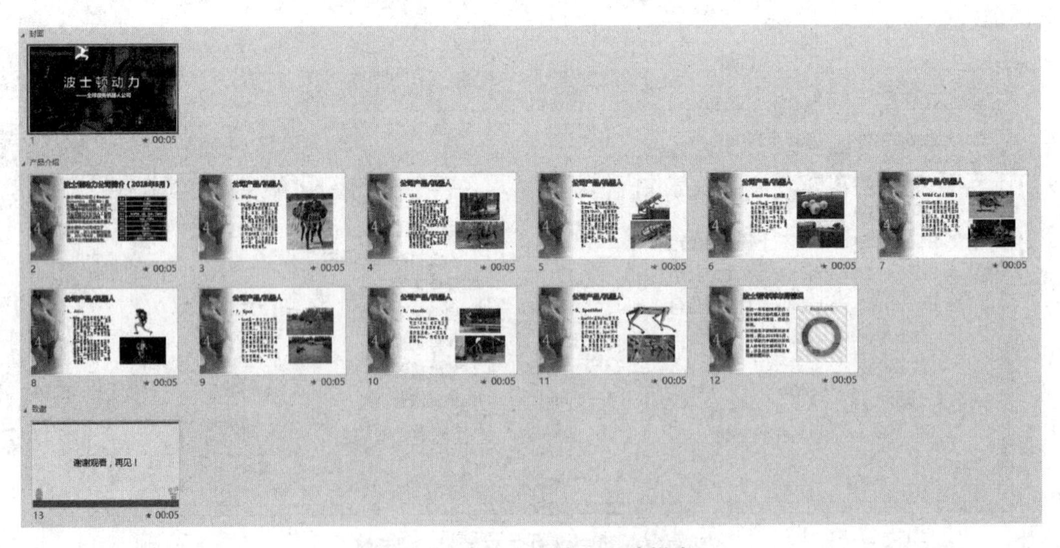

图 12.1 实验十二演示文稿样张

具体任务

1. 根据素材文件夹下的 Word 文档“PPT 素材.docx”中提供的大纲内容创建演示文稿“BD 公司产品简介.pptx”，其中，Word 大纲中的文本颜色与 PPT 内容的对应关系为红色文本对应标题、蓝色文本对应第一级文本、绿色文本对应第二级文本。要求新建幻灯片中不包含原素材文件中的任何格式。

2. 将第 3 张幻灯片拆分成 9 张幻灯片进行展示，要求拆分后的 9 张幻灯片拥有内容和格式皆相同的标题，每一张幻灯片展示一种产品。

3. 将最后两张幻灯片合并为一张。

4. 进入幻灯片母版视图，将幻灯片母版名称修改为“BD 产品秀”；为母版标题应用“填充—白色，轮廓—着色 1，阴影”的艺术字样式，文本轮廓颜色为“深蓝”，字体为“微软雅黑”，并应用加粗效果；母版第一级文本样式设置为“微软雅黑”、加粗、深蓝色、单倍行距、段前间距为 0 磅、段后间距为 12 磅，其他各级文本样式设置为“方正姚体”、单倍行距、段间距保持不变。将标题文本框高度设置为 2.4 厘米，保持顶边位置不变，相应调整下方文本框的高度，保持底边位置不变。

5. 在标题幻灯片版式中，设置“图片 1.jpg”作为幻灯片背景；调整标题占位符的字号为 80、字符间距为 24 磅，副标题字体颜色为白色、字号为 32；在左上方插入图片“Logo.png”，适当缩小，并对齐幻灯片左侧和顶部边缘。

6. 新建名为“产品展示 1”的自定义版式，在该版式中插入“图片 2.png”，并对齐幻灯片左侧边缘，不要遮挡其他内容；调整标题占位符的宽度为 24 厘米，将其置于图片右侧；在标题占位符下方插入两个顶端对齐的内容占位符，高度为 12.4 厘米，宽度为 11.5 厘米，并分别与标题占位符左对齐和右对齐。

7. 依据“产品展示 1”版式创建名为“产品展示 2”的新版式；在新版式中调整右边的内容占位符，将高度改为 6.1 厘米(保持与左侧内容占位符顶端对齐)，在其正下方插入一个相同大小的内容占位符，与左侧的内容占位符底端对齐。

8. 返回到普通视图，设置第 1 张幻灯片的版式为“标题幻灯片”，第 2～3 张和第 12 张幻灯片的版式为“产品展示 1”，第 4～11 张幻灯片的版式为“产品展示 2”。

9. 删除“标题幻灯片”“产品展示 1”和“产品展示 2”之外的其他幻灯片版式。

10. 在第 2 张幻灯片中，将左边内容文本框中最后 9 行文字转换为 9 行 2 列的表格，插入在右边内容文本框中。适当调整表格的行高、列宽以及表格样式，应用图片“图片 1.jpg”作为表格的背景；设置文字字体为“方正姚体”，字体大小 16 磅，字体颜色为“白色，背景 1”，使表格内文字在各单元格内都保持水平、垂直居中对齐。

11. 在第 3～7 和第 9～11 张幻灯片中，在右方内容占位符中插入素材文件夹中的对应图片，其中第 8 张幻灯片只在右侧上方内容占位符中插入对应的图片。

12. 在第 11 张幻灯片中，删除静态图片中的纯色背景。

13. 在第 8 张幻灯片中，在右下方内容占位符中插入视频“Atlas 最具活力的人形机器人.wmv”，并使用图片“视频封面.jpg”作为视频剪辑的预览图像。

14. 在第 12 张幻灯片中插入圆环图，数据来自“PPT 素材.docx”中文档末尾的表格。参考样例效果，图表标题设置为“专利技术分布图”，图表样式为“样式 10”，不显示图例，数据标签显示类别名称和值、字体颜色为“黑色，文字 1”。

15. 在演示文稿末尾插入素材文件夹下的“结束片.pptx”中的幻灯片，要求幻灯片保留源格式。

16. 在第 1 张幻灯片中插入“背景音乐.mp3”文件作为第 1～12 张幻灯片的背景音乐

（即第12张幻灯片放映结束后背景音乐停止），放映时隐藏图标。

17. 对演示文稿分节并更改节名，具体要求如下：第一张幻灯片单独为一节，节名为“封面”；最后一张幻灯片单独为一节，节名为“致谢”；其余幻灯片为一节，节名为“产品介绍”。

18. 为每个节设置不同的幻灯片切换效果。如果不单击鼠标，第8张幻灯片隔35秒自动换片，其他幻灯片均每隔5秒钟自动换片。

19. 设置幻灯片放映方式为“观众自行浏览（窗口）”“循环放映，按ESC键终止”。

20. 保存文件。

操作步骤

1. 打开Word文档“PPT素材.docx”。选中第一段红色文字，在“开始”选项卡“编辑”组中，单击“选择”按钮，从下拉菜单中选择“选择格式相似的文本”，则选中了所有红色文字；然后单击“样式”组的“标题1”，则将所有红色文字都应用了“标题1”样式。用相同方法，将所有蓝色文字都应用“标题2”样式；将所有绿色文字都应用“标题3”样式。保存后关闭该Word文档。

【提示】将Word文档中的内容作为大纲来创建幻灯片比较方便，然而“PPT素材.docx”中的内容并未设置标题样式，所以应首先编辑“PPT素材.docx”文档，为其中的各级标题设置好标题样式。

启动PowerPoint 2016，新建空白演示文稿，系统自动生成一张标题幻灯片。在“开始”选项卡“幻灯片”组中，单击“新建幻灯片”按钮，在下拉列表中选择“幻灯片（从大纲）”。在打开的对话框中，选择素材文件夹中刚刚编辑修改过的Word文档“PPT素材.docx”，单击“插入”按钮，则幻灯片创建完成。

在左侧幻灯片缩略图窗格中，右击第1张幻灯片，从快捷菜单中选择“删除幻灯片”。按Ctrl+A键选中所有幻灯片，然后在“开始”选项卡“幻灯片”组中单击“重置”按钮，使得所有幻灯片重置为演示文稿母版格式。

保存演示文稿，将文件命名为“BD公司产品简介.pptx”。

2. 在“视图”选项卡“演示文稿视图”组中单击“大纲视图”，从而将左侧幻灯片缩略图窗格切换到大纲视图。在大纲视图中，将插入点定位到第3张幻灯片中产品的描述信息“Big Dog是…………在35度的斜坡上穿越崎岖的地形。”文字之后，按回车键产生新段落，新段落拥有与上一段文字同等的级别。将插入点保持在新段落中，在“开始”选项卡“段落”组中单击两次“降低列表级别”按钮，则将新段落调整为幻灯片标题级别，此时新段落左侧出现了“幻灯片”图标，产生了新幻灯片。

选中第3张幻灯片，在右侧的幻灯片内容编辑窗口中选中标题文本框，按下Ctrl+C键，将其复制到剪贴板。选中第4张幻灯片，在右侧的幻灯片内容编辑窗口中单击或选中标题文本框，按下Ctrl+V键进行粘贴，则当前的第4张幻灯片与第3张幻灯片拥有内容和格式皆相同的标题。

【提示】不要在大纲视图中复制和粘贴标题文字！

用相同的方法，将第4张幻灯片继续进行拆分，使得每一张幻灯片展示一种产品。

3. 在左侧大纲视图中，选中最后一张幻灯片的标题文字“波士顿专利布局情况”，按Delete键将其删除，这样最后两张幻灯片就合并为一张幻灯片。

在“视图”选项卡“演示文稿视图”组中单击“普通”，则将左侧窗格从大纲视图切换回幻灯片缩略图。

4. 在“视图”选项卡“母版视图”组中单击“幻灯片母版”，进入幻灯片母版编辑状态。选中左侧缩略图窗格中最上方的母版（即第 1 张较大的幻灯片），在“幻灯片母版”选项卡“编辑母版”组中单击“重命名”按钮，弹出“重命名版式”对话框，在“版式名称”文本框中输入“BD 产品秀”，如图 12.2 所示。单击“重命名”按钮。

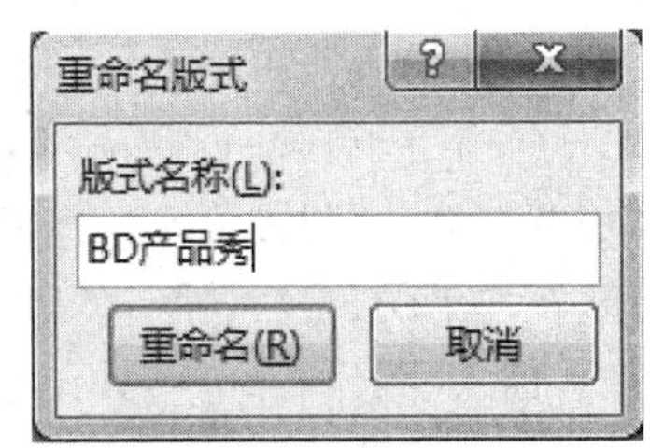

图 12.2　“重命名版式”对话框

在右侧编辑区选中标题占位符文本框，在“绘图工具—格式”选项卡“艺术字样式”组的样式列表中，选择第一行第四列的“填充—白色，轮廓—着色 1，阴影”，单击右侧的“文本轮廓”按钮，从下拉列表中选择标准色中的“深蓝”；在最右侧的“大小”组中设置高度为 2.4 厘米；在“开始”选项卡中设置字体为“微软雅黑”，并加粗。

单击下方的母版内容文本框，拖动上边框中间的圆形控点向上方，适当增加文本框的高度。选中该文本框中的第一级文本“编辑母版文本样式”，在“开始”选项卡“字体”组中设置字体为“微软雅黑”、加粗、文字颜色为“深蓝”，在“段落”组中单击右下角的箭头，弹出“段落”对话框，设置段前间距为 0 磅、段后间距为 12 磅，行距为单倍行距。选中内容文本框中的其他各级文本，设置字体为“方正姚体”，行距为单倍行距。

【提示】 幻灯片母版是所有版式的基础，在幻灯片母版中进行的设置，在各版式幻灯片中都能够体现出来。

5. 选中左侧缩略图窗格中的“标题幻灯片”版式，在“幻灯片母版”选项卡“背景”组中，单击“背景样式”→“设置背景格式”，在窗口右侧出现“设置背景格式”窗格，将“填充”方式选择为“图片或纹理填充”，单击下方的“文件”按钮，在“插入图片”对话框中选择“图片 1.jpg”图片插入。

选中标题占位符文本框，设置字号为 80，在“开始”选项卡“字体”组中单击“字符间距”AV→“其他间距”，弹出“字体”对话框，在“字符间距”选项卡中设置“间距”为“加宽”，“度量值”为 24 磅，如图 12.3 所示，单击“确定”按钮。

选中副标题占位符文本框，设置字体颜色为“白色，背景 1”、字号为 32。

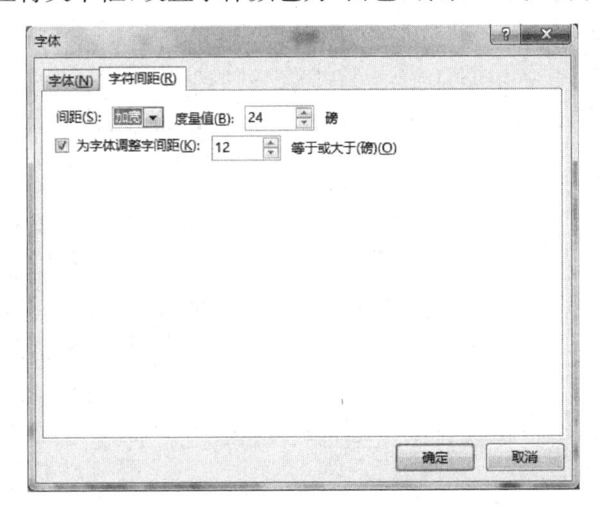

图 12.3　“字体”对话框“字符间距”选项卡

在“插入”选项卡“图像”组中单击“图片”，选择“Logo.png”插入，按住图片四角任一个圆形控点进行拖放，适当缩小图片。在“图片工具—格式”选项卡“排列”组中，单击“对齐”→“左对齐”，再单击“对齐”→“顶端对齐”。

6. 在“幻灯片母版”选项卡“编辑母版”组中，单击“插入版式”按钮，则在左侧缩略图中“标题幻灯片”版式下方新建了一种版式。选中此版式，单击“编辑母版”组中的“重命名”按钮，在弹出的“重命名版式”对话框中将其重命名为“产品展示 1”。

插入“图片 2.png”，并设置左对齐。右击图片，选择快捷菜单中的“置于底层”。

选中标题占位符文本框，在“绘图工具—格式”选项卡“大小”组中，设置宽度为 24 厘米。连续按下键盘上的向右光标键，将文本框水平移动到图片右侧。

在“幻灯片母版”选项卡“母版版式”组中，单击“插入占位符”→“内容”，此时鼠标变成十字形状；拖动鼠标，在标题占位符下方空白位置绘制一个矩形，则创建了一个内容占位符，设置其高度为 12.4 厘米、宽度为 11.5 厘米。单击选中标题占位符，按住 Shift 键同时单击内容占位符，即可同时选中两个占位符；在“绘图工具—格式”选项卡“排列”组中单击“对齐”→“左对齐”。

将内容占位符复制粘贴一份，用上述方法，将其与标题占位符同时选中，设置对齐方式为“右对齐”；再将两个内容占位符同时选中，设置对齐方式为“顶端对齐”。

“产品展示 1”版式编辑完成后的效果如图 12.4 所示。

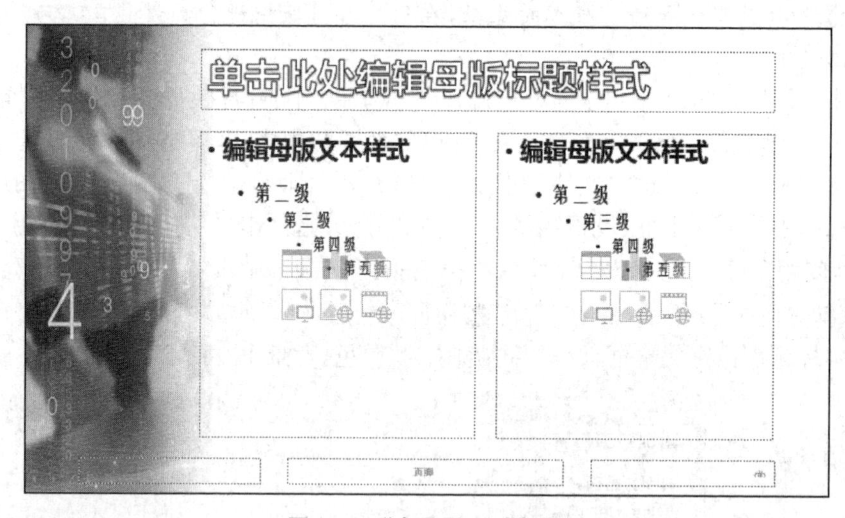

图 12.4 “产品展示 1”版式

7.在左侧缩略图中右击“产品展示 1”版式，从快捷菜单中选择“复制版式”，选中新复制出的版式，将其重命名为“产品展示 2”。在该版式中选中右边的内容占位符，在“绘图工具—格式”选项卡“大小”组中，设置高度为 6.1 厘米。将该内容占位符复制一份，并将其与左边占位符同时选中，设置对齐方式为“底端对齐”；选中右边两个内容占位符，设置对齐方式为“左对齐”。

“产品展示 2”版式编辑完成后的效果如图 12.5 所示。

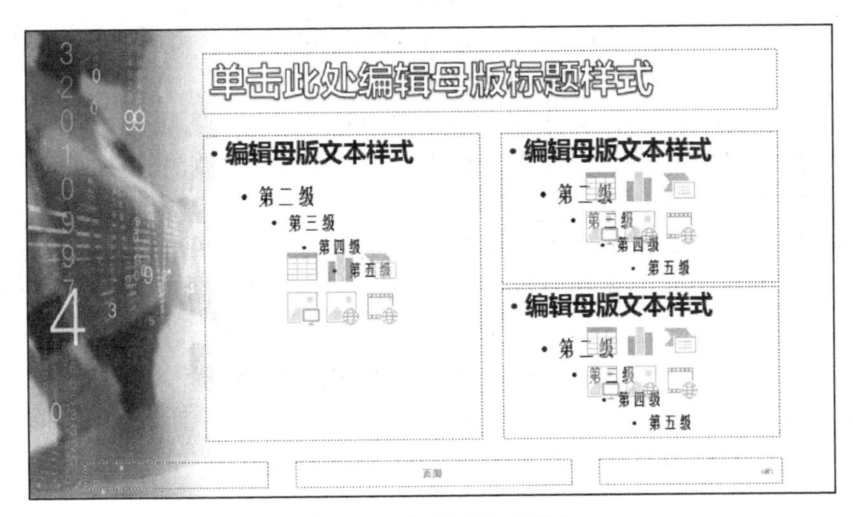

图 12.5　"产品展示 2"版式

8. 在"幻灯片母版"选项卡"关闭"组中单击"关闭母版视图"按钮，返回到普通视图。

在左侧幻灯片缩略图窗格中选中第 1 张幻灯片，在"开始"选项卡"幻灯片"组中单击"版式"→"标题幻灯片"。用同样的方法，设置第 2～3 张和第 12 张幻灯片的版式为"产品展示 1"，第 4～11 张幻灯片的版式为"产品展示 2"。

【提示】如果幻灯片中的内容未按所选版式自动调整格式，则将幻灯片重置即可。

9. 再次进入母版视图，在左侧缩略图中单击"产品展示 2"版式下面的第一张幻灯片版式，按住 Shift 键单击最后一张幻灯片版式，从而选中连续的版式。在"幻灯片母版"选项卡"编辑母版"组中单击"删除"按钮。

10. 打开"PPT 素材.docx"，选中其中从"年份产品"开始的 9 行文字，在"插入"选项卡"表格"组中，单击"表格"→"文本转换成表格"，在弹出的对话框中确认"列数"为 2，"文字分隔位置"为"制表符"，单击"确定"按钮则生成 9 行 2 列的表格。

选中整个表格，按 Ctrl＋C 键复制。切换到演示文稿"BD 公司产品简介.pptx"窗口，选中第 2 张幻灯片，单击右边内容文本框的边框将其整体选中，按 Ctrl＋V 键，将表格粘贴到此幻灯片中。关闭素材文件，无须保存。

删除第 2 张幻灯片中左边内容文本框的最后 9 行文字。

【提示】PowerPoint 中没有将文本直接转换成表格的功能，通过在 Word 中将文字转换为表格、再粘贴到演示文稿中会比较方便。

在幻灯片中，选中表格，拖动表格四周边框上的圆形控点调整表格的大小，适当移动位置。在"表格工具—设计"选项卡"表格样式"组中选择一种样式，如"中度样式 2—强调 5"；在"表格样式选项"组中取消勾选"标题行""第一列""汇总行""最后一列""镶边行""镶边列"；在"表格样式"组中，单击"底纹"→"表格背景"→"图片"，选择"从文件"方式插入图片"图片 1.jpg"，然后再单击"底纹"→"无填充颜色"。

选中整个表格，设置字体为"方正姚体"，字号为 16，字体颜色为"白色，背景 1"。拖动表格中两列之间的框线，适当调整表格列宽，使得单元格内皆为单行文字。

选中整个表格，在"表格工具—布局"选项卡"对齐方式"组中单击"居中"和"垂直居中"

按钮，使得各单元格内文字都水平垂直居中对齐。

【提示】可能表格内文字看起来并未居中，这时需要修改表格文字的段落格式，取消缩进、段间距和行距等格式，即可实现真正的居中。

11. 选中第3张幻灯片，单击右边内容占位符中的“图片”按钮，在弹出的“插入图片”对话框中选择素材文件夹中的图片文件“1-BigDog.jpg”，单击“插入”按钮。

用相同的方法，在其他幻灯片中插入对应图片。

12. 选中第11张幻灯片，单击右边纯色背景的静态图片，在“图片工具—格式”选项卡“调整”组中单击“颜色”→“设置透明色”，鼠标指针变为，单击图片中的纯色背景区域中的某处，即可删除纯色背景。

13. 选中第8张幻灯片，单击右下方内容占位符中的“插入视频文件”按钮，选择“来自文件”方式插入视频“Atlas 最具活力的人形机器人.wmv”。选中插入的视频，在“视频工具—格式”选项卡“调整”组中，单击“标牌框架”→“文件中的图像”，在弹出的对话框中选择“从文件”方式插入图片“视频封面.jpg”。

14. 打开“PPT 素材.docx”，选中文档末尾的表格内容，按 Ctrl+C 键复制。切换回 PowerPoint 演示文稿窗口，选中第12张幻灯片，单击右边内容占位符中的“插入图表”按钮，弹出“插入图表”对话框，选择“饼图”中的“圆环图”，如图12.6所示，单击“确定”按钮。在弹出的 Excel 窗口中，拖动右下角的蓝色方块，使蓝色框线包围前7行、前2列的单元格区域。选中 A1 单元格，按 Ctrl+V 键粘贴，则将素材文件中的数据粘贴到绘制图表时打开的 Excel 窗口中。关闭 Excel 窗口，回到 PowerPoint 窗口中。

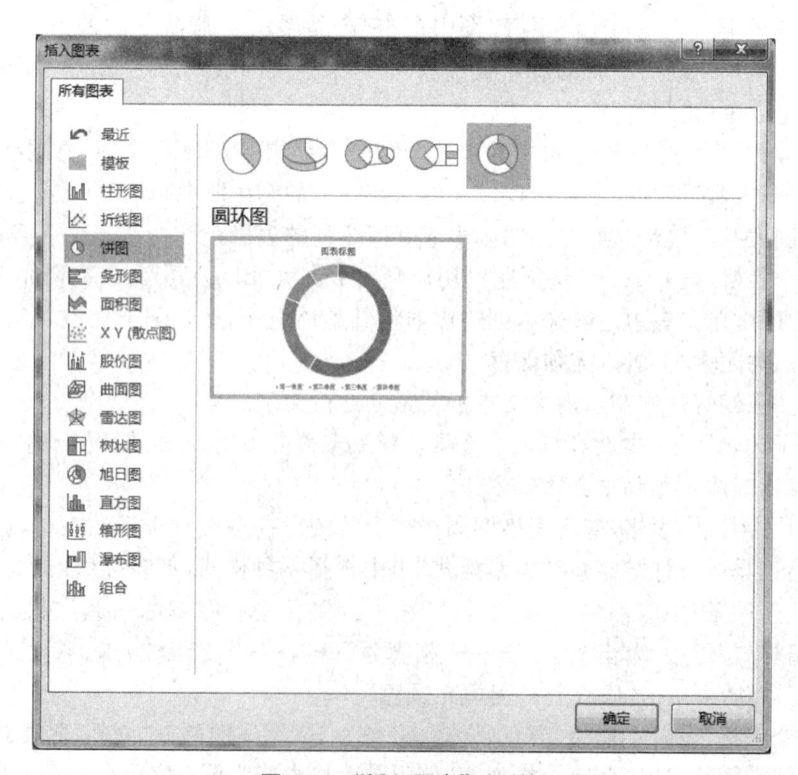

图 12.6 “插入图表”对话框

选中图表，单击标题文字，改为“专利技术分布图”，在“图表工具—设计”选项卡“图表样式”组中，选择样式列表中的“样式 10”。在“图表布局”组中单击“添加图表元素”→“图例”→“无”；单击“添加图表元素”→“数据标签”→“其他数据标签选项”，窗口右侧出现“设置数据标签格式”窗格，在“标签选项”中勾选“类别名称”和“值”，取消勾选“百分比”“显示引导线”，设置“分隔符”为“分行符”，如图 12.7 所示；在“开始”选项卡中设置数据标签的字体颜色为“黑色，文字 1”。设置后的图表如图 12.8 所示。

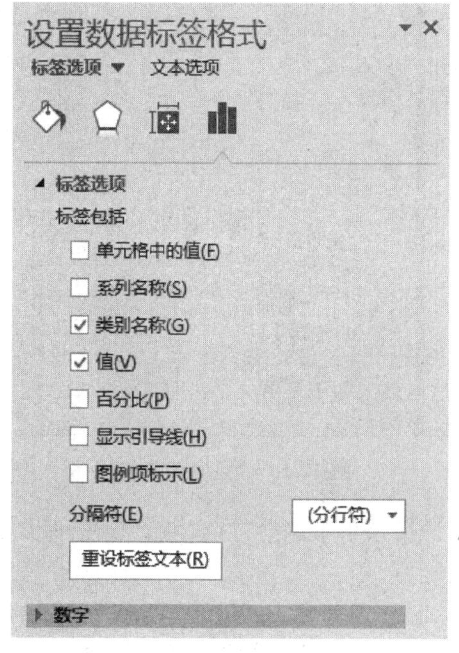

图 12.7　“设置数据标签格式”对话框

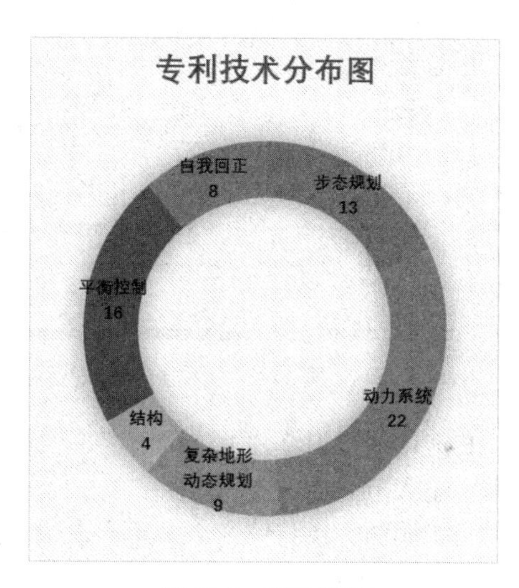

图 12.8　图表效果

15. 打开素材文件夹下的文件“结束片.pptx”，在左侧的幻灯片缩略图窗格中右击幻灯片，选择快捷菜单中的“复制”。切换回“BD 公司产品简介.pptx”，在左侧幻灯片缩略图窗格中最后一张幻灯片下方右击鼠标，选择快捷菜单中“粘贴选项”→“保留源格式”。

16. 选中标题幻灯片，在“插入”选项卡“媒体”组中，单击“音频”→“PC 上的音频”，在弹出的“插入音频”对话框中选择“背景音乐.mp3”并插入。选中插入到幻灯片中的小喇叭图标，在“音频工具—播放”选项卡“音频选项”组中，设置“开始”为“自动”，勾选“跨幻灯片播放”“循环播放，直到停止”“放映时隐藏”。

单击“动画”选项卡“高级动画”组中的“动画窗格”按钮，在“动画窗格”中右击背景音乐动画条目，选择快捷菜单中的“效果选项”，弹出“播放音频”对话框。设置“停止播放”为在“12”张幻灯片后，如图 12.9 所示。单击“确定”按钮。

17. 在左侧幻灯片缩略图窗格中，单击第 1 张与第 2 张幻灯片的分界处，在“开始”选项卡“幻灯片”组中单击“节”→“新增节”。右击第 12 张与第 13 张幻灯片的分界处，在快捷菜单中选择“新增节”。则当前幻灯片被分为了三个节，左侧幻灯片缩略图窗格中显示出各节名称。

在左侧幻灯片缩略图窗格中单击第 1 张幻灯片上方的节名“默认节”，在“开始”选项卡

“幻灯片”组中单击“节”→“重命名节”，在弹出的“重命名节”对话框中输入节名称为“封面”，如图 12.10 所示。

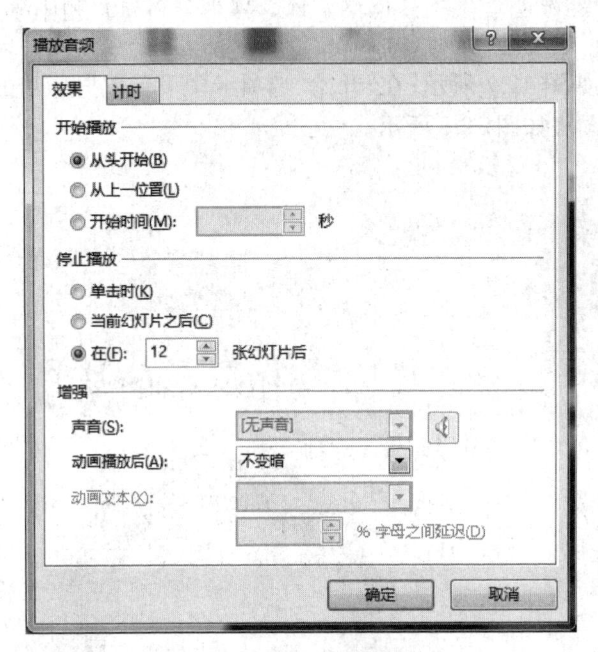

图 12.9 “播放音频”对话框

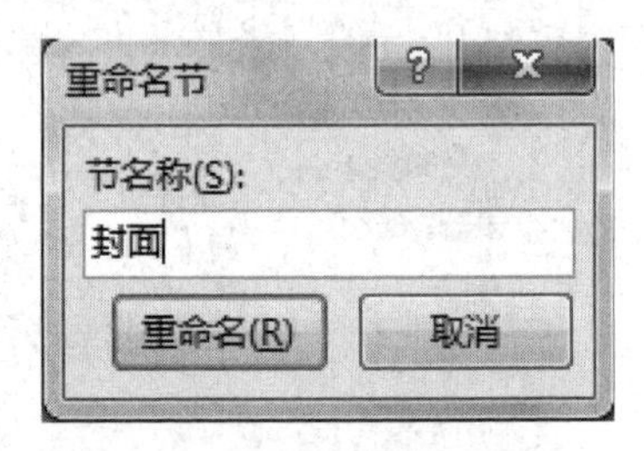

图 12.10 “重命名节”对话框

右击第 2 张幻灯片上方的节名“无标题节”，在快捷菜单中选择“重命名节”，在弹出的对话框中输入节名为“产品介绍”，单击“重命名”按钮。

用相同的方法将第 3 个节重命名为“致谢”。

18. 在“切换”选项卡“计时”组中勾选“设置自动换片时间”复选框，将右侧的时间设置为“00:05:00”；单击“计时”组中“全部应用”按钮。

选中第 8 张幻灯片，在“计时”组中将时间设置为“00:35:00”。

在左侧幻灯片缩略图窗格中单击第 1 节的节名称“封面”，使得该节所有幻灯片都处于选中状态，在“切换”选项卡“切换到此幻灯片”组中选择一种切换方式，如“华丽型”中的“门”。

同样的方法，分别单击另外两个节的节标题，选中其中所有幻灯片，为节内所有幻灯片任选另一种切换方式，例如“揭开”、“溶解”。

19. 在“幻灯片放映”选项卡“设置”组中单击“设置幻灯片放映”，在弹出的“设置放映方式”对话框中，选择“放映类型”为“观众自行浏览(窗口)”，勾选“放映选项”中的“循环放映，按 ESC 键终止”，如图 12.11 所示。单击“确定”按钮。

20. 单击“💾”按钮保存演示文稿。放映幻灯片观察效果。

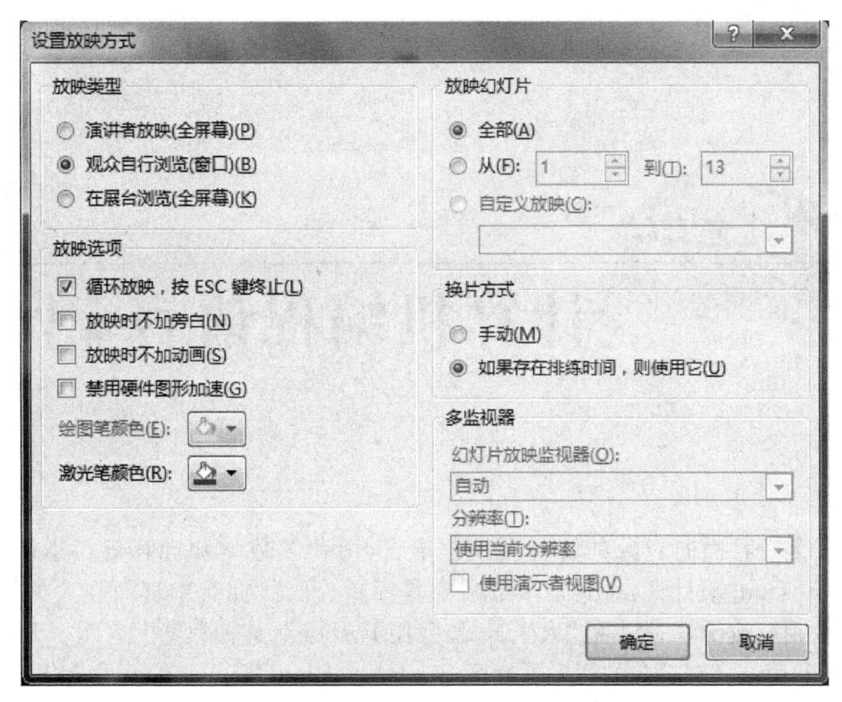

图 12.11　“设置放映方式”对话框

【微信扫码】
相关资源

单元五

计算机编程语言 Python

Python 是一种面向对象的解释型编程语言，由荷兰数学和计算机科学研究学会的 Guido van Rossum 设计开发，其最大的特点是简单、开源、拥有丰富而强大的第三方库。Python 开发领域流传着一句话："人生苦短，我用 Python"，某种程度上表明了 Python 语言功能的强大和简洁。在著名的程序员社区 Stack Overflow 2019 年的开发者年度调查报告中，Python 成为增长最快的开发语言和最受喜爱的开发语言之一。

Python 语言具有以下优点：

1. 开发快速。Python 语言拥有丰富的第三方库，如在数据科学中常用的用于数值处理和科学计算的 NumPy、SciPy，用于数据处理的 Pandas，用于数据可视化的 Matplotlib，用于机器学习的 Scikit-learn 等。数据分析人员在编码过程中，可以方便地使用这些第三方库，从而避免大量重复代码的编写。

2. 代码简洁，容易理解。以机器学习为例，利用传统的 Java 和 Python 完成同一个算法实现时，Python 的实现代码量明显少于 Java。程序代码量的下降意味着开发周期的缩短，这在一定程度上减轻了程序员的开发负担。程序员可以利用节省的时间做更多有意义的事情，如算法设计。

3. 生态健全。Python 目前在 Web 开发、大数据开发、人工智能开发、后端服务开发和嵌入式开发等领域都有广泛的应用，成熟案例非常多，生态健全。

伴随着大数据和人工智能的发展，Python 语言上升趋势非常明显，相信未来 Python 语言在人工智能、物联网等领域会有更加广泛的应用。

在学习 Python 时，我们还需要一个集成开发环境帮助我们进行 Python 项目的快速开发。PyCharm 是目前最著名的 Python 集成开发环境之一，集成了代码编写、分析、编译和调试等功能。

实验十三　PyCharm 的安装与使用

实验目标

1. 掌握 PyCharm 的安装步骤；
2. 掌握 PyCharm 运行 Python 代码的方法；
3. 掌握 PyCharm 安装第三方库的方法；
4. 了解 turtle 库绘图的原理与方法；
5. 了解“冒泡排序”的原理并实现。

场景和任务描述

李晨是一名对计算机编程有着浓厚兴趣的大学生，最近报名参加了一项 Python 程序竞赛。初涉 Python 程序的他感到棘手与困难，希望你们能帮他完成 Python 的初步学习并实现程序的运行。

【提示】本次实验所需的所有素材放在 EX13 文件夹中。

具体任务

1. 进入 PyCharm 官方下载页面，下载 PyCharm 集成开发环境。
2. 找到下载好的 PyCharm 安装文件，进行 PyCharm 安装。
3. 双击桌面 PyCharm 快捷方式，打开 PyCharm。
4. 创建 Python 新项目，选择项目路径并配置项目参数。
5. 在新项目中，创建 Python 文件“Hello.py”，并在该页面编写代码。
6. 运行“Hello.py”文件，输出“Hello Python!”。
7. 在 PyCharm 中完成 turtle 库和 matplotlib 库的安装。turtle 库是 Python 语言中一个绘制图像的函数库，在一个横轴为 x、纵轴为 y 的坐标系中，从原点(0,0)位置开始，根据一组函数指令的控制，在这个平面坐标系中移动，从而绘制图形。matplotlib 库是 Python 语言中一个 2D 绘图库，以各种硬拷贝格式和跨平台的交互式环境生成高质量的图形。
8. 在新建项目下创建 Turtle.py 文件，从 EX13 文件夹下“TurtleGraphics.py”文件中获取绘图代码，运行并输出绘图结果。
9. 在新建项目下再次创建 Bubble.py 文件，从 EX13 文件夹下“BubbleSort.py”文件中获取冒泡排序算法代码。
10. 运行 Bubble.py 文件，输出冒泡排序算法的动画并理解冒泡排序算法的原理。冒泡排序(Bubble Sort)是一种常用的排序算法，其基本思想是：从序列中未排序区域的最后一个元素开始，依次比较相邻的两个元素并将小的元素与大的交换位置。这样经过一轮排序，最小的元素被移出未排序区域，成为已排序区域的第一个元素。之后对未排序区域中的其他元素重复上述过程，最终得到一个从小到大排列的有序序列。同样，也可以按从大到小的顺序排列。

操作步骤

1. 如图 13.1 所示，进入 PyCharm 官方下载页面（http://www.jetbrains.com/pycharm/），单击“Download”超链接，进入下载页面。

图 13.1 PyCharm 下载页面

进入如图 13.2 所示 PyCharm 详细下载页面，单击页面右下边的“Community”下方的“Download”按钮，下载安装程序。

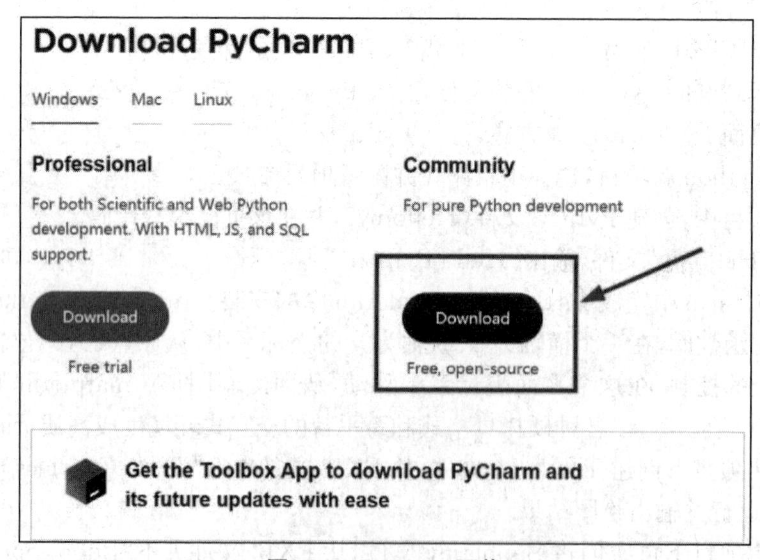

图 13.2 PyCharm 下载

2. 找到并运行下载好的 PyCharm Community 安装文件，如图 13.3 所示，安装 PyCharm 软件。

图 13.3 安装文件

如图 13.4 所示的安装界面，单击右下角“Next”按钮，进入下一个步骤“Choose Install Location”，选择安装路径。

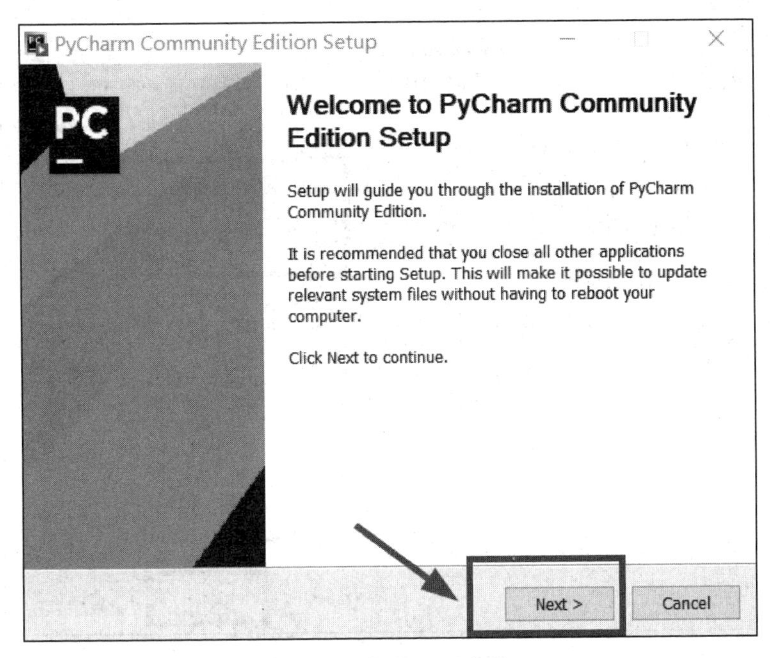

图 13.4　PyCharm 安装界面

如图 13.5 所示选择安装路径界面，单击“Browse”按钮，选择 PyCharm 安装路径（本实例使用默认安装路径），单击右下角“Next”按钮，进入下一个步骤“Installation Options”，安装选项。

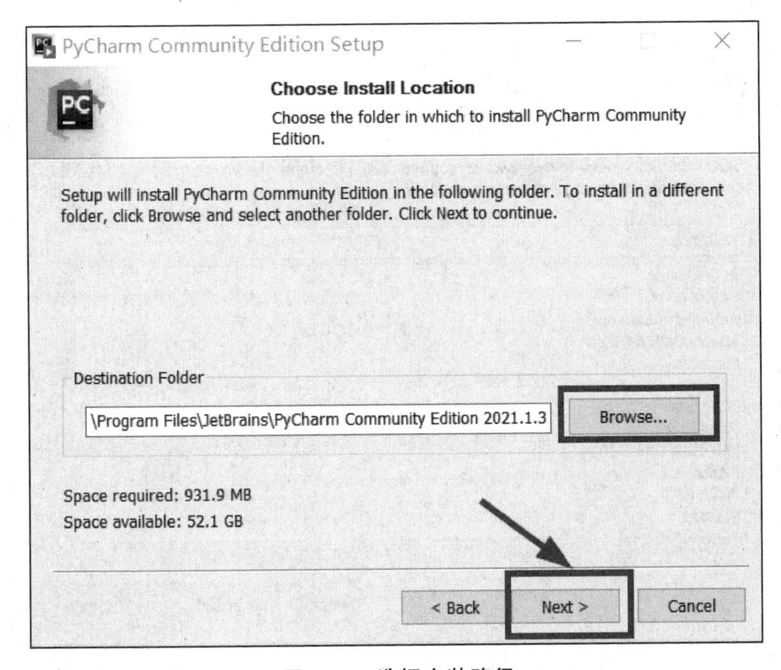

图 13.5　选择安装路径

如图13.6所示安装选项界面，勾选所有选项，单击“Next”按钮，进入下一步骤。

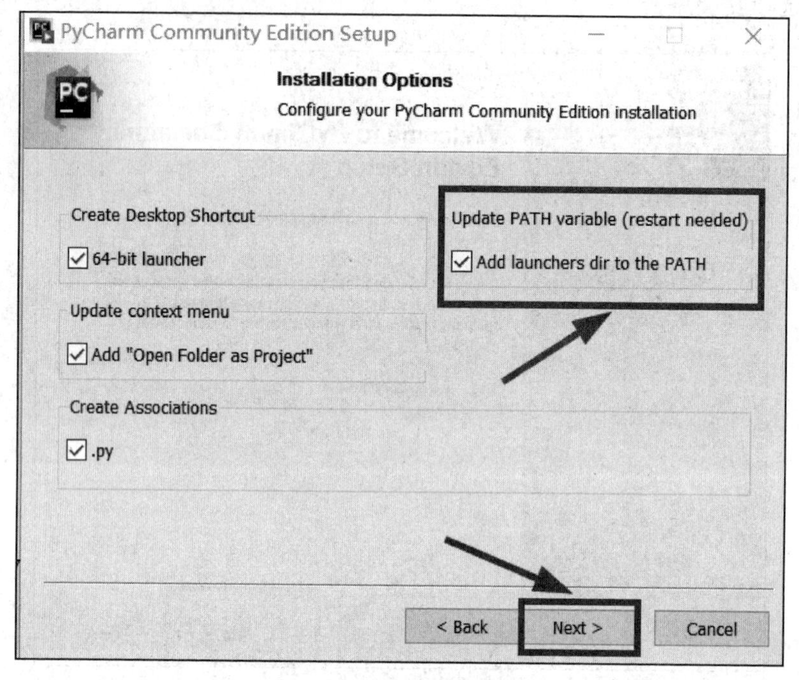

图13.6 勾选安装选项

如图13.7所示“Choose Start Menu Folder”界面，单击右下角“Install”按钮，完成PyCharm的安装。

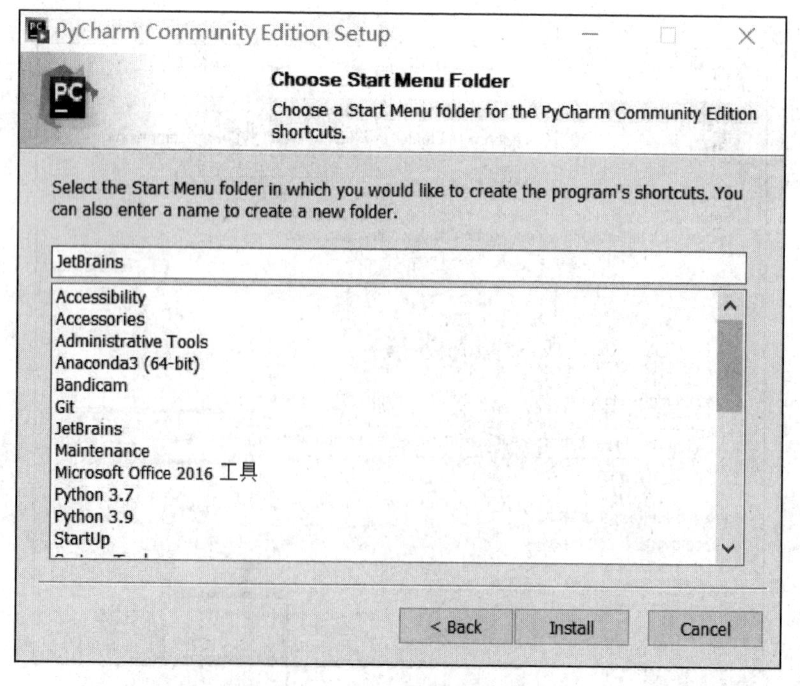

图13.7 “Install”按钮安装程序

3. 完成 PyCharm 安装后，桌面会出现如图 13.8 所示的 PyCharm 快捷方式，双击该快捷方式，运行 PyCharm。

首次运行 PyCharm，会出现如图 13.9 所示的初始界面，勾选复选框，确认接受用户合同的条款，然后单击右下角“Continue”按钮。

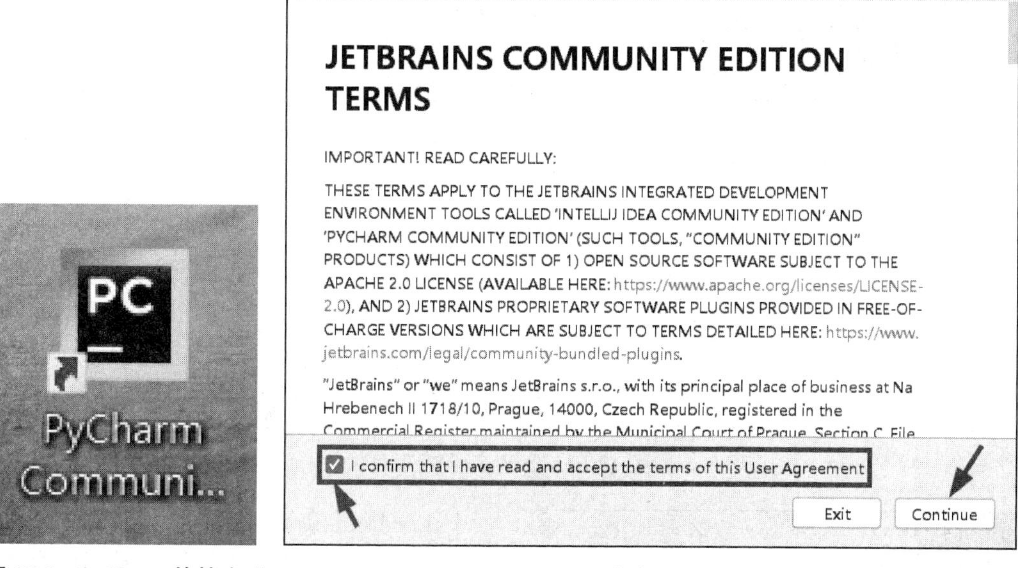

图 13.8　PyCharm 快捷方式　　图 13.9　首次进入初始界面

如图 13.10 所示出现“Welcome to PyCharm”界面，单击“New Project”，开始创建新项目。

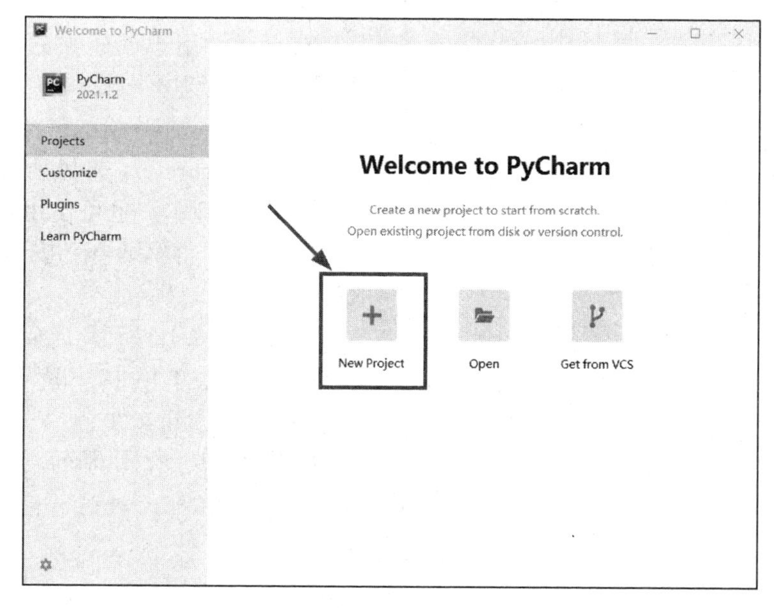

图 13.10　首次进入 PyCharm 界面

4. 如图13.11所示项目配置界面，配置新建项目的参数。

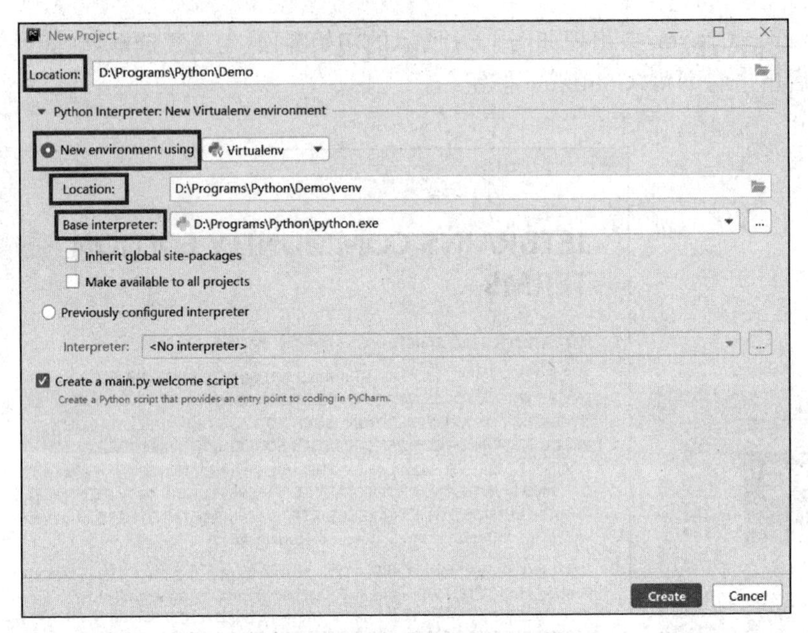

图 13.11　创建、配置新项目

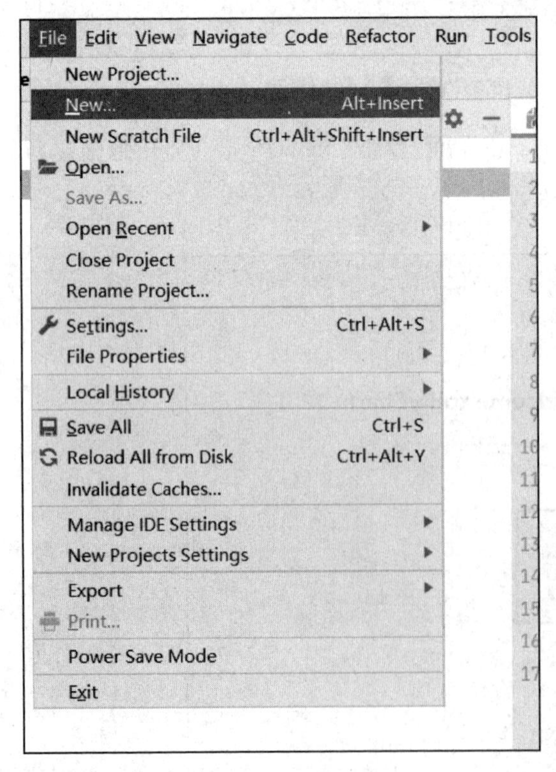

图 13.12　新建文件

Location：新建项目的路径。本实例的项目路径更改为 D:\\Programs\\Python\\Demo，用户也可以使用默认路径。

New environment using：鼠标单击右侧倒三角，下拉菜单中可以选择三种虚拟环境工具 Virtualenv、pipnev、conda。本实验选择 Virtualenv，用于创建独立的 Python 虚拟环境，方便管理不同版本的 Python 模块。

Location：虚拟环境的路径。

Base interpreter：选择所用的 Python interpreter 的版本。也可使用默认的参数，最后单击右下角“Create”按钮，创建新的项目。

5. 如图13.12所示 PyCharm 项目界面，单击顶部菜单栏中“File”菜单，再单击“New”选项来新建文件。

如图13.13所示界面，选择“Python File”文件格式。

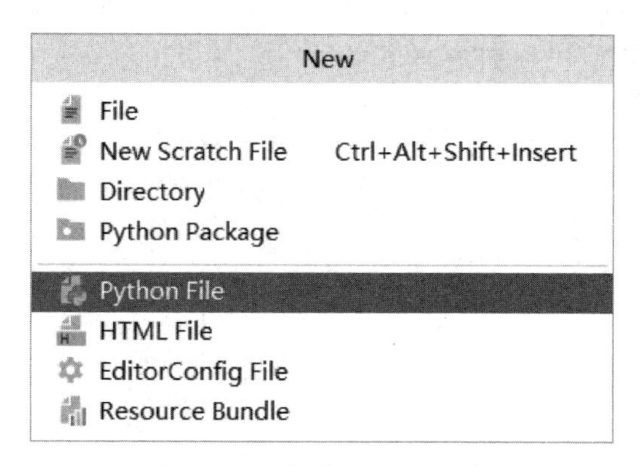

图 13.13　创建 Python 文件

如图 13.14 所示“New Python file”界面，输入新建的文件名“Hello.py”，创建文件。

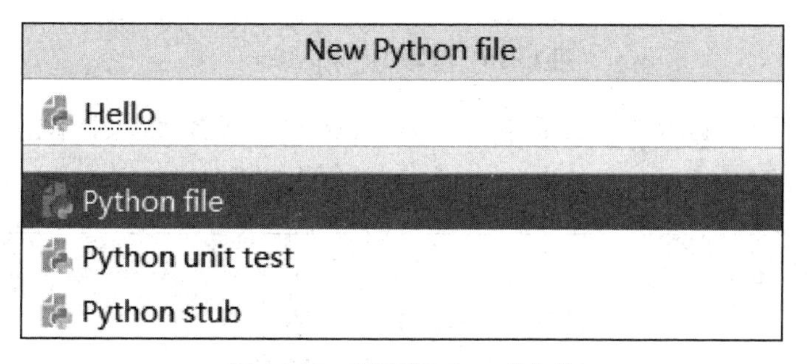

图 13.14　新建“Hello.py”文件

如图 13.15 所示，Hello.py 文件创建成功，可以在该页面编写代码。

图 13.15　文件创建成功

6. 如图 13.16 所示，在创建的 Hello.py 文件中输入 print('Hello Python! ')。

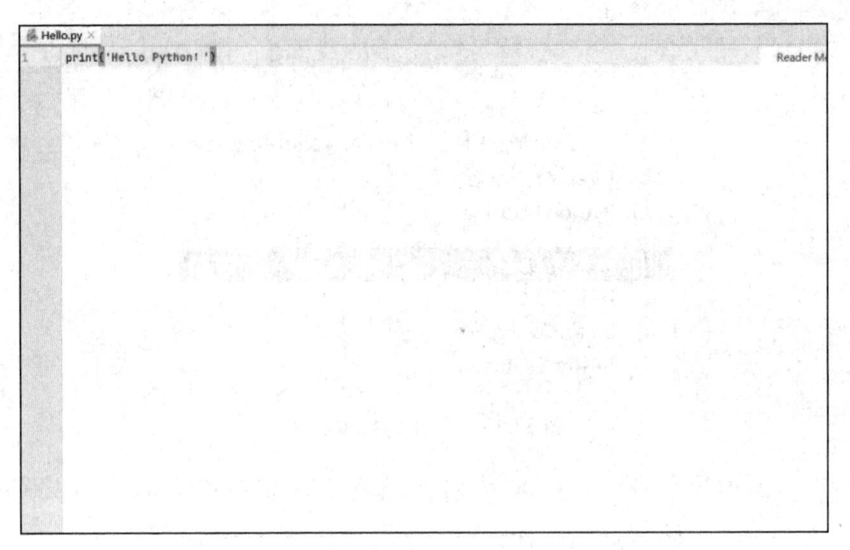

图 13.16 编写 Hello Python!

如图 13.17 所示，鼠标右键页面空白区域，在出现的下拉菜单中单击“Run'Hello'”选项，运行刚才编写的程序。

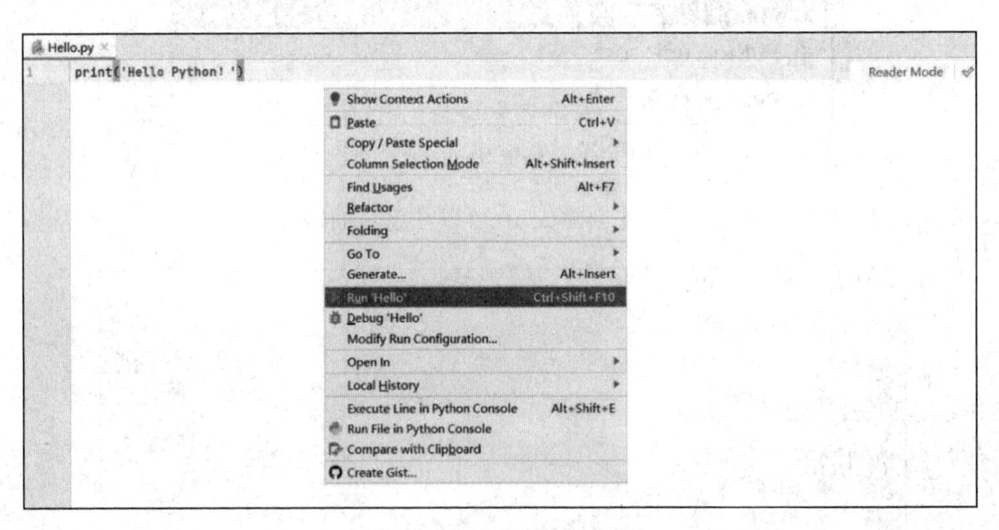

图 13.17 运行“Hello.py”文件

如图 13.18 所示，程序运行成功，在窗口下方输出“Hello Python!”。

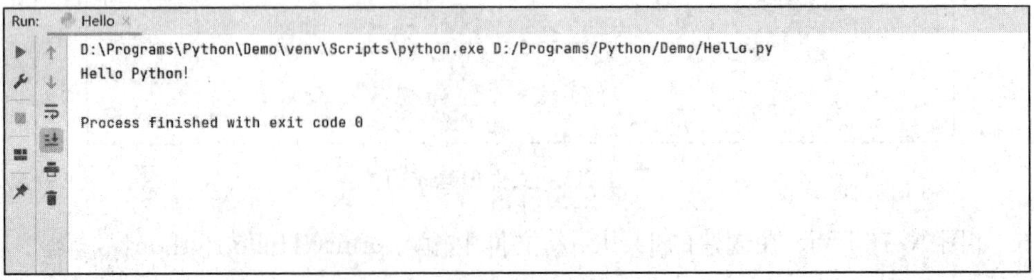

```
Run:  Hello
D:\Programs\Python\Demo\venv\Scripts\python.exe D:/Programs/Python/Demo/Hello.py
Hello Python!

Process finished with exit code 0
```

图 13.18 输出“Hello Python!”

7. 如图 13.19 所示，在 PyCharm 软件界面中，单击顶部菜单栏“File”选项，并在下拉菜单中单击“Settings”选项。

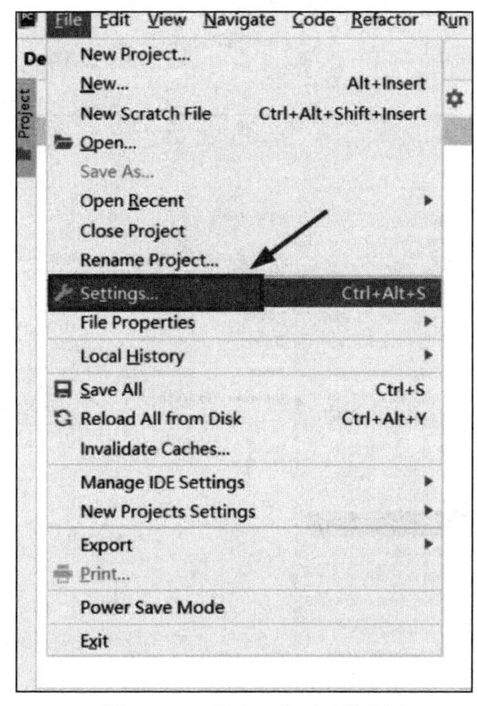

图 13.19　单击 Settings 选项

如图 13.20 所示“Settings”界面，选择左侧的“Project Interpreter”选项，在窗口右侧“Python Interpreter”中选择 Python 环境。单击下方加号按钮，添加第三方库。

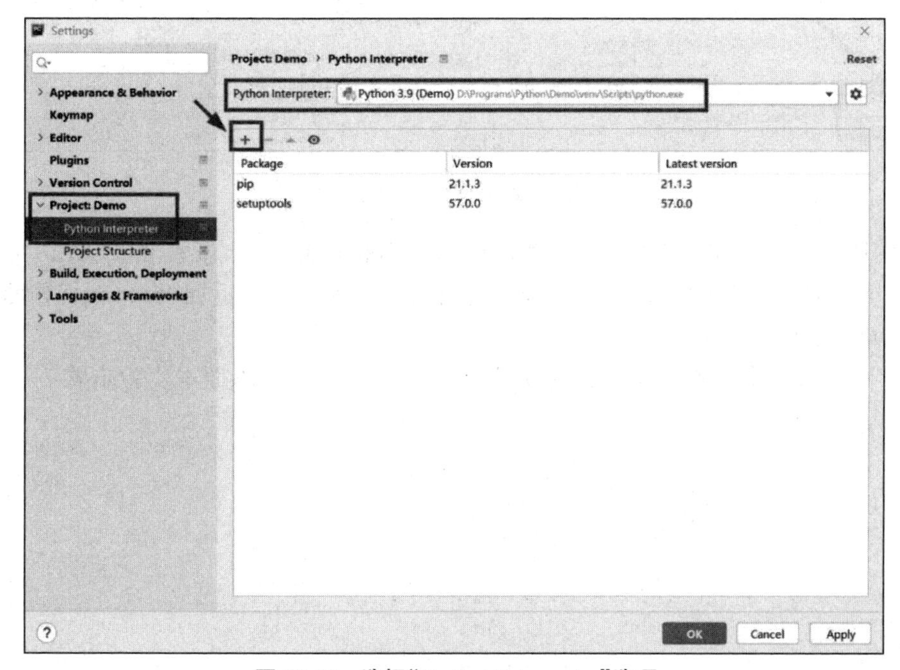

图 13.20　选择“Project Interpreter”选项

如图 13.21 所示“Available Packages”界面，在搜索框中输入第三方库名称（如 turtle 库），按下回车键，搜索需要下载的库，选中库名并单击“Install Package”按钮进行安装。

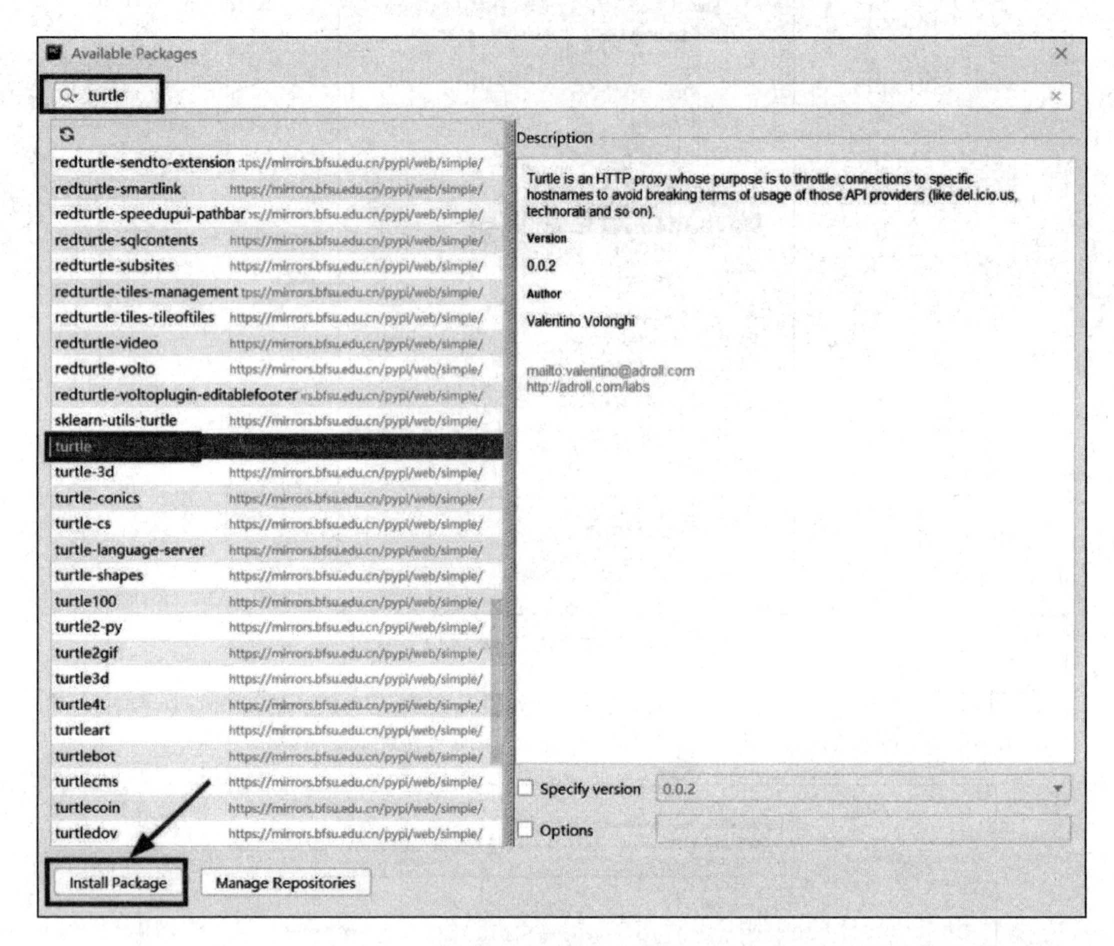

图 13.21 安装 turtle 库

如图 13.22 所示，在搜索框中输入“matplotlib”，按下回车键，搜索 matplotlib 库，选中 matplotlib 库并单击“Install Package”按钮进行安装。安装好后返回“Settings”界面，单击右下方“OK”按钮。

8. 如图 13.23 所示，在项目下创建新的“Python File”文件（参照本实验步骤 5），文件名为“Turtle.py”。

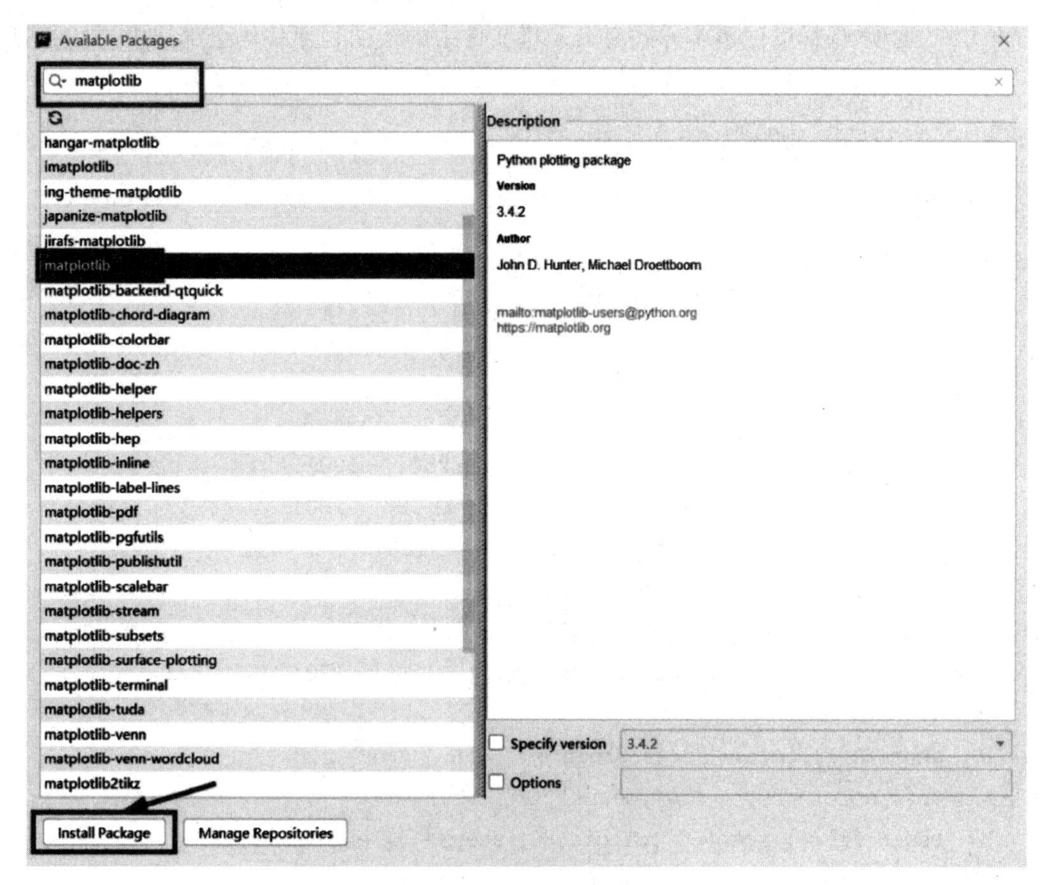

图 13.22　安装 matplotlib 库

图 13.23　创建 Turtle.py 文件

在EX13文件夹中，选中“TurtleGraphics.py”文件，鼠标单击右键，在下拉菜单中选择“打开方式”选项，选择以记事本方式打开。将文件中的绘图程序代码全部选中，复制粘贴至Turtle.py文件中。绘图程序代码如下：

```
1  from turtle import *
2  ht()
3  speed('slow')
4  pensize(50);pencolor('LightGreen')
5  up();goto(-400, -200);down();goto(400, -200)
6
7  pensize(20);pencolor('GoldEnrod')
8  up();goto(-400, -150);down();goto(400, -150)
9  up();goto(-250, -200);down();goto(-250, -100)
10 up();goto(-100, -200);down();goto(-100, -100)
11 up();goto(30, -200);down();goto(30, -100)
12 up();goto(300, -200);down();goto(300, -100)
13 pensize(30);pencolor('Olive')
14 up();goto(-150, -200);down();goto(-150, -120)
15
16 pensize(1);color('ForestGreen')
17 up();goto(-80, -120);down()
18 begin_fill();seth(60);circle(80, steps=3);end_fill()
19 up();goto(-95, -50);down()
20 begin_fill();seth(60);circle(60, steps=3);end_fill()
21 up();goto(-110, 0);down()
22 begin_fill();seth(60);circle(40, steps=3);end_fill()
23
24 pensize(1);color('RoyalBlue')
25 up();home();fd(70);right(90);down()
26 begin_fill();fd(200);left(90);fd(200);left(90);fd(200);end_fill()
27
28 pensize(30);pencolor('DimGray');
29 up();goto(230, 30);down();goto(230, 120)
30
31 pensize(1);color('DeepPink');up();home();down()
32 begin_fill();left(30);fd(200);right(60);fd(200);home();end_fill()
33
34 color('Violet');up();goto(160, -90);down()
35 begin_fill();seth(45);circle(50, steps=4);end_fill()
36
```

```
37  color('Chocolate');up();goto(250, -200);down();seth(90)
38  begin_fill()
39  fd(120);left(90);fd(60);left(90);fd(120);left(90);fd(60)
40  end_fill()
41
42  up();goto(250, 160);dot(30, 'AliceBlue')
43  goto(270, 200);dot(20, 'AliceBlue')
44  goto(300, 220);dot(10, 'AliceBlue')
45
46  goto(-260, 250);dot(80, 'Gold')
```

第 2 行：使用 ht()函数能隐藏画笔图标，使用 st()函数能显示画笔图标。

第 3 行：调整绘图速度，取值可以为 slowest，slow，normal，fast，fastest。

第 4 行：大地，画一条长为 800 像素的线段，画笔大小为 50 像素，填充颜色为“'LightGreen'”。

第 7 行：栅栏，画笔大小为 20 像素，填充颜色“'GoldEnrod'”。

第 13 行：树干，画一条长为 80 像素的线段，画笔大小为 30 像素，填充颜色为“'Olive'”。

第 16 行：树冠，分别以半径为 80、60 和 40 画出圆的内切正 3 边形，填充颜色为“'ForestGreen'”。

第 24 行：房子的墙体，画一个边长为 200 像素的正方形，填充颜色为“'RoyalBlue'”。

第 28 行：烟囱，画一条长为 90 像素的线段，画笔大小为 30 像素，填充颜色为“'DimGray'”。

第 31 行：房顶，画一个底角为 30 度、腰为 200 像素的等腰三角形，填充颜色为“'DeepPink'”。

第 34 行：窗户，画一个半径为 50 像素的圆的内切正 4 边形，填充颜色为“'Violet'”。

第 37 行：门，画一个长为 120 像素、宽为 60 像素的长方形，填充颜色为“'Chocolate'”。

第 42 行：炊烟，画 3 个依次变小的圆点，填充颜色为“'AliceBlue'”。

第 46 行：太阳，画一个 80 像素的圆点，填充颜色为“'Gold'”。

鼠标右键页面空白区域，在出现的下拉菜单中单击“Run'Turtle'”选项，运行 Turtle.py 文件(参照本实验任务 6)，运行结果如图 13.24 所示。

图 13.24　turtle 绘图

9. 如图 13.25 所示，在项目下创建新的“Python File”文件(参照本实验步骤 5)，文件名为“Bubble.py”。

图 13.25 创建 Bubble.py 文件

在 EX13 文件夹中，选中“BubbleSort.py”文件，鼠标单击右键，在下拉菜单中选择“打开方式”选项，选择以记事本方式打开。将文件中的冒泡算法程序代码全部选中，复制粘贴至 Bubble.py 文件中。冒泡算法程序如下：

```
1  from matplotlib import pyplot as plt
2  import random
3
4  LIST_SIZE = 40
5  PAUSE_TIME = 4 /LIST_SIZE
6
7  def bubble_sort(nums):
8      for i in range(len(nums) - 1):
9          for j in range(len(nums) - i - 1):
10             if nums[j] > nums[j + 1]:
11                 nums[j], nums[j + 1] = nums[j + 1], nums[j]
12             plt.cla()
13             plt.bar(range(len(nums)), nums, align = 'center')
14             plt.bar(j, nums[j], color = "r", align = "center")
15             plt.bar(j + 1, nums[j + 1], color = "r", align = "center")
16             plt.pause(PAUSE_TIME)
17     plt.show()
18 if __name__ == "__main__":
19     nums = []
20     for i in range(LIST_SIZE):
21         nums.append(random.randint(0, 1000))
22     bubble_sort(nums)
23     print(nums)
```

第 1 行：导入 matplotlib.pyplot 库。

第 2 行:导入 random 库。

第 12 行:清除内容。

第 13 行:绘画柱状图,align="center"垂直对齐属性。

第 14 行:绘画柱状图,color="r" 颜色红色。

10. 鼠标右键页面空白区域,在出现的下拉菜单中单击“Run'Bubble'”选项,运行 Bubble.py 文件(参照本实验步骤 6),运行结果如图 13.26 所示。

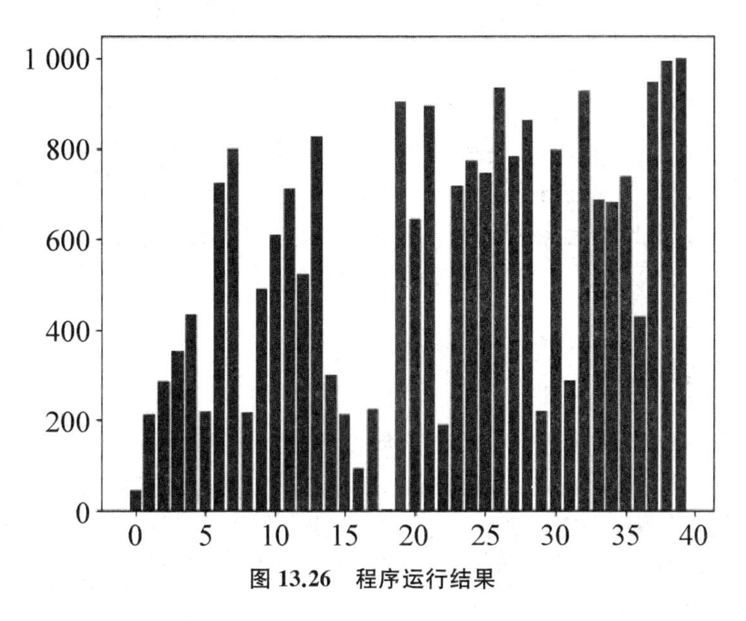

图 13.26　程序运行结果

实验十四 Python 爬取豆瓣读书 Top250

实验目标

1. 了解网络爬虫原理；
2. 安装 Chrome 浏览器，掌握使用 Chrome 浏览器查看网页元素的方法；
3. 了解 XPath，安装 XPath Helper 离线插件；
4. 使用 XPath Helper 插件进行网页页面元素定位和标签查找；
5. 爬虫代码实现豆瓣读书 Top250 的数据爬取；
6. 了解输出词云的方法。

场景和任务描述

李晨收到了 Python 程序竞赛委员会发布的第一个任务：自主完成一项爬虫程序，并实现爬取数据的可视化。李晨决定爬取豆瓣读书 Top250 数据，并将图书信息输出为词云，实现数据的可视化。希望你们能帮李晨一起完成这项任务。

【提示】 本次实验所需的所有素材放在 EX14 文件夹中。

具体任务

1. 在 EX14 文件夹中找到 ChromeSetup.exe 文件，双击安装 Chrome 浏览器。

2. 使用 Chrome 浏览器访问豆瓣读书 Top250 网页（https://book.douban.com/top250），查看网页代码及元素。

3. 在 Chrome 浏览器中安装 XPath Helper 插件。安装了 XPath Helper 后能够获取页面 HTML 元素，定位到对应的位置，解析网页。

4. 使用 XPath Helper 插件定位豆瓣读书网页中的图书信息。

5. 新建 Douban 项目，配置新建项目路径。

6. 在新建项目中，安装本实验所需第三方库 requests、lxml、jieba、wordcloud、matplotlib。

7. 在新建项目下创建 Book.py 文件爬取豆瓣读书 Top250 数据。

8. 在新建项目下创建 Wordle.py 文件输出豆瓣读书 Top250 数据词云。

操作步骤

1. 在 EX14 文件夹中找到 ChromeSetup.exe 文件，双击安装 Google Chrome 浏览器，如图 14.1 所示。

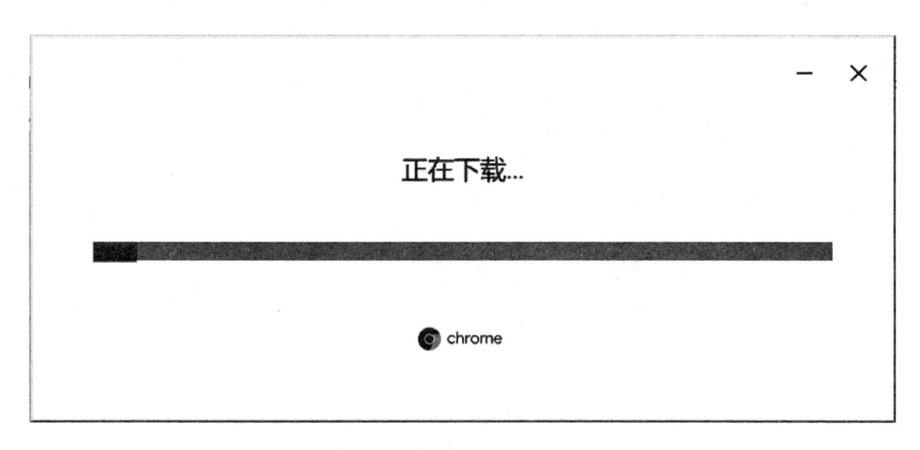

图 14.1　安装 Google Chrome

2. 打开 Chrome 浏览器，打开豆瓣读书 Top250 网页，网址为 https://book.douban.com/top250，如图 14.2 所示。

图 14.2　豆瓣读书 Top250 网页

在网页空白处，单击鼠标右键，在下拉菜单中点击“检查”选项，如图14.3所示。

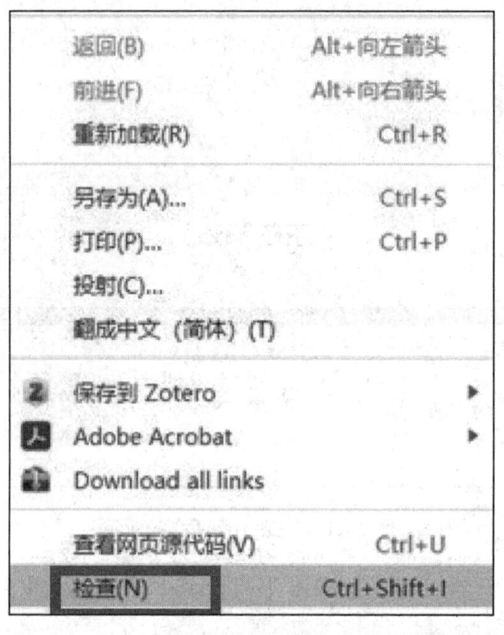

图14.3　在网页空白区域单击鼠标右键

如图14.4所示为检查页面内容界面，查看网页元素和代码：

图14.4　检查页面

Element为浏览器渲染页面时的HTML、CSS和DOM对象。

Network包含了页面与服务器交互过程。

Source为源代码面板，主要用于调试JavaScript。

Console为控制台面板，显示警告和错误。在开发期间可以用console记录诊断信息，或者用它作为shell在页面上与JavaScript交互。

Performance可以查看页面生命周期内的各种表现和性能。

Memory 提供比 performance 更多的信息，包括跟踪内存泄漏。

Application 检查加载的所有资源。

Security 为安全面板，用来处理安全证书问题。

3. 单击 Chrome 浏览器右上角“自定义及控制”图标，单击下拉菜单中“更多工具”选项，再单击下级菜单中“扩展程序”选项，如图 14.5 所示。

图 14.5　单击“扩展程序”

如图 14.6 所示“扩展程序”界面，打开右上角“开发者模式”。

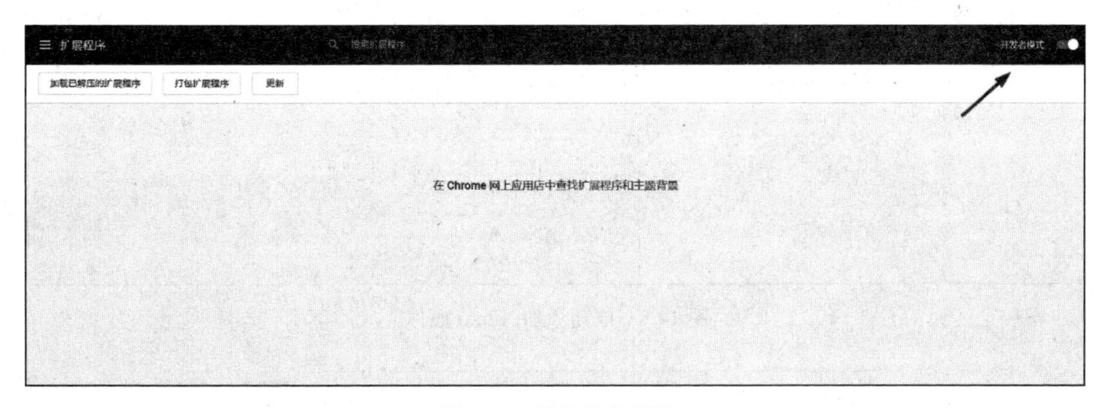

图 14.6　扩展程序界面

如图 14.7 所示，在 EX14 文件夹中找到“XPathHelper.rar”文件，将其解压缩至当前文件夹。在 Chrome 浏览器的“扩展程序”界面，单击“加载已解压的扩展程序”按钮，找到刚才解压的 XPath Helper 文件夹并将其导入。

如图 14.8 所示，“扩展程序”界面成功添加 XPath-Helper 插件。

再次单击 Chrome 浏览器页面右上角的“扩展程序”按钮，单击图 14.9 中的固定按钮，可以将 XPath 插件固定在浏览器顶部。Chrome 浏览器页面的右上角出现 XPath 插件标识，如图 14.10 所示。

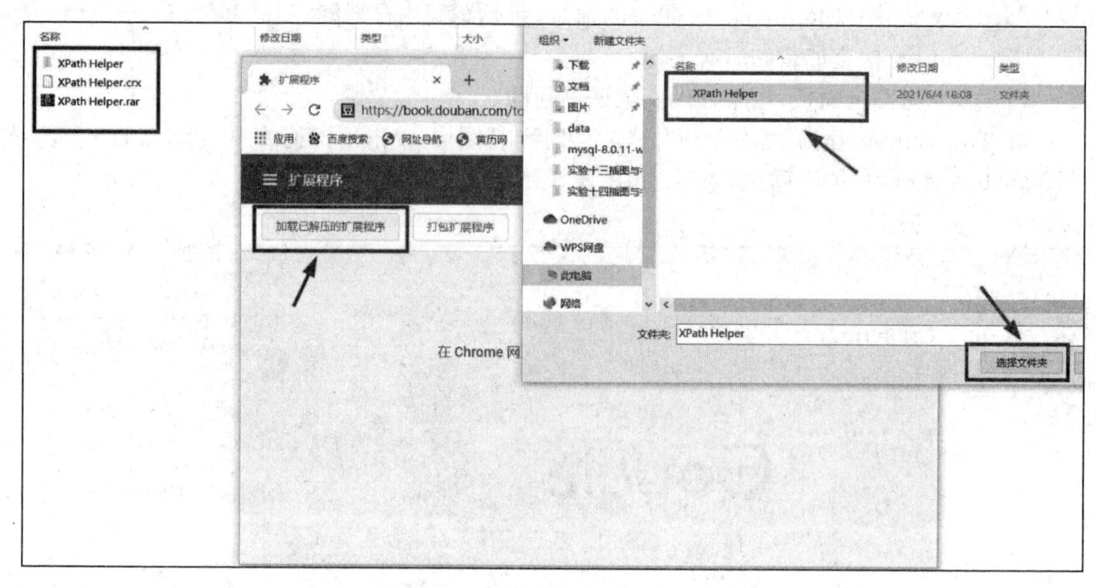

图 14.7　开发者模式安装插件方法

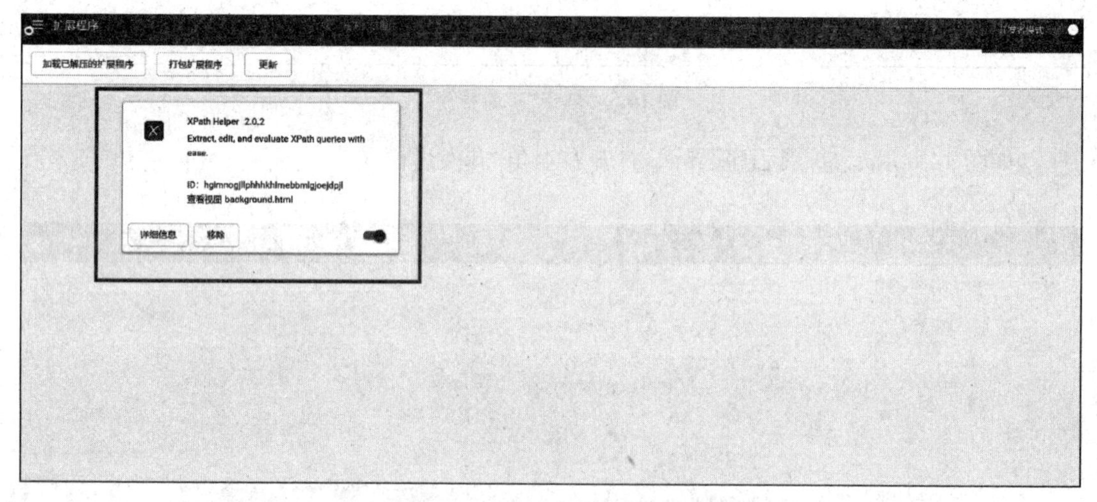

图 14.8　成功添加 XPath 插件

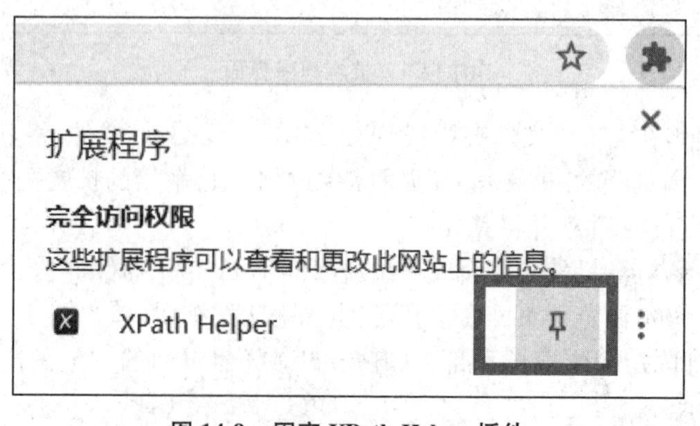

图 14.9　固定 XPath Helper 插件

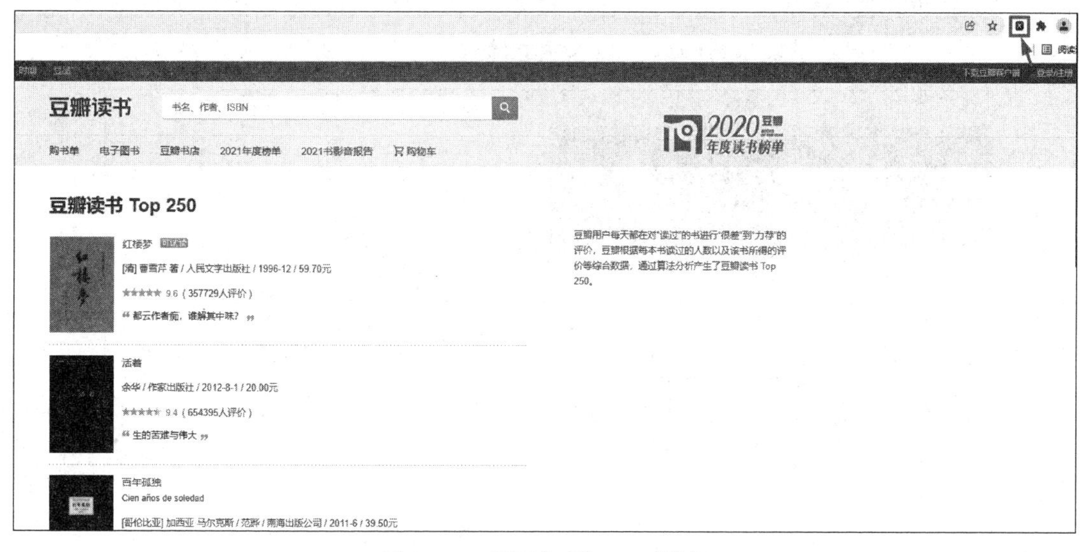

图 14.10　页面出现"XPath"按钮

如图 14.11 所示，点击 Chrome 浏览器页面右上角的"XPath"按钮（![X]），也可以用快捷键 Ctrl+Shift+X 来调出窗口编写 XPath，再按一次该组合快捷键该窗口就会关掉。

图 14.11　快捷键调出 XPath-Helper

4. 使用 Chrome 浏览器检查网页代码，并定位到需要爬取的元素，如图 14.12 所示，鼠标选中页面右侧所定位标签处，页面左侧出现蓝框包含了页面数据。

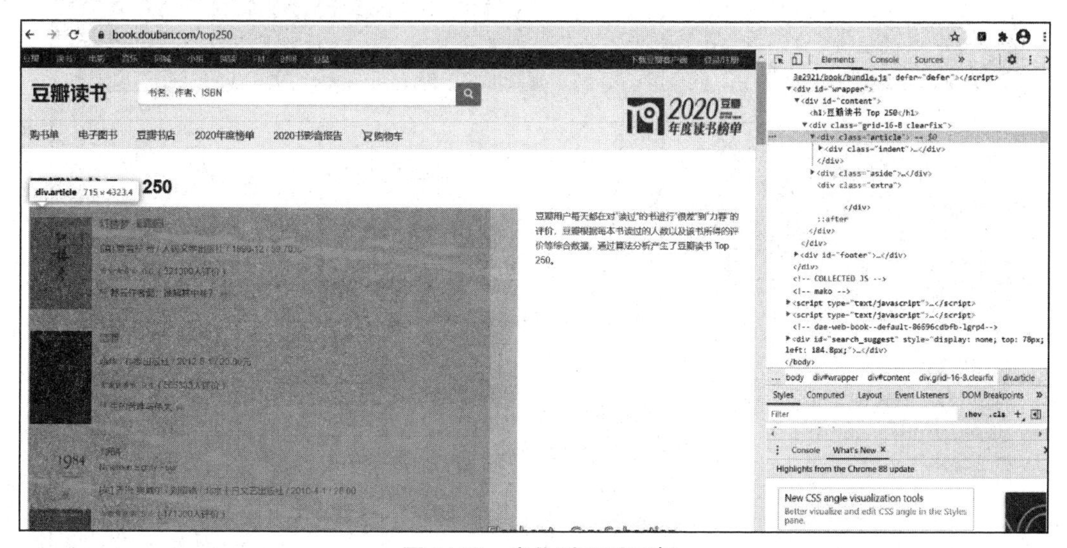

图 14.12　定位到页面元素

如图 14.13 所示，所定位到的网页元素位置，标签是 <div class="article">，包括了页面每一本图书信息，鼠标选中并右击，在下拉菜单中选择“Copy”，在下一级菜单中选择“Copy XPath”，即可复制元素在网页中的XPath路径。

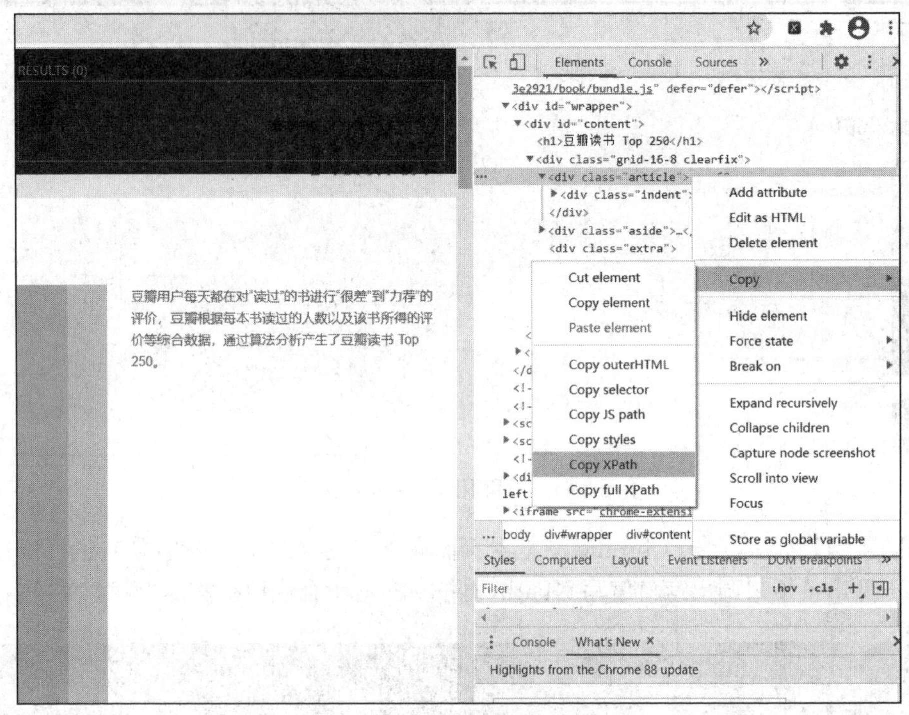

图 14.13　复制 XPath 路径

将复制得到的XPath路径粘贴到XPath Helper插件的左侧方框中，可以看到右侧方框中出现了定位到的图书信息，如图14.14所示。

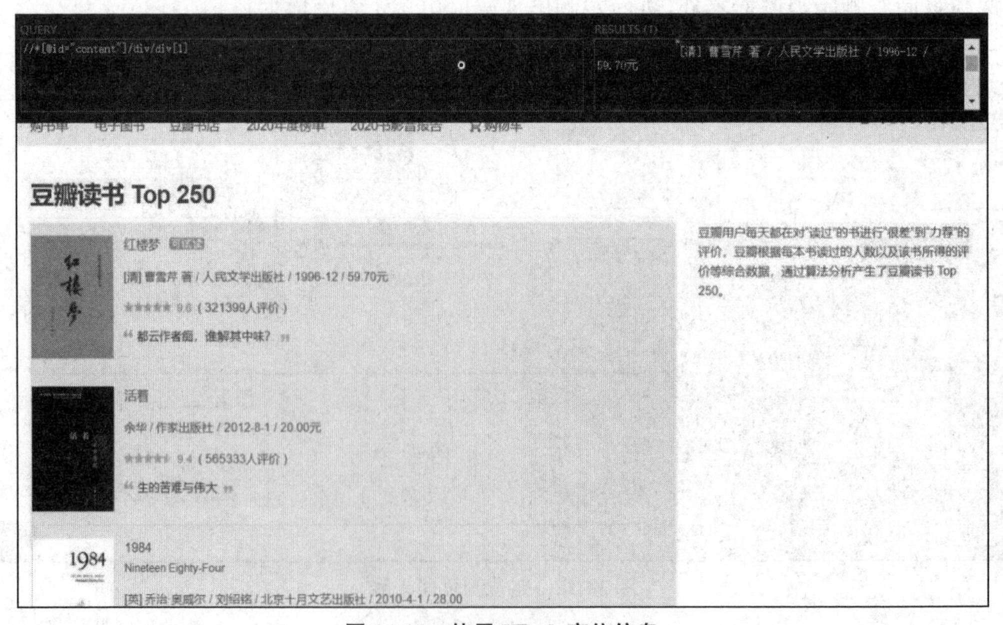

图 14.14　使用 XPath 定位信息

以抓取《红楼梦》书名为例，定位书名在标签<div class="pl2">下，鼠标选中并右击，在下拉菜单中选择“Copy”，再在下一级菜单中选择“Copy XPath”，复制元素在网页中XPath 路径。将 XPath 路径粘贴到 XPath Helper 插件的左侧方框中，可以看到右侧方框出现《红楼梦》的书籍信息，如图 14.15 所示。

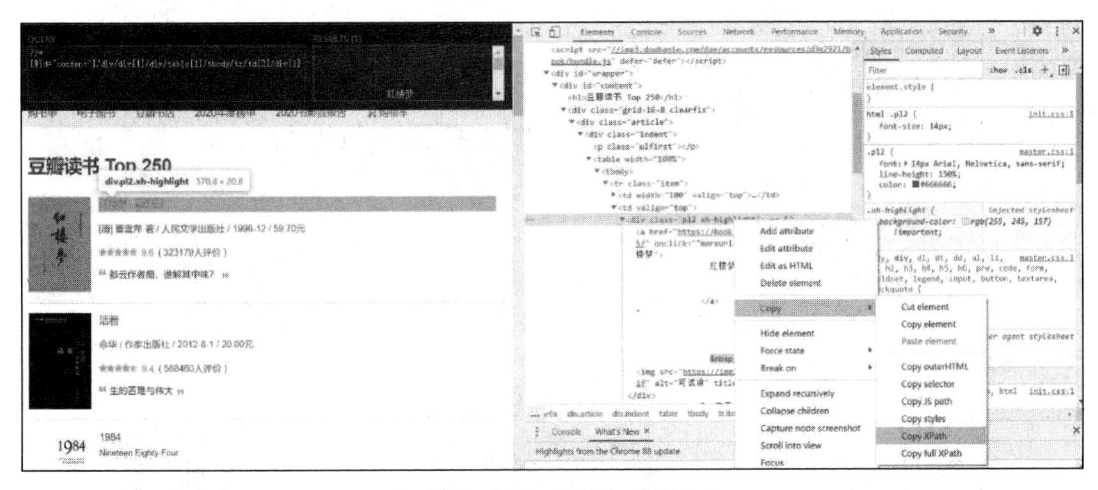

图 14.15　抓取《红楼梦》书籍信息

5. 新建项目。打开 PyCharm，单击顶部菜单栏 File 按钮，并在下拉菜单中选择单击“New Project”选项，如图 14.16 所示。

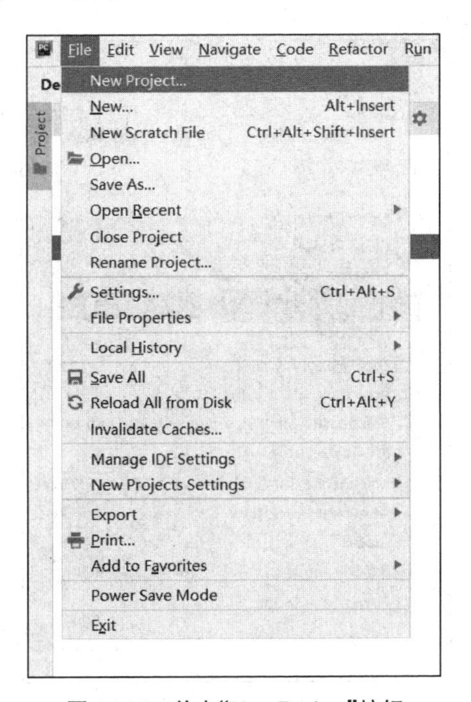

图 14.16　单击“New Project”按钮

如图 14.17 所示“Create Project”界面，创建新项目（参照实验十三步骤 4），新项目路径更改为 D:\\Programs\\Python\\Douban，也可使用默认路径，单击右下角“Create”按钮。

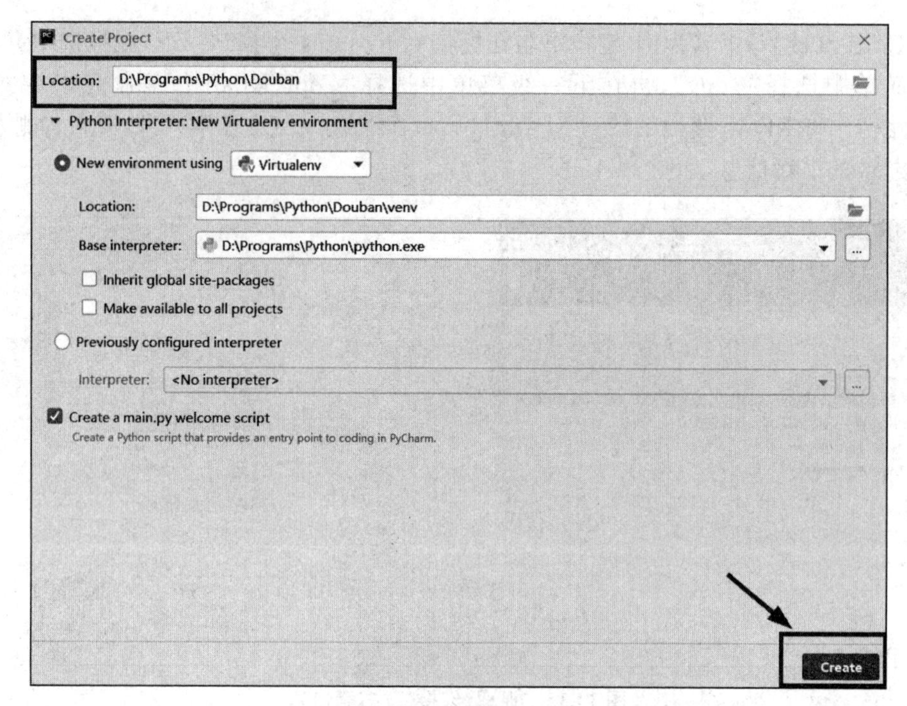

图 14.17　创建新项目

6. 进入 PyCharm 项目界面，单击顶部菜单栏 File 按钮，并在下拉菜单中选择单击"Settings"选项。

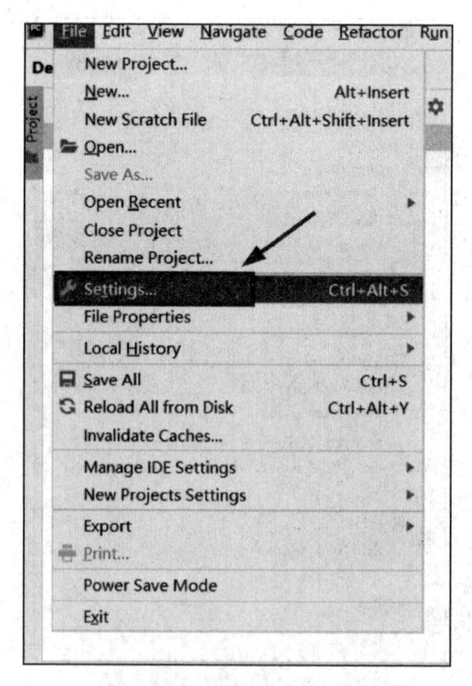

图 14.18　单击 Settings 选项

在弹出的对话框中选择左侧的"Project Interpreter"选项，在窗口右侧"Python Interpreter"中选择 Python 环境。单击下方加号添加第三方库，如图 14.19 所示。

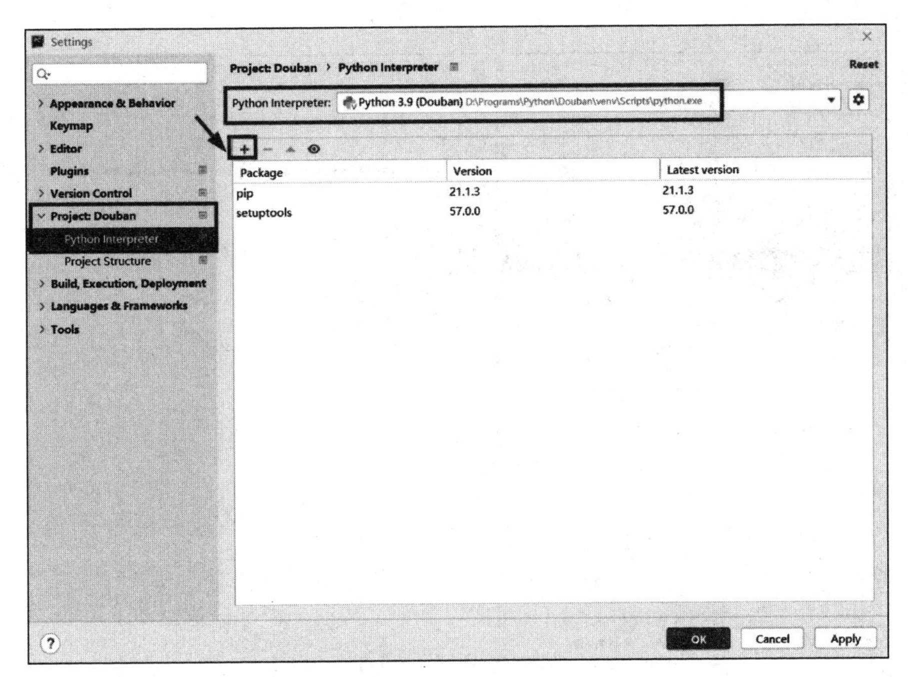

图 14.19　选择“Project Interpreter”选项

进入“Available Packages”窗口，在搜索框中输入所需第三方库名称（requests、lxml、jieba、wordcloud、matplotlib），选中需下载的库，单击“Install Package”按钮进行安装，如图 14.20、14.21、14.22、14.23、14.24 所示。安装好后返回“Settings”窗口，单击右下方“OK”按钮。

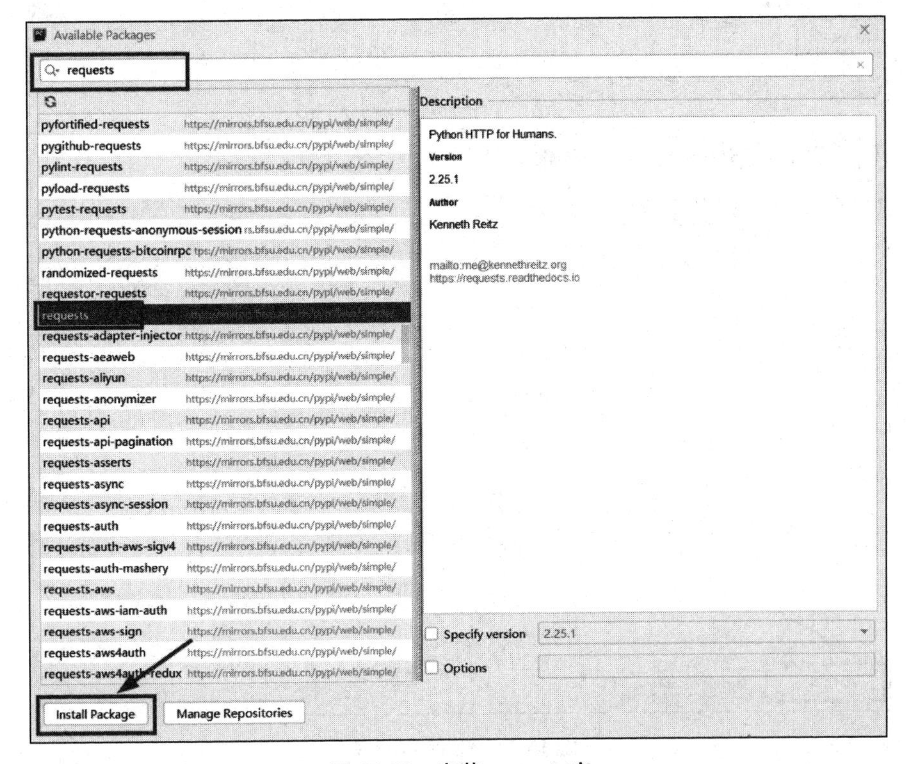

图 14.20　安装 requests 库

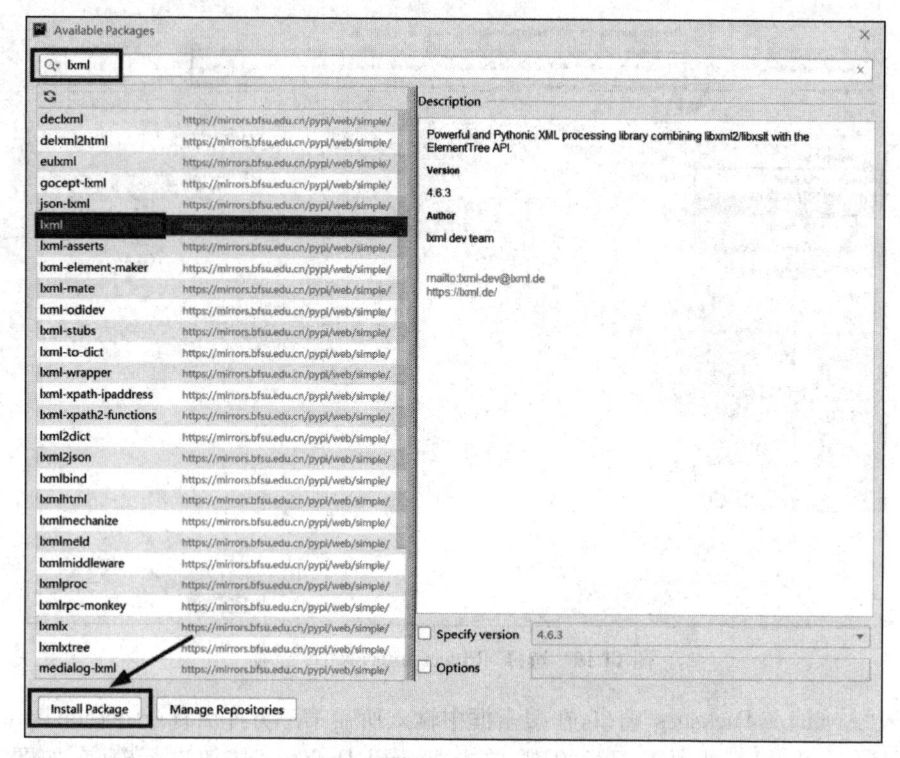

图 14.21　安装 lxml 库

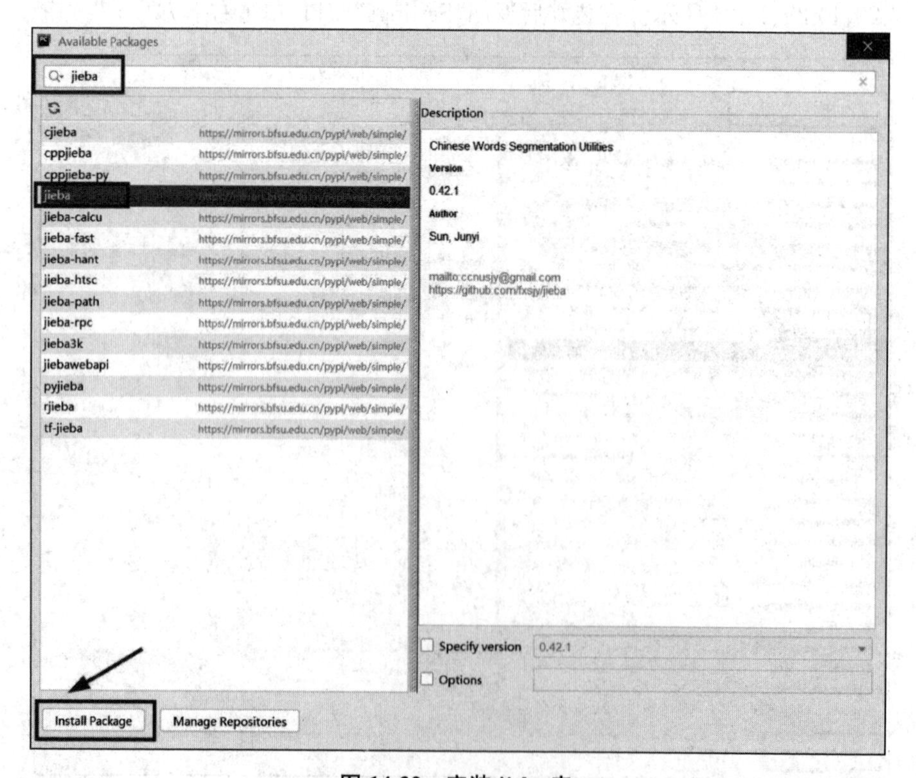

图 14.22　安装 jieba 库

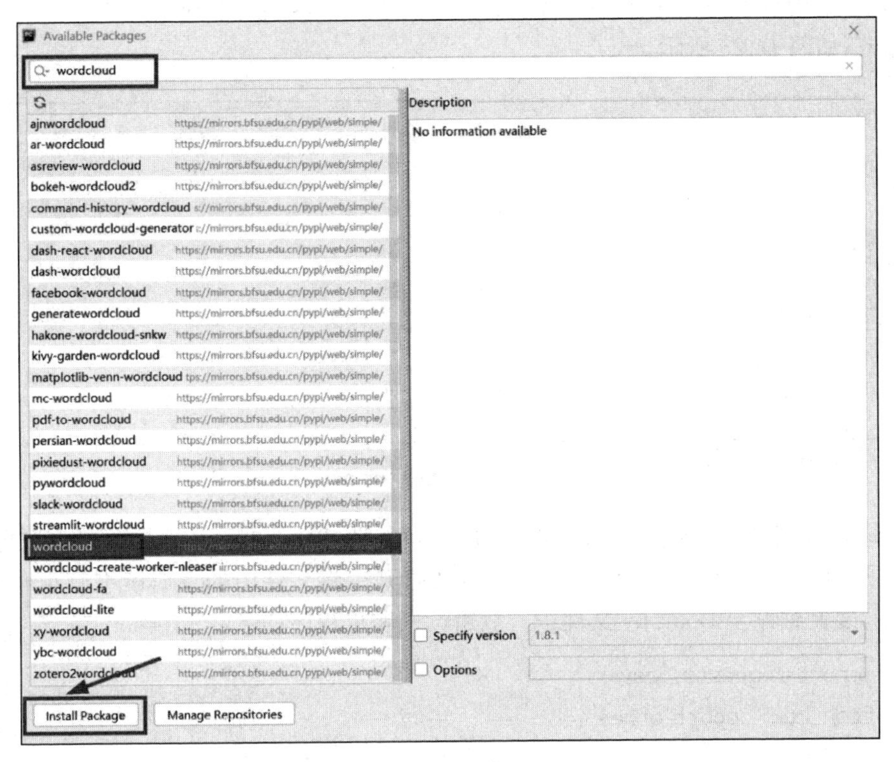

图 14.23　安装 wordcloud 库

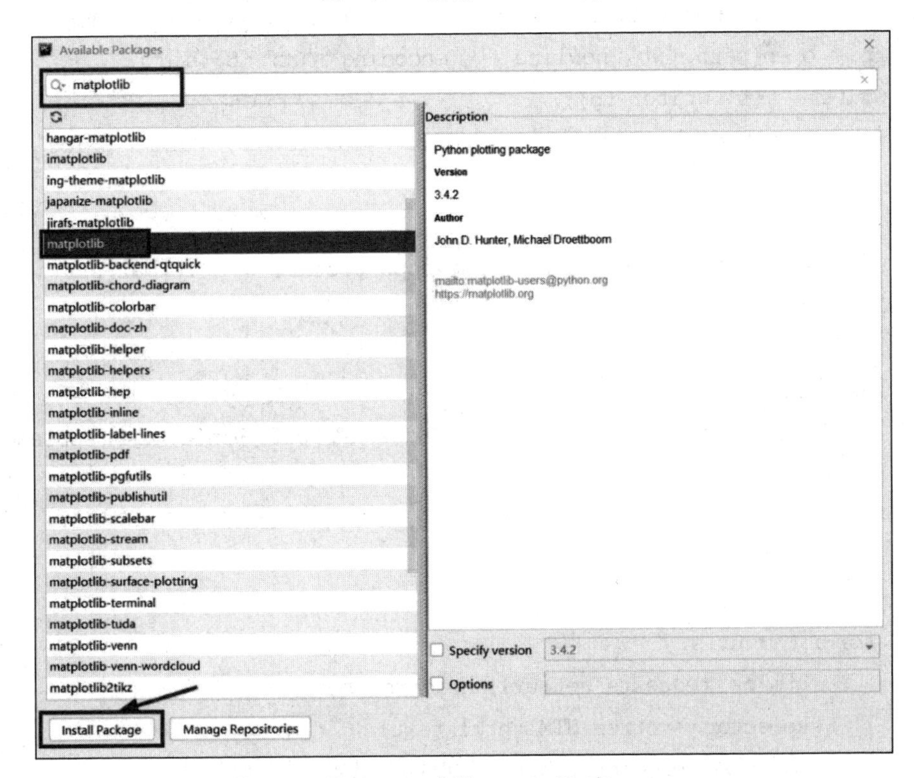

图 14.24　安装 matplotlib 库

7. 在新建的项目下，创建新的“Python File”文件（参照实验十三步骤 5），文件名为“Book.py”，如图 14.25 所示。

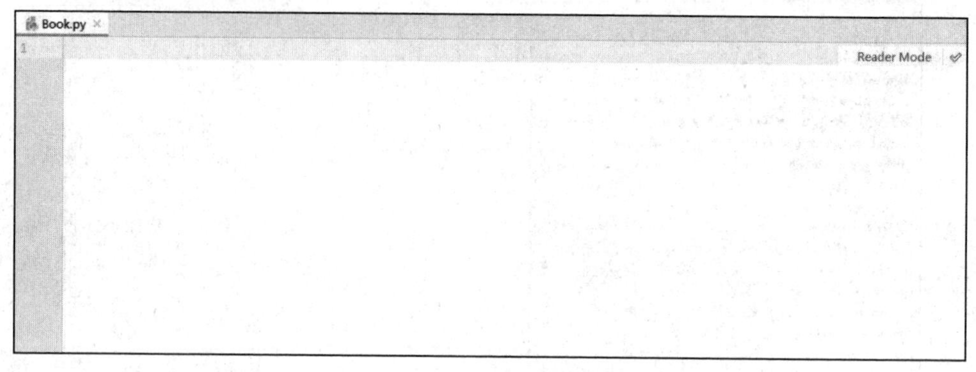

图 14.25　创建 Book.py

在 EX14 文件夹中，选中“DoubanCrawler.py”文件，鼠标右键，在下拉菜单中选择“打开方式”选项，在下一级菜单中选择以记事本方式打开。将文件中的豆瓣读书爬虫程序代码全部选中，复制粘贴至 Book.py 文件中。豆瓣读书爬虫程序如下：

```
1   import requests, csv
2   from lxml import etree
3
4   path = './doubanbook.csv'
5   fp = open(path, 'wt', newline = '', encoding = 'utf-8-sig')
6   writer = csv.writer(fp)
7   writer.writerow(('name', 'url', 'author', 'publisher', 'date', 'price', 'rate', 
'comment'))
8
9   urls = ['https://book.douban.com/top250?start = {}'.format(str(i)) for i 
in range(0, 250, 25)]
10
11   headers = {
12        'User-Agent': 'Mozilla/5.0 (Windows NT 10.0; Win64; x64) AppleWebKit/
537.36
13        (KHTML, like Gecko) Chrome/83.0.4103.61 Safari/537.36'
14   }
15
16   for url in urls:
17          html = requests.get(url, headers = headers)
18          selector = etree.HTML(html.text)
19          infos = selector.xpath('//tr[@class = "item"]')
20          for info in infos:
```

```
21              name = info.xpath('td/div/a/text()')[0].strip()
22              url = info.xpath('td/div/a/@href')[0].strip()
23              book_infos = info.xpath('td/p/text()')[0]
24              author = book_infos.split('/')[0].strip()
25              try:
26                 publisher = book_infos.split('/')[-3].strip()
27              except:
28                 publisher = '空'
29                 date = book_infos.split('/')[-1].strip()
30                 price ='空'
31              else:
32                   date = book_infos.split('/')[-2].strip()
33                   price = book_infos.split('/')[-1].strip()
34              rate = info.xpath('td/div/span[@class="rating_nums"]/text
()')[0].strip()
35              comments = info.xpath('td/p/span/text()')
36              coment = comments[0].strip() if len(comments) != 0 else "空"
37               writer.writerow((name, url, author, publisher, date, price,
rate, coment))
38   fp.close()
```

第1～3行:导入程序需要的库,request库用于请求网页获取网页数据,lxml库用于解析提取数据,csv库用于存储数据。

第5～7行:创建csv文件,并且写入表头信息。

第9行:构造所有的URL链接。

第11～14行:加入请求头,通过Chrome浏览器的开发者工具,复制User-Agent,使得服务器能够识别客户使用的操作系统及版本、CPU类型、浏览器及版本等信息。

第19行:取大标签,包括了页面全部信息并以此为循环,方便下面小标签的信息抓取。

第17～37行:找到每一条信息的标签,然后再爬取详细的信息,最后存入csv文件中。

第25～33行:有的图书无出版社信息,无价格信息,在此使用try-except方法处理列表溢出异常情况。

第38行:关闭文件。

鼠标右键页面空白区域,在出现的下拉菜单中单击“Run'Book'”选项,运行Book.py文件(参照实验十三步骤6),在项目文件下会生成doubanbook.csv文件,数据将存储在doubanbook.csv文件中,如图14.26所示。

```
1  name,url,author,publisher,date,price,rate,comment
2  红楼梦,https://book.douban.com/subject/1007305/,[清] 曹雪芹 著,人民文学出版社,1996-12,59.70元,9.6,都云作者痴，谁解其中味?
3  活着,https://book.douban.com/subject/4913064/,余华,作家出版社,2012-8-1,20.00元,9.4,生的苦难与伟大
4  百年孤独,https://book.douban.com/subject/6082808/,[哥伦比亚] 加西亚·马尔克斯,南海出版公司,2011-6,39.50元,9.3,魔幻现实主义文学代表作
5  1984,https://book.douban.com/subject/4820710/,[英] 乔治·奥威尔,北京十月文艺出版社,2010-4-1,28.00,9.3,栗树荫下，我出卖你，你出卖我
6  飘,https://book.douban.com/subject/1068920/,[美国] 玛格丽特·米切尔,译林出版社,2000-9,40.00元,9.3,革命时期的爱情，随风而逝
7  三体全集,https://book.douban.com/subject/6518605/,刘慈欣,重庆出版社,2012-1-1,168.00元,9.4,地球往事三部曲
8  三国演义（全二册）,https://book.douban.com/subject/1019568/,[明] 罗贯中,人民文学出版社,1998-05,39.50元,9.3,是非成败转头空
9  白夜行,https://book.douban.com/subject/10554308/,[日] 东野圭吾,南海出版公司,2013-1-1,39.50元,9.1,一宗离奇命案牵出跨度近20年步步惊心
10 房思琪的初恋乐园,https://book.douban.com/subject/27614904/,林奕含,北京联合出版公司,2018-2,45.00元,9.2,向死而生的文学绝唱
11 福尔摩斯探案全集（上中下）,https://book.douban.com/subject/1040211/,[英] 阿·柯南道尔,1981-8,53.00元,68.00元,9.3,名侦探的代名词
12 动物农场,https://book.douban.com/subject/2035179/,[英] 乔治·奥威尔,上海译文出版社,2007-3,10.00元,9.2,太阳底下并无新事
13 小王子,https://book.douban.com/subject/1084336/,[法] 圣埃克苏佩里,人民文学出版社,2003-8,22.00元,9.0,献给长成了大人的孩子们
14 撒哈拉的故事,https://book.douban.com/subject/1060068/,三毛,哈尔滨出版社,2003-8,15.80元,9.2,游荡的自由灵魂
15 天龙八部,https://book.douban.com/subject/1255625/,金庸,生活·读书·新知三联书店,1994-5,96.00元,9.1,有情皆孽，无人不冤
16 安徒生童话故事集,https://book.douban.com/subject/1046209/,（丹麦）安徒生,人民文学出版社,1997-08,25.00元,9.2,为了争取未来的一代
17 平凡的世界（全三部）,https://book.douban.com/subject/1200840/,路遥,人民文学出版社,2005-1,64.00元,9.0,中国当代城乡生活全景
18 局外人,https://book.douban.com/subject/4908885/,[法] 阿尔贝·加缪,上海译文出版社,2010-8,22.00元,9.0,人生在世，永远也不该演戏作假
19 围城,https://book.douban.com/subject/1008145/,钱锺书,人民文学出版社,1991-2,19.00,8.9,幽默的语言和对生活深刻的观察
20 沉默的大多数,https://book.douban.com/subject/1054685/,王小波,中国青年出版社,1997-10,27.00元,9.1,沉默是沉默者的通行证
21 明朝那些事儿（1-9）,https://book.douban.com/subject/3674537/,当年明月,中国海关出版社,2009-4,358.20元,9.1,不拘一格的历史书写
22 霍乱时期的爱情,https://book.douban.com/subject/10594787/,[哥伦比亚] 加西亚·马尔克斯,南海出版公司,2012-9-1,39.50元,9.0,义无反顾地直
23 哈利·波特,https://book.douban.com/subject/24531956/,J.K.罗琳 (J.K.Rowling),人民文学出版社,2008-12-1,498.00元,9.7,从9%站台开始的
```

图 14.26 成功爬取数据

8. 在新建项目下创建新的“Python File”文件(参照实验十三步骤 5),名字为“Wordle.py”,如图 14.27 所示。

图 14.27 创建 Wordle.py

在 EX14 文件夹中,选中“DoubanWordle.py”文件,鼠标右键,在下拉菜单中选择“打开方式”选项,在下一级菜单中选择以记事本方式打开。将文件中的豆瓣读书词云程序代码全部选中,复制粘贴至 Wordle.py 文件中。豆瓣读书词云程序如下:

```
1  from wordcloud import WordCloud
2  import matplotlib.pyplot as plt
3  import  jieba
4  path_txt = 'D:\Programs\Python\Douban\doubanbook.csv'
5  f = open(path_txt, 'r', encoding = 'UTF - 8').read()
7  cut_text  =  " ".join(jieba.cut(f))
8
9  wordcloud  =  WordCloud(
```

```
10   font_path = "C: /Windows /Fonts /simfang.ttf",
11   background_color = "white",width = 1000,height = 880).generate(cut_text)
12
13  plt.imshow(wordcloud, interpolation = "bilinear")
14  plt.axis("off")
15  plt.show()
```

第 2 行:导入 matplotlib.pyplot 库,绘制图像的模块。

第 3 行:导入 jieba 库,用于 jieba 分词,可用来进行关键字搜索。

第 4 行:在单引号中输入 doubanbook.csv 文件的路径,此路径可根据实际情况进行修改。

第 9 行:jieba 分词,生成字符串,wordcloud 无法直接生成正确的中文词云。

第 10 行:设置字体,不然会出现乱码。

第 11 行: 设置了背景,宽高,单位为像素。

鼠标右键页面空白区域,在出现的下拉菜单中单击“Run'Wordle'”选项,运行 Wordle.py 文件(参照实验十三步骤 6),获得词云图,结果如图 14.28 所示。

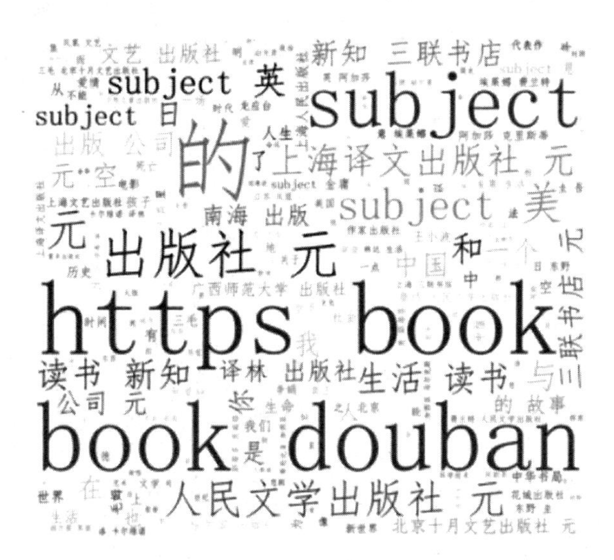

图 14.28　输出词云

【微信扫码】
相关资源

参考文献

1. 教育部高等学校大学计算机课程教学指导委员会.大学计算机基础课程教学基本要求[M]. 北京:高等教育出版社,2016.

2. 王留洋,周蕾,朱好杰.大学计算机基础实践教程[M]. 南京:南京大学出版社,2017.

3. 陈立潮,曹建芳.大学计算机基础:面向计算思维和问题求解[M]. 北京:高等教育出版社,2018.

4. 王移芝,鲁凌云,许宏丽,等.大学计算机[M]. 北京:高等教育出版社,2019.

5. 教育部考试中心.全国计算机等级考试二级教程 MS Office 高级应用[M]. 北京:高等教育出版社,2019.